美丽乡村住宅建设丛书

新农村温馨家居装修

骆中钊　卢昆山　骆　伟　编著

金盾出版社

内容提要

本书是《美丽乡村住宅建设丛书》中的一册，书中从系统地介绍传统家居环境文化的特点入手，说明营造住宅的“精、气、神”和力求突出农家气息的重要性，深入地探讨了新农村住宅室内空间布局和装修手法，详细地阐述了新农村住宅室内装修设计和布局文化，并分章叙述了室内装修施工与绿色装修，以及水电作业、土建作业、木工与饰面作业等内容，对于新农村住宅家装具有较强的可操作性。

书中观点鲜明，理念新颖，深入浅出，突出了新农村住宅家居装修的特点，是一本实用性、可读性较强的读物。本书适合于广大农民群众阅读，也可供从事新农村住宅设计、施工和家居装修的设计人员和施工人员，以及大专院校相关专业的师生参考。

图书在版编目(CIP)数据

新农村温馨家居装修/骆中钊，卢昆山，骆伟编著.—北京：金盾出版社，2017.1
ISBN 978-7-5186-0569-9

Ⅰ.①新…　Ⅱ.①骆…②卢…③骆…　Ⅲ.①农村住宅—室内装修　Ⅳ.①TU767

中国版本图书馆 CIP 数据核字(2015)第 251683 号

金盾出版社出版、总发行
北京太平路 5 号(地铁万寿路站往南)
邮政编码：100036　电话：68214039　83219215
传真：68276683　网址：www.jdcbs.cn
封面印刷：北京精美彩色印刷有限公司
正文印刷：北京万友印刷有限公司
装订：北京万友印刷有限公司
各地新华书店经销

开本：787×1092 1/16　印张：16.5　字数：349 千字
2017 年 1 月第 1 版第 1 次印刷
印数：1～3 000 册　定价：53.00 元

前　　言

进入21世纪，我国农村经济蓬勃发展，农村的生产、生活条件有了根本性的改善。随着新农村住宅硬环境的改善，一场住宅装修革命也随之悄然兴起，广大农民群众对住宅家居环境的营造，在一定程度上也反映了人们的文化素质和心理情趣的提高。中央电视台农业频道自2009年开始，举办“农村5000元改厨改卫”行动，对新农村住宅的室内装修加以引导，得到各地建设部门的大力支持，深受广大农民群众的欢迎。

新农村住宅的家居装修，应以有利于身体健康、方便生活和生产以及节约空间为指导思想，用自然、简洁、温馨、高雅的绿色装修为农民群众创造安全、健康、舒适的家居环境。在装修施工中，应“以人为本”并且注重实现绿色装修，本着经济实用、朴素大方、美观协调、就地取材的原则，充分利用有限的资金、面积和空间进行装修。为提高新农村住宅的功能质量，营造温馨的家居环境起到补充和完善的作用。

本书是《美丽乡村住宅建设丛书》中的一册，书中从系统地介绍传统家居环境文化的特点入手，说明营造住宅的“精、气、神”和力求突出农家气息的重要性，深入地探讨了新农村住宅室内空间布局和装修手法，详细地阐述了新农村住宅室内装修设计和布局文化，分章叙述室内装修施工与绿色装修，以及水电作业、土建作业、木工与饰面作业，对于新农村住宅家装具有指导意义。

书中观点鲜明、理念新颖，深入浅出，力求突出新农村住宅家居装修的特点，是一本实用性、可读性较强的读物。本书适合于广大农民群众阅读，也可供从事新农村住宅设计、施工和家居装修的设计人员和施工人员，以及大专院校相关专业的师生参考。

在本书撰写过程中，得到很多领导、专家学者以及广大农民群众的关心，张惠芳、骆伟、陈磊、冯惠玲、庄耿、李雄、张仪彬、郑健、张宇静等人参加了本书的书稿整理，借此一并致以衷心的感谢。

限于水平，不足之处敬请广大读者批评指正。

骆中钊
北京什刹海畔滋善轩乡魂建筑研究学社

目　录

第一章　新农村温馨家居的理念

一、传统家居环境文化的特点

体现我国优秀传统建筑环境文化的“风水学”即家居环境文化，古已有之。风水学，实质上是基于农业文明的文化。人的一切活动要顺应自然的发展。人与自然和谐相生是人类的永恒追求，也是中华民族崇尚自然的最高境界。以道、释、儒为代表的中国传统文化，尽管各家观点不同，但都主张和谐统一，也常被称为“和合文化”。道家讲人与自然的统一，佛家提倡人内心世界的调适，儒家主张人与人及社会关系的和谐，这是中国传统文化的精髓所在，它们深深地渗透在风水学之中。

1. 家居环境直接影响着人的生理和心理健康

古代的民居、聚落以及园林陵墓都依赖于自然，顺应气候和地势等自然条件来进行布局。家居是权力和教化的最小单位，人的一生至少有 1/3 的时间是在家中度过的，因此住宅风水是人类文化大系统中直接为人所频繁接触的文化，对人的影响是最为深远的。人类文化的传递和人的观念的形成都起始于社会最基本的细胞单位——家庭，而家庭又必须以住宅作为物质依托，住宅作为人类生存的四大要素之一，是人们日常生活的物质载体，与千家万户息息相关。住宅环境是直接影响人的生理和心理健康的因素。孟子云：“居可移气，养可移体，大哉居乎！。”意思就是说，攫取有营养的食物，可使一个人身体健康，而居所却足以改变一个人的气质。《黄帝宅经》中指出：“《子夏》云：人因宅而立，宅因人的存，人宅相扶，感通天地。”“《三元经》云：地善即苗茂，宅吉则人荣。”英国前首相丘吉尔也说过：“人造房屋，房屋塑造人。”这些都充分地总结了人与家居的密切关系。住宅即生活，设计住宅也就是设计生活。我国传统的宅院空间象征着伦常人际关系，体现尊卑秩序；民居的布局、体量、色彩、材料等都依据于自然规律、社会礼制和宗教信仰。采用物化为动植物图案所象征的吉祥观念，在室内外的石雕、木雕、砖雕和泥塑等装饰题材中加以展现，营造一个温馨的家居环境，用以追求吉祥如意。尽管很多都是相互模仿，但由于国土辽阔，各地风俗民情的差异，形成了多种多样的风格，都为我们提供了很多的借鉴。

2. 传统家居环境文化追崇顺应自然的“无人合一”

风水学植根于社会文化土壤，它在倡导人们的生活方式以及价值观念上有着显著的社会文化功用。因此，不仅有着实用的功能，而且也是一种文化活动。

我国的传统优秀文化，千百年来形成的尊奉“天人合一”“天人相应”的传统观念，追求人与人、人与社会、人与自然的和谐共生。风水学除了有慎终追远的人文精神外，更依照数千年的经验作为准绳，其目的在于维护并创造人的现在和未来。这些理念都是建立在我国古代人本主义宇宙观的基础之上，不仅仅是消极地顺应自然，更要求积极地利用自然，自古以来发挥了极其积极的作用。

改革开放以后，在引进外资技术的同时也引进了包括设计思想在内的许多思想理念和文化观念。以西方工业文明为代表的设计思想、文化观念及其产品，直接冲击着原有的民族价值观念，现在很难从流行家居环境文化理念中寻找到民族文化传统的遗迹。尽管传统民居单纯、朴实、耐用，可是在工业文化时代，在与以钢筋混凝土为代表的现代建筑环境的抗衡中，工业文化代替了农业文明。过去长期形成的物质生活和精神生活的双重匮乏，使得很多人缺乏家居环境文化理念的意识。因此，不少人一旦拥有了自己的住宅，几乎把所有的积蓄全部倾注于家居室内的装饰上。这其中很大部分人又是盲目从众，热衷于追逐缺乏文化的流行时尚，满足于“怕穷”而夸富显贵的心理需求，结果在家居室内环境文化上造成既无个性风格、又无文化品位的酒店风格。

随着经济发展、居住条件的改善，也改变了人与人、人与自然、人与社会的关系。

1)从人与人的关系上看，中国传统民居是以家长制为中心，长辈居上、晚辈居下、男左女右。这虽然看起来反映的是三纲五常封建伦理道德，但其中也包含对长辈的孝道和男女、长幼有别的合理因素。而现在的城市住宅(包括很多模仿城市住宅的小城镇住宅，甚至是乡村住宅)，在设计布局上对外封闭，隔绝了邻里亲情的关系，男女、长幼在居室上的区别也模糊不清。

2)从人与自然的关系上看，传统民居遵循风水学，顺应自然、相融于自然。而现代的一些住宅则追求与自然隔绝的人造空间，拒绝自然空气和自然光，依赖于空调机、灯光及纯净水。许多家居室内环境追求豪华气派，仅一门之隔的楼道及室外则杂乱无章。

3)从物质与精神的关系上看，风水学指导下的传统民居在二者关系上是协调统一的，人们把对皇天后土和各路神明的崇敬与对长寿、富贵、康宁、好德、善终“五福”临门的追求紧密地结合起来。现代的住宅主要是满足人们所需要的物质享受，而精神生活的空间则几乎被电视、音响和计算机所占据，厅的面积越来越大，使得人们的思想观念和情感，只能维系在电视屏或计算机显示屏上。而独立思考的空间、情感交流的空间以及阅读学习的空间越来越少。时下某些流行的家居室内环境文化的潮流不利于人们进入高尚的精神生活，却有可能孕育出物质消费上的“巨人”、精神创造上的“侏儒”。

3. 家居环境显示特殊的文化性质

风水学在哲学上属于物质文化的范畴，与思想文化既有区别又有密切的联系。风水学既依赖着技术生产活动，又是艺术创造活动。住宅是人们生存方式的物质表现，并显示出特殊的文化性质。因此，住宅除了居住和美观的功能之外，还应具有满足心理及社会文化需求的功能。住宅风水学包括室外家居环境风水学和室内家居环境风水学。

(1)室外家居环境风水学　包括自然环境和人文环境。室外家居环境风水学的自然环境:地势高亢、地质结构坚固、台风暴雨时不会水淹或山崩;阳光充沛、空气清新,四周没有产生废气、噪声、光电热危害以及污染水源等公害的场所;交通方便。

依据我们传统的宇宙观,中国古人对"人"的认定及评价,完全不同于西方基督教文明的观念。尤其是先秦以前的中国古人,从不以为自身只是神衹(天)在人间的侍奉者,更不是一群完全受神衹(天)所控制的无知羔羊。他们认为,"人"的位格是与天地相等,可以平起平坐的。因此,除了顺应自然之外,在自然环境无法满足人类的需求时,人更应该积极地改造自然,而不仅止于逆来顺受。进而主张人与天地的关系不是对立,而是一种互为因果、相互投射的效应,认为天地是人的扩大,人是天地的缩影,所以才发展出"人法地,天法道,道法自然"等相关学说。并且在了解到自然法则是不可违抗的之后,并不甘于雌伏,反而更积极地利用自然法则,尽量使其发挥更大的作用。

室外家居环境风水学的人文环境应具有便于各种人际沟通、精神与物质供应的机能性强等特点,包括邮局、银行、学校、菜市场、杂货店或超级市场、运动场、绿地、医疗机构等,都应在适当的范围以内。纯住宅区自然也应和商业区保持一段距离,距离文教区则越近越好,外在环境的人文环境还包括"里仁为美"、邻居关怀等。

安居乐业是人类的共同追求,人们常说的"地利人和",道出了优越的地理条件和良好的邻里关系是营造和谐家居环境的关键所在。"远亲不如近邻"以及"百万买宅、千万买邻"的成语都说明了构建密切邻里关系的重要。

"孟母三迁"、"近朱者赤,近墨者黑"这些古训都十分鲜明地揭示了家居室外环境可以起到影响人、培育人的作用。

(2)室内家居环境风水学　室内家居环境风水学要求光线充足,空气流通,空间宽敞,间隔和活动性能符合功能要求及人体工学,色彩协调柔和,家具耐用、舒适、安全,防火防盗设施良好,并拥有自我空间的私密性,以及满足主人的个性需求。

在住宅风水学中,室外家居环境风水学是"干",室内家居环境风水学是"枝",切不可本末倒置。如果室外家居环境的条件恶劣,室内家居环境考虑得再周详也无济于事,在发生意外时一样难以幸免。例如,位于土质松软、水土保持不良之山地的住宅,遇到台风或暴雨造成地基松动或泥石流时,轻则危及住宅,重则屋毁人伤,难求幸免。

设计建造一幢好的家居主体,就必须从室外家居环境风水学的自然环境、人文环境,一直考虑到室内家居环境风水学。

4. 家居环境在文化空间的三个层次和谐互动

家居环境从文化空间上可分为三个结构或层次:物质形式为表层结构层次;人的活动(包括传统的民情风俗在内)为中层结构层次;人的观念意识形态为深层结构层次。完美的家居环境是三个结构层次的和谐统一。只有物质结构层次上的高标准,而没有与之相适应的人们行为和观念的提高,那就没有什么文化可谈。文化的本意是“人化”，家居环境主要还要靠人的行为和思想观念来支撑。狭义的文化就是“艺术化”，理想的家居环境应当是技术与艺术的圆满结合、实用与审美的和谐统一，甚至是个人艺术创作与日常生活实际需要的融合。人的行为活动与住宅各功能空间是互相作用、互相制约的，人在改变了家居的同时，也改变了自己。住宅作为家居环境的主体，它不同于一般的消费品，其文化含量的多少是一个家庭文化修养高低的明显标志。家居环境还是人的理想、信念变化的记录，人们所经历的祖先崇拜和领袖崇拜以及对物质的狂热追求，在家居环境中都留下了物质证据。表面上看起来十分简陋的住宅，作为一种文化现象，它可以说是被民族话语、政治话语、经济话语“格式化了的文本”，它蕴含着深厚的文化底蕴，并打下了鲜明的时代烙印。从发展的角度来看，住宅风水的研究，其主要目的是通过改进空间环境实现人的生活方式的变革。特别是随着人的文化需求的不断高涨，对住宅风水的研究必将成为多学科鼎力合作的热门话题。

住宅对人的健康的影响是多层次的。在现代社会中，人们在心理上对健康的需求在很多时候显得比生理健康的需要更重要。因此，家居环境的内涵也逐渐扩展到了心理和社会需求两方面。对家居环境的要求已经由“无损健康”向“有益健康”的方向发展。

5. 风水学的生命力

风水学是中华民族优秀传统文化的重要组成部分，是五千年文明光辉灿烂的结晶，但是在相当长的一段时间，却被视为“迷信”或“神秘文化”而遭禁锢。在人类长期的实践中，特别是经过依附自然一干预与顺应自然一干预自然一回归自然的认识过程，人类对待生态环境的认识在经历了“听天由命”到“人定胜天”，再到“天人合一”人与大自然和谐统一这样一段曲折的过程，如今人们才普遍认识到生态环境是人类赖以生存发展的基础，风水学终于重新获得世人的重视。

通过风水学的不断探索，人们发现其基本理论与地球物理磁向、宇宙星体气象、山川水文地质、生态建筑景观、宇宙生命信息等现代科学等都有着密切的关系。因此，风水学是一门综合性科学，旨在探索调整并且优化建筑信息、自然信息，人体信息，使之和谐共生的科学方法，以达到有利于人类的身心健康、家运昌和、事业发展乃至后人成长的使用目的，达成“天、地、人”合一的至善境界。

风水学之所以具有生命力，乃至于可持续发展。应让它能随着社会的变革、生产力的提高和技术的进步而不断地创新。因此，只有通过与现代科学技术相结合的途径，将住宅风水学的精华融于新的居住理念，才能使其真正为广大人民群众创造家庭和睦、代际和顺、邻里和谐、自然和融的温馨家居环境服务。

二、传统家居环境文化对人与家居环境关系的认识

1. 人类具有对家居环境的顺应性

顺应性在家居环境的营造上，是很重要的。人类本身对于周围的环境，具有很强

的顺应性。人类是一种极容易受环境支配的动物。因此,如果要使自己的生活更理想,便会对周围的环境加以选择和整理。这一点,不仅只是表现在人对自然环境的顺应性上,人际关系和人与社会之间的人文环境也是一样的。人们在不同的人文环境中,也会很快地顺应。

了解人类的这种特征,然后善加应用,是生活所必须具有的智慧。研究这种生存之道,也是人生中的一个大课题。

2. 住宅具有如同衣服的功能

住宅对于人类来说,可以简单地把它想象为人类一年四季用以调节体温的衣服。衣服虽然具有多种功能,但主要还是针对外在气温的变化,维持人体的热平衡。就算在衣柜中有几十套衣服的人,大致上也不外乎分为夏、冬、春秋三种类型。作为家居环境主体的住宅,亦可以说是承担了维持调节四季变化的“衣服”功能。夏季要凉爽,冬季要暖和,对应季节的不同,有时需要通风,有时则要求阳光照射。

如果把住宅当作家居的“衣服”来看,住宅好坏的标准,便很容易理解。像夏天闷热、冬季寒冷的住宅,就等于是夏天穿了冬天的衣服、冬天穿了夏天的衣服一样。按正常的情况,应该不会有人在夏季穿着很厚重的衣服,但是在某些住宅中却常有这种情况出现,实在是一件令人不可思议的怪现象。从医学的观点来看,夏天若穿着厚重而通风不良的冬衣,会因为热量无法散失而闷热难耐。相反,如果冬天穿着夏天单薄的衣服,体表热量会迅速散失,人也会着凉生病。同理,只有能够平衡、调和大气变化带来的影响,满足人类居住的舒适度要求,才符合好住宅的家居环境条件。

3. 夜晚是家庭生活最活跃的时段

按照常理来说,夜间是家人团聚的时刻,所以,夜晚被认为是家庭生活最活跃的时段。有人却认为,夜间大部分的时间都在睡眠,家并没有想象中的重要,实际上,提供舒适的睡眠环境,也是住宅的一个重要功能。

睡眠是一种最好的休息方式,一切肉体及精神上的活动都得以暂时的松弛。不只是人类,所有的生物睡眠时都处于放松状态。所以睡眠是生命活动必不可少的重要组成部分。好的家居环境,可以让睡觉的人,得到完全的保护,从而获得良好的睡眠质量。在家居室内环境的营造中,对卧室的布置、床的摆放等都应该特别重视。

4. 人与植物之间有着密不可分的关系

空气分层覆盖在地球表面,是我们每天都呼吸着的生命气体,其构成要素可分为:氮气 78.2%、氧气 20.93%、二氧化碳 0.03%、氖气 0.018%、氢气 0.00005%,除了以上各种对生物有着密切关系的气体外,还有其他含量较少的次要气体。而在所有构成要素中,以氧气所起的作用最为明显。

氧气不但存在于空气之中,水中也包含大量的氧成分。同时,植物通过光合作用吸入空气中的二氧化碳,放出氧气(相反地,动物吸取氧气,经过体内的细胞作用后,将体内的二氧化碳排出到空气中)。氧气是人类赖以生存不可或缺的要素,正因为这个缘故,人类和植物之间具有密不可分的关系。

5. 家居环境中的湿度平衡

空气的湿度是指空气中水蒸气的含量，湿度是影响住宅舒适度的重要指标。湿度过大或过小都会导致人体的不良反应，严重时会引发疾病。

湿度和家居环境的平衡关系要求必须慎重考虑家居环境周围湿地范围的大小，以及四周水池、河流流向等问题。

6. 人类与大气的关系极为密切

人类如果没有空气就不能生存。众所周知，若缺乏空气中的氧分，人会马上因窒息而死亡，到目前为止，尚未出现有人不需要氧气还能存活的。

在传统的家居环境文化中将一年分成“阴季”和“阳季”两个时段。“阳季”是从冬至到次年夏至(约12月22日到翌年的6月22日)，也就是指太阳逐渐接近北极，白昼愈来愈长的这段时间。

春天的大气，氧气充足，适合万物成长。

夏天的大气次于春天，氧气也很充足，但由于阳光过于强烈，草木的呼吸旺盛，使水分中的氧气不断发散，故空气会比春天稀薄。同时由于氧气容易上升，地面上的氧气含量就会相对减少。

秋天，空气逐渐干燥，植物叶片水分大量蒸发。同时随着气温下降，树根作用减弱，水分供应不足，树叶飘落，树木开始为抵御冬日的严寒蓄积能量。人作为“自然之子”，也进入了“生、长、收、藏”四季中收获内敛的季节。

到了冬天，草木都处在冬眠状态，大气中的氧气成分会减少。万物进入休养生息的状态。

7. 一年分为八季更为合理

通常，都将一年分为春、夏、秋、冬四季。但传统家居文化理论认为一年应该分为八季。即在通常的春、夏、秋、冬之间，还各自有一段称为“土用”的转变时期，也就等于这四季之间的变化期。在变化期里，由于季节的变化，人们的适应能力较差，也是最容易发病和旧病复发的时段，如胃病患者就最容易在秋冬和春夏交换期间旧病复发。

三、传统家居环境文化对住宅的要求

《天隐子》说，所谓安处，并不是华堂深宅，重褥宽床，而是指能在南面静坐，东首安寝，阴阳适中，光线明暗相伴。屋不要太高，高则阳盛而明多；屋也不要太低，低则阴盛而暗多。因为明多就会伤魂，暗多就会伤魄，人的魂属阳，魄属阴，假如明暗不调，就会产生疾病。

住宅作为家居环境的主体，在风水学中认为应该具有足够的户外空间、适度的居住面积、充足的采光通风、适宜的地球磁场、合理的湿度卫生、必要的寒暖调和、实用的功能布局、可靠的安全措施、和谐的家居环境和美观的造型装饰等十方面的基本要求。

1. 足够的户外空间

在崇尚“天人合一”有机宇宙观的中华文明孕育下的风水学，特别强调人、建筑与自然的和谐相生，住宅不应该仅仅是人们蜗居的场所，更应该营选人与人、人与自然以及人与社会的和谐关系。因此，户外空间是住宅不可缺乏的功能空间，包括住宅底层的庭院、楼层阳台庭院和露台庭院都是住宅的户外空间。足够的户外空间不仅可以为住户提供晾晒衣被、夏季纳凉、家庭人口进行植物种植、品茗交谈等休闲活动场所，也是倡导邻里关怀、密切交往的重要空间，更是住宅沟通周围自然环境的户外过渡空间。因此，住宅的户外空间是住宅不可缺乏的必要空间，而且还应有足够的面积，如楼层阳台的进深不应小于 1.8 米。

住宅的底层庭院、楼层阳台和露台不仅是养花的地方，也可以为人们带来惬意的生活体验，享受户外生活，与自然保持一份亲近，是人们的理想追求，因此，在住宅设计时，必须在恰当的方位认真布置与厅等室内公共空间有着密切联系的户外空间。

2. 适度的居住面积

住宅居住面积的大小，应该和居住人数的多少成正比。人多面积小，就会有拥挤的感觉，使得每个人心烦气躁；人少而面积大，就会显得冷冷清清，孤独寂寞，就会让人的心理健康受到损害。房屋的剩余空间太多，很少有人走动，就会缺少“人气”，这也就是为什么久无人住的房子，一打开时，会有寒气逼人的感觉。《黄帝宅经》早就有“宅有五虚，宅大人少为第一虚”的警告。

3. 充足的采光通风

采光和通风是优良家居室内环境中涉及卫生环境的基础性因素。

采光指住宅接受阳光的情况，采光以太阳直接照射为最好，或者是有亮度足够的折射光。阳光有消毒作用，不过，如果整房间较长时间受强光照射，过度的紫外线也会带来害处；夕阳照射的房子，夏季夜仍然很酷热，也是会影响身体健康的。

通风是一个十分重要的问题，许多不舒适的住宅，往往通风不良。特别是采用钢筋混凝土建造的住宅，本来就无法自行调节湿度，住宅中的房内空间又小，稍不注意通风，容易造成湿度过大而损害身体健康。

4. 适宜的地球磁场

地球磁场是地球上生命的一种保护性物质，它与空气、阳光、水及适宜的温度同样重要，被称为生命的第四要素，由于地磁场对地球上的生命，特别是对于人类具有多方面的有益效应，因此，就必须保证人们的居住环境具有对生命有益的磁物。随着科学技术和经济的发展，人类赖以生存的自然环境也发生了变化，地磁场对人体的正常作用受到影响，城市里高楼林立，钢筋混凝土的围护结构和楼板对地磁场形成了屏蔽，纵横交错的电线、电缆、无线电波及川流不息的车流以及生态的严重失衡，干扰了大自然的磁场，使得城市的地球磁场发生严重的紊乱，从而造成人体磁力缺乏及磁紊乱，出现“磁饥饿症”和“磁紊乱症候群”。这使得生活于城市的现代人，体内往往磁力不足,不利于血液循环而患心血管病,加快细胞衰老导致新陈代谢紊乱等。对此,应引起足够的重视。

5. 合理的湿度

现在城市里患风湿病的人越来越多,这都是由于住宅室内过于潮湿而引起的。厨房、卫生间又是产生水汽的地方,房间的通风不良,容易造成湿度过高,浴厕、厨房、垃圾桶处都易滋生细菌,危害人体。

6. 必要的温度调节

对于人来说,住宅在家居环境中有如衣服的功能,因此,住宅的围护结构就必须注意能适应春、夏、秋、冬四季的变化。要让住宅能够具有冬暖夏凉的功能,就必须要有合理的设计。但是,如果住宅的冷暖设备过度的话,也会使能量的新陈代谢变得不合理,甚至会造成体力损耗过大。因此,最好是以人体一定的体温为准,来调和住宅里的冷暖度。

7. 实用的功能布局

住宅虽然是供人居住的,但人是主体,住宅是附属体。住宅的布局一定要功能合理,使用方便,符合人的生活习惯和家居的行为轨迹。与此同时,还应该考虑到便于接受天地的恩惠,能够与自然和谐统一,达到"人与自然共存"。因此,住宅的建筑除了方便使用外,还要合理地活用天地自然给予的恩惠,只有同时考虑到这两点,才能具有真正的合理性。同时,如果设计只重视眼前短期的实用性,而不考虑更广泛、可持续发展的实用性,那么,就很容易造成顾此失彼的结果。

8. 可靠的安全措施

安居才能乐业,安全是住宅的另一个关键所在。住宅的安全除了在结构设计和施工中,对住宅的结构、抗震和消防等有周密的考虑外,还应该考虑防止盗窃以及家人不慎跌撞等伤害。

目前,人们几乎把住宅的安全都集中在防盗问题上,安装防盗门已成为住宅必不可少的内容,与此同时,也几乎家家都做了封闭阳台,并在所有窗户上也都装了各式各样的防盗网,使得住宅都变成了"鸟笼",俨然是安全了,但一旦火灾发生时,便可能由于疏散不及或消防操作不便而引发严重后果。因此,在考虑防盗的同时,也应考虑到火灾等的避难和救难问题。住宅中的阳台防盗设施一定要加设便于避难的安全门,否则发生灾难和紧急事故时,将会后悔莫及。这也就是风水学中指出的:住宅必须要有两个门的原因所在。

9. 和谐的家居环境

家居室外环境可分为大环境和小环境。大环境指的是住宅所在大区域,而小环境仅指住宅邻近周围的环境。"人杰地灵"的说法以及"孟母三迁"、"远亲不如近邻"、"百万买宅,千万买邻"等故事都充分说明了家居室外环境与人有着密切的关系,空气清新、绿树成荫、鸟语花香、莺歌燕舞以及邻里关怀构成的和谐家居环境是人们所向往的,也是人类生存的共同追求。

10. 美观的造型装饰

造型是住宅的外观,而装饰则是住宅内部的装修和陈设。住宅的造型和装饰不仅应给人以家的温馨感,而且还应该具有文化品位。住宅立面造型单调和呆板令人感到枯燥乏味;而矫揉造作,又会令人心烦意乱。住宅内部的装饰,如果布置得像咖啡厅、酒吧和灯红酒绿的舞厅,不仅会失去家的温馨,久而久之,往往还会让家人濡染上庸俗的不良习气。

一般人很容易将美观和奢侈混在一起,其实两者是有差异的。虽然作为家居场所的住宅不一定要奢侈,但美观却是不可或缺的条件。这是因为人是有精神追求的动物,家居的舒适美观可以给人以心旷神怡的愉悦感受。

利用室内装饰设计和色彩的调配,以及家具用品的配置,可以在相当的程度上改善住宅室内的美观,营造温馨的家居环境。

四、传统家居环境文化对室内空间布局的要求

"宅为人之根本"。传统的住宅风水学在强调室外环境的前提下,也极为关注住宅内部空间的布局。很多营造安全、健康、舒适家居环境的理论,在现代住宅室内装修中,都有着极为重要的指导意义。

1. 应避免房大人少

住宅风水学认为:住宅面积的大小要适宜,应该和居住人数多少成正比。

人多而面积小,不利于空气对流,室内空气浑浊,人之间容易互相干扰而使得每个人心烦气躁,产生不良的拥挤感。

住宅的面积大而人员稀少,缺乏人气,阴气重,气易衰弱,就会显得空空荡荡、冷冷清清,致使孤独寂寞感侵袭心灵。时下家庭人口一般都较少,而一些开发商为了商业利益,大肆鼓吹大面积住宅、超大面积住宅,这应该引起大家的警觉。宅大人少的危害何在?

1)好的建筑格局,要求殷实不虚。传故宫有 9999 间房子,皇帝的卧室每间都很小,而且还有床幔,睡觉的空间更小,大概就是基于节省主人能量,使精力充沛的目的考虑的。科学研究表明,为了保证室内空气新鲜清洁,应只安放必要的家具,留出足够的活动和休息空间,避免过于拥挤。为减少疾病的传播,每人应占有一定的居室面积。

居室面积应为整套住宅建筑面积的 60%~70%,居室大小是由人的标准体积等因素决定的。如果按成人静态呼吸需要 $10m^3$ 空气计算,一个人每天要从体内排出 $0.35 \sim 0.42m^3$ 的二氧化碳。在劳动或运动时,呼吸量加大,呼出的二氧化碳也相应增加。一个成人在从事日常家务活动时,每小时呼出的二氧化碳为 $0.018 \sim 0.022m^3$,这些二氧化碳弥散在居室中。根据卫生标准,其浓度不得超过每小时进入

室内空气量的1%，加上空气中二氧化碳的含量约为0.04%。一个人的标准体积约为33m³。扣除家具外，一般规定成人的标准气积为30m³/h，儿童减半。

根据人的要求，人均居室容积为20～25m³（若都是成人则以25～30m³为宜），从卫生学和建筑学等因素考虑，人均面积以9m²为宜（其中卧室占6m²，日间活动室占3m²）。因此，《住宅建筑设计规范》规定，卧室面积不宜小于12m²（整套住宅大室为17m²，中室不宜小于9m²，小室不宜小于6m²）。

2）主妇一般需负担家庭较重的清洁工作，试验表明，住宅最主要的劳动就是清洁打扫，打扫后人会疲倦，疲倦的恢复需要一段时间。根据试验结果，以60～100m²为主妇清洁的适度面积，超过100m²就有可能使主妇疲劳过度而易罹患疾病。

3）面积过大的住宅会有很少有人走动的空房，空房日光不足、通风不良，缺乏"人气"。这种久无人居的房间一打开时，便会寒气逼人，给人以阴森的感觉，特别是一些采用现代材料装饰的房间，由于有很多有害、有毒的气体难于散发，会造成对人体健康的伤害。

4）在心理上，过于宽旷的空间，会使居住的人心理上失去安定感，在当前多、高层住宅普遍层高不高的情况下，更易产生压抑感。

《黄帝宅经》在总论中就指出："宅有五虚，宅大人少为一虚。"因此，住宅面积一定要适度，特别是现代的城市住宅和小城镇的多层住宅，由于受层高的限制，如果住宅起居厅（或带有餐厅）面积太大、顶棚较低，很容易造成压抑感。一些住宅为了追求大进深、带有餐厅的起居厅，往往深高比和深宽比过大而造成回音，还会给人造成在空间上造成错觉。

住宅建设标准主要有面积标准和功能标准两方面，面积是服务于功能的，各国的住宅设计都努力争取在适当的面积下，追求更好地符合住宅的功能要求。近年来发达国家的新建住宅建筑面积并没有明显扩大的趋势，美国的民间住宅面积历来较大，但目前基本保持在180m²左右；瑞典、德国等经济发达国家新建住宅面积在20世纪70年代末、80年代初都出现上扬，以后逐渐有所回落，一般不超过100m²；一些经济实力有限、住宅短缺较为突出的国家，新建住宅面积较小，现在逐年有所提高，但大多不超过90m²，如波兰、罗马尼亚、俄罗斯等一般都在70～90m²。相比之下，我国的住宅面积越来越大。150～200m²的户型占有很大份额，这是一种对消费者的严重误导，似乎觉得大面积、超豪华的住宅才气派、才好用。从上面的分析明显地表明，人在尺度过大的住宅里并不见得舒服。根据多方面需求的科学综合分析，对于我国大量的三口之家来说，住宅有70～90m²也就可以满足日常生活的基本要求。

2. 应避免布局不当

住宅布局按私密性不同可分为私密性空间（卧室、书房、卫生间）和非私密性空间（厨房为服务空间，餐厅、起居厅、客厅为公共空间）两种；按人在住宅中的动静状态不同可分为休憩环境（卧室等）、学习工作环境（书房、厨房）、人际交往环境（起居厅、客厅、餐厅等），休憩环境为"静"的环境，交际环境为"动"的环境，学习工作环境为半静半动环境。住宅内部应通过合理组织，实现动静分离、公私分离、洁污分离、食居分离、居寝分离，避免互相干扰。

根据住宅风水学的要求，合理布局必须注意如下五条原则：

1)住宅中心(太极位)不得设卫生间、厨房，避免对全宅的污染。

2)客厅(或起居厅)、主要卧室等房间应尽可能地布置在日照通风较好而且冬暖夏凉的南面或东南面，而把厨房、餐厅、卫生间和次要卧室布置在北面和西面。如果有楼上楼下，应把起居厅和卧室布置在楼上，而客厅、餐厅、厨房布置在楼下，卫生间应分层设置。这里应特别强调：客厅和起居厅是家庭日常生活中利用率最高的空间，它的位置应尽可能地布置在南面，便于日常活动时能够接受阳光照射。

3)住宅的走道要短，并应避免走道把住宅隔成两半。好的住宅要聚气，如果从大门到房子尽头是一条直通的走道，新鲜空气从大门进入后未能在房子里回旋流动，充盈整个室内，而是直接对流形成“穿堂风”，对身体健康极为不利。

4)厨房炉灶是住宅室内的主要空气污染源，故厨房门窗不应与卧室门窗相对而开，以减少对卧室的空气污染。

5)当住宅面积较大时，有许多房间可供选择，当然很好。但如果一家共居斗室，也可小中求大，发挥人的主观能动性，采取围、隔、挡，或复合家具和活动家具的组合变化，来灵活区划空间，做到互不干扰的一室多用。

3. 应避免净高低矮

居室的净高是指住宅室内地板面层到顶棚之间的垂直净高度，即住宅的层高去掉结构层和地板面层厚度后的净高度。净高应在满足人的生理和心理需求的条件下，做到经济合理。

从人的生理要求来看，在门窗关闭的室内，由于人的存在和活动，会形成一个空气污染层(内含二氧化碳、氨、挥发性脂肪酸、水汽、微生物、粉尘和家具油漆层释放出的有机物质等，抽烟者还有烟气污染)。净高为 3.5m 时，空气污染层处于人的呼吸带以上；净高 3.15m 时，空气污染层将接近人的呼吸带；净高 2.8m 时，空气污染层则与人的呼吸带重叠。在可以开窗的季节，应经常打开门窗通风换气，以避免室内空气污染层形成。

从人的心理要求来看，在一般的住宅中，如房间的净高 6m，会使人感到过于空旷；净高 2.5m 以下，又会使人感到压抑和沉闷；净高 3m 左右，则较为适中。

目前，我国大部分地区采用 2.6～2.8m 的净高。这样的净高在人体生理卫生上是容许的，人的空间感觉也是良好的，投资也是适当的(建筑高度的降低可增加建筑面积)。居室净高，在炎热地区可适当高些，而在寒冷地区可适当降低些。

有实验表明，在不同净高的封闭居室中，二氧化碳的浓度也不同，净高低于 2.4m 的居室，在任何高度上，空气中的二氧化碳浓度都大于 0.1%，不符合室内空气中二氧化碳浓度的卫生标准；净高 2.8m 的居室在任何高度上，空气中的二氧化碳浓度都小于 0.1%，符合卫生标准。因此，在《住宅设计规范》中，规定室内净高不得低于 2.4m。

在《健康住宅建设技术要点(2004 年版)》中提出居室净高不应低于 2.5m。

4. 应避免室深失衡

室深,是指开设窗户的外墙内表面至对面墙内表面之间的距离。这跟通常所说的“进深”概念是有区别的,进深是指房屋短方向的墙外表面至相对应的外墙外表面之间的距离。室深不仅对居室的采光和通风影响很大,而且对房间的布置、房间的声学以及心理上的感受均有影响。

室深与室高、室宽之间都有一个合适的比例要求。室深与室高的比例,在单侧开窗的情况下,不宜大于 2∶1。室深与室高的比例过小,房间显得压抑;比例过大,则窗的对面墙上光线不足,通风换气不良。在双侧开窗的情况下,以不大于 4∶1 为宜。室深与室宽的比例,一般以 2∶3 或 3∶4 为宜,不宜大于 2∶1,以免家具难以布置摆设,且易出现回声现象。

5. 应避免地板高低差

同套住宅的地板高低不平,是极为危险的,也是居住者的一大忌。其理由如下。

1)在住宅中地面高低不等,不仅造成老人、幼儿和行动不便者行走很不方便,而且它常是发生事故的祸首。调查研究表明,人在平整的同一层地板上行动最为安全,住宅中很多事故都发生在阶梯上。地板高差变化形成阶梯,不仅给日常生活带来不便,还容易跌倒甚至造成危险。

2)室内地板高低差始于宫殿中的做法,依臣谒见君主的需要,皇上所站的一定要比臣民高,以示高低之分。以现代科学的观点来看:地板高低不平的有效面积比地板等高的有效面积小,并且影响家具布置,给家人活动带来不便;地板高低不平,会使人在心理上产生住宅狭小的错觉,地板平整,会让人有空间宽阔的感觉。

一些宾馆饭店故意把地板设计成多个高度的平台,只是为了让人感觉其内部的堂皇和富于变化,吸引旅客的欣赏和兴趣。住宅应以安全为主,切切不可为了猎奇和标新立异,而在住宅中随便加以运用。

对于错层住宅、跃层住宅(楼中楼)、复式住宅,以及独门独户住宅,家中楼梯的设计应该特别注意避免太陡,并应有安全的扶手栏杆。同时应把老人卧室和主要活动场所安排在同一层,并布置在楼房的下面一层。

6. 应避免门窗不畅

门窗是住宅的气口,它的功能有三方面:日照采光、通风换气、住宅的出入通道。通过门窗可眺望室外风光,这对于居住者的生理和心理均有着重大的作用。门,特别是大门或入户门是住宅内外空间分隔的标志,是进入室内的第一关口,住宅风水学特别重视大门,把面向南方的大门看成气口,而四周筑围墙抵挡寒风,营造冬暖夏凉的家居环境。

1)开门的方位。传统民居多坐北向南,大门以开在东南为最佳,开在南或东也很好。住宅大门的最佳方位跟传统聚落水口的位置多在东南方、东方或南方一致,说明两者之间具有一种同构的关系。

现代的多、高层住宅，入户门只是作为出入通道，而不再是主要气口，在这种住宅中，就必须特别重视设在客厅或起居厅对外的窗户或与阳台之间的门，使这个窗或门成为住宅的气口。

2)不能把几个门开在同一条直线上。如果把几个门布置在同一条直线上，这会因为气场不稳定而冲荡不已，使人体场难以适应而影响人的身体健康。这在北方的住宅中更应引起足够的重视。当上述情况难以避免时，可以在两门之间增设一个不全封闭的屏障。这样既可避免气的冲荡，又可保持气流通畅。

3)门应尽量不相对。传统的民居以大门为主要气口，如果两户的大门相对，往往会产生互相之间的污染干扰。因此应采用偏转或设置照壁加以回避。现代多、高层住宅设计，两家的入户门相对是一种最为常见的布局形式。但如上所述，由于这种入户门的功能已转变为仅是出入通道口，而且都随手关门，因此彼此的干扰影响不大。

4)巷道不应直冲大门。住宅风水特别强调应避免出现巷道直冲大门。这是因为:巷道里的空气污染物、“煞气”和噪声等干扰容易冲入室内;气场不稳定而冲荡不已，人体为了适应它而建立平衡，需要不断地白白消耗能量而使身体受损。这在现代独门独户的低层庭院式住宅总体布局时，也应尽量加以避免。

5)门顶的高度应低于窗顶的高度。

7. 应避免寒风入侵

住宅北面开窗主要在于采光和通风，但比起其他方位能够接受阳光照射的窗户来说，如果开窗面积过大，会加快房子热气的流失，导致冬季室内阴冷。寒冷，对人体极为不利，尤其是对妇女的影响更甚。现存最古老的中医经典著作《黄帝内经》中说:“风为百病之始。”因此，当窗户朝北时，一是千万不能开得过大;二是应采用保温性能较强的材料和玻璃，以防散热过快和结露;三是窗户的构造一定要有可靠的密闭性。

对朝北的窗户，还应根据南、北差别采取不同的措施，如在寒冷的北方，为了提高其保温性能，最好采用双层窗或中空玻璃，并加上厚重的窗帘。

8. 应避免走廊直通

走廊是住宅内部的通道，属于住宅中的活动空间，凡是人的活动路线必须经过的地方，都是活动空间。

1)走廊的长度，一般应控制在整个住宅长度的 2/3 以内，且尽量缩短。走廊切勿一通到底，把整套住宅分隔成两半。

2)走廊尽头不要正对卫生间，以防卫生间的污秽湿气直冲走廊而污染全宅。

3)走廊的方位和走向。东走廊、东南走廊、南走廊、西南走廊，采光通风均比较理想，其他则较差。

4)走廊的宽度一般应控制在 90cm 左右，最宽不宜超过 1.3m。

9. 应避免装饰浮华

家是安居之所，应以高雅为佳。切忌为了新潮、跟风、赶时髦，将全部或部分空间装饰得有如酒吧、KTV 包间般的格调，这样浮华的装饰将会对孩子的教育和温馨家居环境的营造造成不良的影响。

家居装饰宜采用木制建材。一般住宅的室内装饰最好多采用天然的木材和木制品，既给人以亲切感，又有利于健康。

五、营造住宅的“精、气、神”

孟子云：“居移气，养移体，大哉居室。”意思是说，摄取有营养的食物，可使一个人身体健康，而居所却足以改变一个人的气质。

1. 人身三宝“精、气、神”

生命物质起源于“精”，生命能量有赖于“气”，生命活力表现为“神”。

世界卫生组织提出健康的“四大基石”是合理膳食、心理平衡、适量运动、戒烟戒酒。我们中国人归纳出养生的三大法宝为“养精”、“养气”、“养神”。

其实精、气、神三方面的炼养不是孤立的，而是相互有着密切的联系。古人云“形神合一、精神合一、神气合一、动静合一”就是这个意思。古代所有善于养生的人都能做到精、气、神三者的相互结合，都能做到《黄帝内经》所总结的“恬淡虚无，真气从之，精神内守”和“呼吸精气，独立守神”。

2. 住宅的精神

住宅的本意是静默养气，安身立命。这就要求住宅的功能首先必须做到阻隔外界、包容自我，使自己的家庭生活与精神气质有所依托。

《天隐子》称：所谓安处，并不是华堂深宅，重褥宽床，而是指能在南面静坐，东首安寝，阴阳适中，光线明暗相伴。屋不要太高，高则阳盛而明多；屋也不要太低，低则阴盛而暗多。因为明多就会伤魄，暗多就会伤魂。人的魂属阳，魄属阴，假如明暗不调，那么就会导致病患。作为人生四大要素中的居住场所，对人的身心健康影响极大。因此，借鉴中国传统优秀建筑文化的住宅风水学做好布局至关重要。这就要求我们的住宅设计和室内外环境的营造都应该因地制宜，根据不同的气候条件努力做到防风、防热、防潮、防燥，选择良好的方位和朝向，以获得适当的日照时间和均匀的风力风向，从而调和四时的阴阳。

3. 住宅的静默

静与动是一对矛盾的两个不同表现形式，作为一个社会人，首先必须与尘嚣共存，被动地接受喧哗，主动地制造喧哗，而在内心深处，动极而生静，渴望着在时光的流逝中静默，才能产生思想的升华，生命才能得以延续，人生也才能达到极致。住宅要达到阻隔外界干扰，让人们能够在静默中使天地和自我澄明通达，让俗世的烦恼杂念被荡涤一空，在动态中生活，在静态中思考，从而构成完美人生。优秀传统住宅风水学所讲究的“喜回旋，忌直冲”与造园学中的“曲径通幽”异曲同工，其弯曲之妙、回旋之巧，均在于藏风聚气，不仅符合中国人传统的温婉中庸的文化思想，更可以指导人们营造一个温馨的家居环境。

静默之所以能养气，《黄帝内经》指出："气者，人之根本也。"在浮躁的社会中生活，气息为外界干扰，易于涣散。静默的居所则令人的精神得到凝聚而养成浩然正气，因此现代住宅应特别强调动静、功能、干湿的分区，这与优秀传统文化的住宅风水学所强调的思想完全相符合。从住宅的位置能否避开喧嚣，其功能空间的布局是否舒展，能不能让人感到安全祥和、神清气爽，从而获得静默养气的效果，利于人们的身心健康，便可辨别住宅之优劣。

4. 住宅的气色

传统中医诊察疾病的四大方法是"望、闻、问、切"。把"望"放在首位，即从观察人的神色、形态上观察其健康与否。从住宅的"气色"，也很容易让人体察到住宅的优劣。充满生气的住宅给人带来了温馨、安全、健康、舒适的家居环境，可以让人养精蓄锐、精气旺盛，从而催人奋进。反之，阴气十足的住宅，即会导致人们难能安居，精神萎靡，甚至身体罹患疾病而难以发现。因此，在家居环境的营造中，必须对住宅的"气色"给予足够的重视。

5. 弘扬传统，深入研究

现代住宅室内装修的空间格局、色彩运用、家具摆设、字画照片、植物饰品等均对住宅的"精、气、神"形成起着极为重要的作用。因此，在住宅的室内装修中，应积极和认真地借鉴优秀传统文化住宅风水学的精髓，努力营造住宅的"精、气、神"。

6. 力求突出农家气息

新农村住宅的装修应避免追求豪华，应努力实现就地取材的原则。新农村住宅必须在坚持简约的同时充分运用各种地方低碳、原生态的民间工艺制品和家具，如竹木家具、竹木制品和各种竹编、草编的装饰品，使其突出回归自然、返璞归真的农家气息。

第二章　新农村住宅室内空间装修手法和设计

一、住宅室内空间的装修手法

1. 功能齐全，富于变化

随着社会的不断发展以及人们生活质量的不断提高，在住宅室内空间的组织上、功能上、内容上也在不断地发生变化。功能已由单一向既简单又多样化发展，并且还随着生活内容的变化使其逐步走向完备。通过分析研究发现，家居的功能已由单一的休息、用餐演化为集休闲、工作、清洁、烹饪、储藏、会客、展示为一体的综合性空间系统，如图 2-1 所示。并且，休息、用餐之外的空间所占比例还在日趋增大。现在许多中高档住宅中，满足居住者多样的需求也已成为一种时尚，功能空间的划分趋向更为细微和精确。细微在于家居生活中各种功能需求的设施越来越多，并且这些必需的设备，往往影响着住宅室内空间的形态和尺寸，甚至功能组织。现代化科技为人们提供的设备如灶具、抽油烟机、冰箱、微波炉、烤箱、洗碗机以及诸如卫生洁具、洗衣机、吸尘器等的清洁设施。这些设备的本身形态，都给室内空间的组织带来了许多新要求。

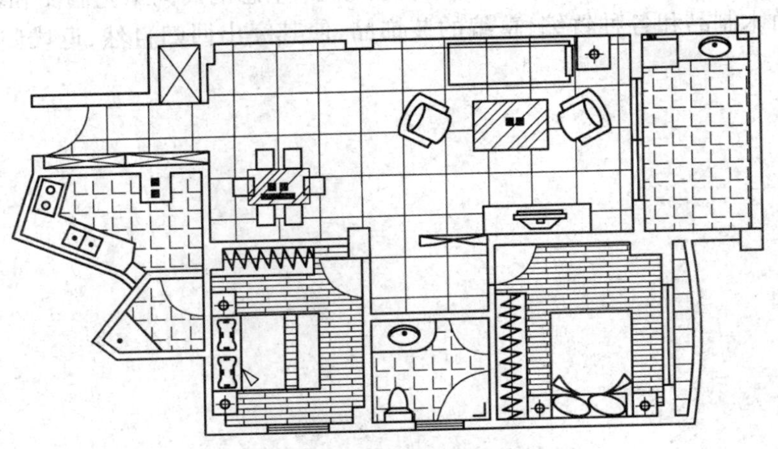

图 2-1　综合性空间系统

随着住宅室内功能空间的多样化，其空间系统的组织方式也更加多变，形成的空间在形态、层次上日趋多样，空间视觉观感也日渐丰富和精彩。复合型的空间形态、流动的空间形态，取代了单一、呆板的空间形态。室内空间形态在水平方向和垂直方向上都更加丰富，并且常常相互结合以营造更为合理的空间布局。图 2-2、图 2-3 展示住宅室内空间组织手法为适应生活功能的多样化而发生的改变。

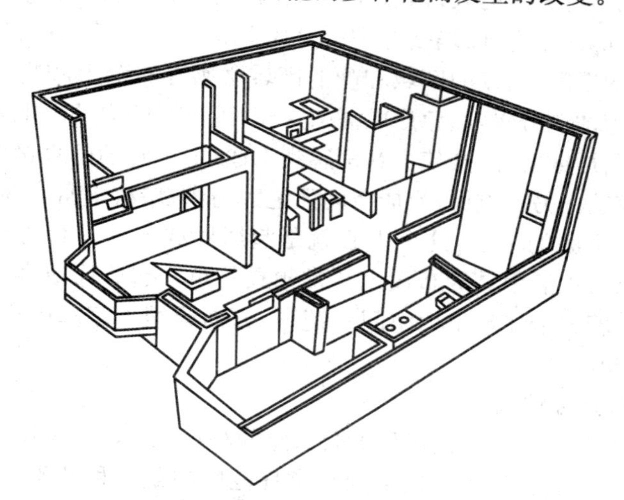

图 2-2　富有层次的功能区及结构

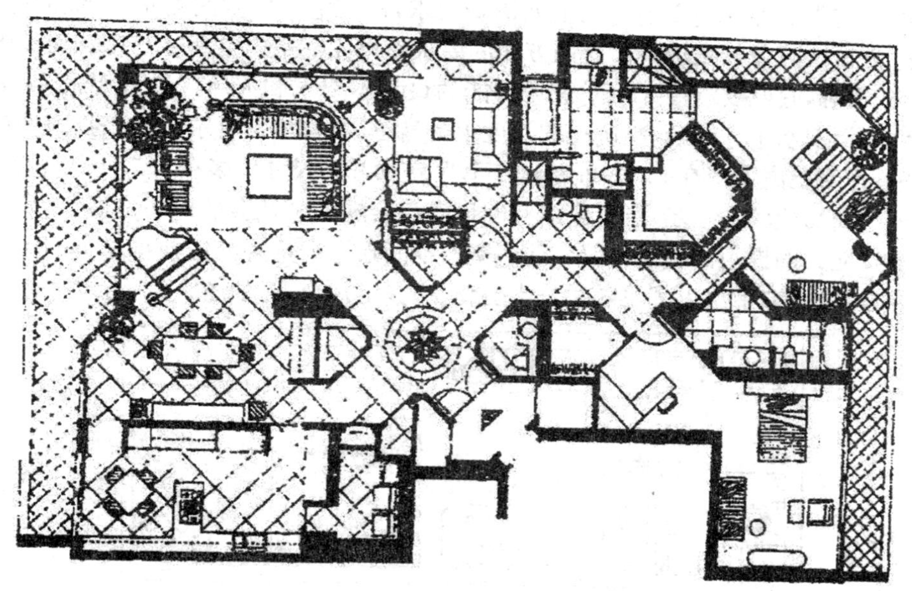

图 2-3　室内空间功能完备，主次分明

2. 分区明确、主次分明

住宅室内空间无论有多大的变化、组织手法有多么丰富，但是揭开其表面，便不难看出家居空间的动与静、主与次关系是相当明确的。在众多的功能中，公共活动部分如客厅、起居厅、餐厅以及家务区域的厨房，都属于人的动态活动较多的范围，属于动区。其特点是群聚性强，声响较大，如看电视、听音乐、聊天、烹饪清洗等。这部分空间,可以布置在靠近家居的入口处。而家居另一类的空间,如卧室、卫生间、书房则需要安静和隐蔽,应该用走廊、隔断等手段使其隐蔽、私密等要求得到保障和尊重。

在住宅室内的空间中,动的区域和静的区域必须在布局上和物理技术手段上采取多种必要的措施加以分隔,以免形成混杂穿套,甚至影响人的睡眠及心理。如卧室的门直接对着起居厅或客厅,会使主客都感到不适;卫生间的门直接对着起居厅或客厅,则会使人很尴尬。另一方面,家居空间无论大与小、层次丰富与简单,都有一个核心的部分,即一个家庭的中心,这个中心就是起居厅或客厅。它的空间往往是开敞的,家具的布置以及生活用具的布设也常常颇具特色。起居厅或客厅的位置和规模是突出的,它统率着整个住宅室内空间系统,一方面容纳了家庭中重要的活动;另一方面联系着其他功能区。

3. 规模小巧,尺度精确

住宅室内空间与大多数其他民用的公共空间相比较,尺度都相对较小,这是经济和心理两方面所决定的。住宅室内空间在世界范围内是一种特殊商品,随着人多地少问题的日趋严重,人类居住的空间将成为越来越昂贵的商品。绝大多数人的经济条件约束着人们在住宅室内空间上的消费要求,而住宅室内空间的承造者和开发商也在想方设法降低开发成本。这两方面的要求使得住宅室内空间在高度和面积上都很严格、精确,它既要满足人们对家居功能的最基本要求和人体工学的要求,又要符合人们的消费水平。小巧、精确是它尺度上的特征,如图 2-4 所示。当今我国的商品住宅中,建筑层高大多在 2.6～2.8m 之间,卧室的开间尺寸大多在 3.3～4.2m 之间。随着住宅商品化的进一步发展,家居空间形态将会随着全社会的经济发展、人们的收入和消费能力的提高而更趋完善。住宅室内空间形态的这种特征使得家具的尺寸及布置的方式、装饰手法也都将随之发生变化,逐步更加合理,如图 2-5 所示。

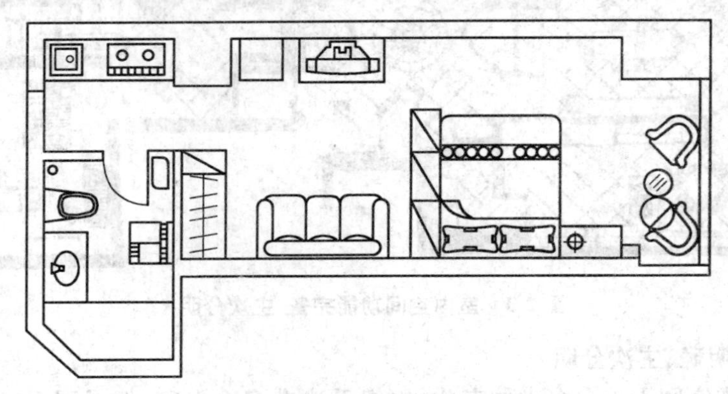

图 2-4 具有实用功能的小户型空间

4. 重视住宅门窗布置

住宅风水学对门窗的设置十分讲究。西方人注重单幢的建筑和门窗,我国的先人们注重建筑和景观。南齐谢朓有诗云:“窗中列远岫,庭际俯乔林。”唐代白居易有

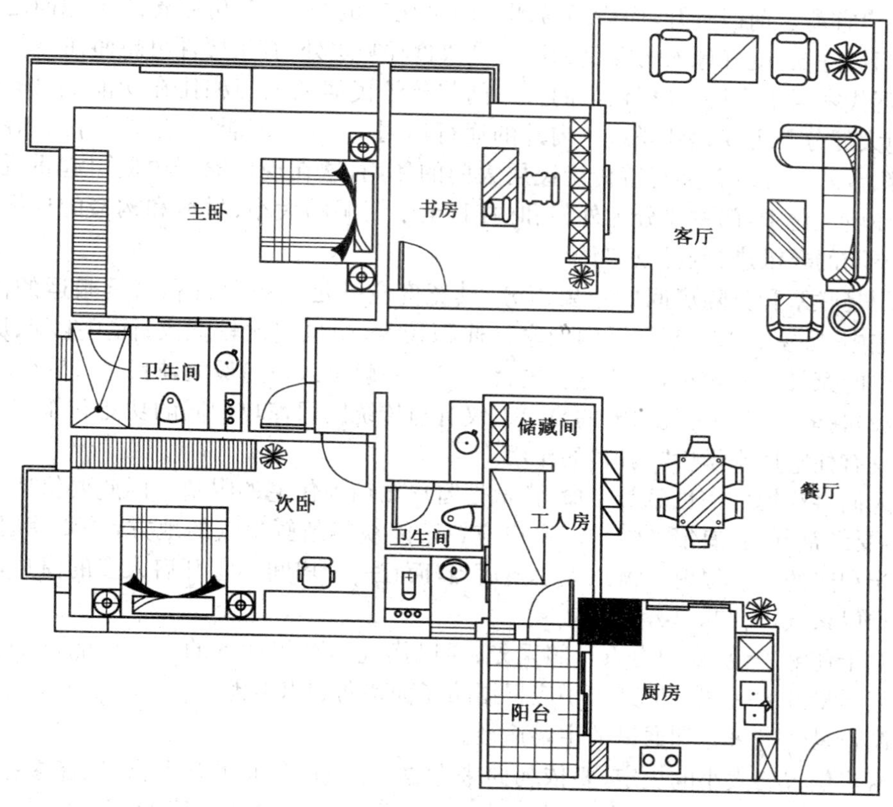

图 2-5　空间分布完整及尺度精确的住宅

“东窗对华山，三峰碧参落。”凭借门窗观赏自然风光，可以陶冶情操，颐养身心。住宅风水学讲究门窗对着“生气”一方，就是为了采景、采光和通风。

从我国所处地理环境的特点来看，常年盛行的主导风向对住宅风水的形成影响很大。我国的主导风向一个是偏北风，一个是偏南风。偏南风是夏季风，温暖湿润，有和风拂煦、温和滋润之感；偏北风是冬季风，寒冷干燥，且风力大，有凛冽刺骨伤筋之感。因此，避开寒冷的偏北风就成为中国人普遍重视的问题。

(1)住宅的门　门是中国传统民居中极其重要的组成部分，尤其是大门。住宅风水认为大门是民居的颜面、咽喉，是兴衰的标志，是“气口”。它沟通住宅内、外空间，通过大门，上接天气，下接地气，大门根据风水学“聚气”的要求，既要能“纳气”，又要能“聚气”，还不能把“气”闭死，因此总要设法引起“生气”。传统民居的大门多是朝南、东南、东开，总是面向秀峰曲水。大门内往往有一屏墙，使宅外不见宅内，宅门在方向上适中，又能“聚气”。室内曲幽，既通达又受到抑制。

现在人们通称的门户，其实在住宅风水学中对门和户是有区别的，房屋的双扇门的为“门”，单扇的为“户”。前面的双扇大门为阳；后面单扇的门为阴。主张阳门宜张，阴户宜翕。前门常开，而后门常闭。门是住宅的“气口”，房屋建筑于地面之上气应从门口进入，就好像人的嘴巴、鼻子，是饮食呼吸之处，其重要性可想而知。

现代家居中多层、高层住宅的入户门与传统民居的大门相比在功能上已有所变化，绝大部分几乎仅起到联系宅内外的通行作用。而厅(起居厅)通往朝南、东南、东方向阳台的门(或窗)又起着传统民居大门的作用，这在现代家居中应引起重视。在家居环境文化中，门主要分为外门和内门，至于门洞的大小、材料和构造的选择等应根据不同的要求进行选择和布置。

门是联系和分隔房间的重要部分，其宽度应满足人的通行和家具搬运的需要。在住宅中，卧室、厅堂、起居厅内的家具体积较大，门也应比较宽大；而卫生间、厨房、阳台内的家具尺寸较小，门的宽度也就较窄。一般是入户门最大，厨、卫门最小。

(2)住宅的窗　现代住宅的窗户不仅有与传统民居窗户相同的功能和作用，同时也还具有住宅风水学中“气口”的作用。

人们喜欢把住宅也赋予生命，常常把窗户比喻为住宅的眼睛。因此要保持干净、完整，要经常开闭，要倍加爱护。窗户应置于能获得新鲜空气的地方，并要使居住者免受光和热的直接辐射。窗户大小要适当，而且一个房间不宜开启太多的窗户，窗户太多难以聚气、聚神。

对于住宅来说，窗户有着日照采光、通风换气和眺望远景的三大功能，这就要求窗户应尽量开大一些。但其大小应根据功能和朝向加以考虑。

窗户是住宅采光和通风的主要途径。

窗户位置与大小的决定，要依朝向来考虑。南面、东面可开大窗，以能多接受一些阳光和夏季的凉风；而西向、西北向、北向则开小窗，以减少太阳西晒与冬季西北寒风的侵袭。

1)窗的大小：一般标准是窗户的面积约为居室地面的1/7～1/8。开窗的大小与居室的进深有关：单面开窗采光的居室，进深不应大于窗顶高的2倍；两面开窗采光的居室，进深也不应大于窗顶高的4倍。一般规定是$15m^2$以下房间开两扇窗，$15m^2$以上的房间开三扇窗。窗的具体大小主要取决于房间的使用性质，一般是卧室、厅堂、起居厅采光要求较高，窗面积就应大些，而门厅等房间采光要求较低，窗面积就可小些。

2)窗户的高度：窗要尽量开高一些。开窗高，能使室内光线均匀；开窗低，则会使光线集中在近窗处，而远窗处较差，不利于光线扩散。窗顶的高度一定要比门顶高。

3)窗户朝向：朝东的窗户，能接受所谓“紫气东来”的“祥瑞之气”，东方是太阳升起的地方，是新开始的象征。朝东的窗户，意味着生长、发展、发达等涌入住宅。每当早上起床，看到从东面冉冉升起的太阳，充满生命的活力，就会感受到一种欣欣向荣的气息。

朝南的窗户，夏天有凉风吹拂，冬天有阳光，对营造温馨的家居环境十分有利。但由于白天的阳光强烈，容易导致人的身心躁动不安。所以应设计具有一定深度的水平遮阳板，避免夏季太阳直射时间过长。

窗户朝北，寒冷的西北风就会大量地吹进住宅，使屋内阴寒而不舒服。寒冷的环境下，女性会月经不顺，而且易患妇女病。因此住宅朝北的窗户在满足房间采光通风的情况下，不宜开得太大，并应根据气候条件对窗户的选材和构造采取防寒保温措施。为了减少朝北窗户的寒冷感觉，还可在窗内设暖色调的厚重窗帘，窗台还可排放抗寒耐阴的花草盆栽，以减轻心理上对气候寒冷的敏感。

住宅的窗户朝西，午后必有西晒，好处是房间干燥，家具衣物不易发霉，但对体质躁热者则有如火上加油，较难安居。朝西的窗户应加设活动的垂直遮阳板，并加挂窗帘，避免午后的太阳直射室内。朝西的窗户秋冬季易受寒风侵袭，可利用活动的垂直遮阳板挡住北面的寒风，也可在春夏接纳和风。面对西下的夕阳，有些老人会产生不良的心理感受。因此，老人卧室不宜开设朝西的窗户。

4)窗户的安全：从实际使用的要求，窗户设置防护栏是住宅必不可少的安全措施。居民从楼上窗口、阳台坠落时有发生。因此，窗户防护栏的设置不仅仅是为了防盗，对于日常生活的防患也是十分必要的，是家居室内环境安全的保障，应该作为住宅的必要构件加以设置，它既要符合安全要求，便于开启，并且还应是一个艺术小品。安装时不仅要保证住户安全，还应避免突出外墙造成对过往行人的伤害。

(3)住宅的采光与通风　住宅中的房间不外乎是卧室、起居厅(客厅)、餐厅、厨房、卫生间。如果阳光照射不到，通风不好，室内就会潮湿，卫生间会有异味，影响人的健康。健康情况差，工作就会受到影响，事业也难有发展。因此，“没有健全的身体，就没有健全的事业”，这是一句至理名言。

1)住宅的采光：采光是指住宅接受阳光的情况，采光以阳光能直接照射为最好，或者是有亮度足够的折射光。

住宅风水学对室内采光，也强调阴阳之和，明暗适宜。所谓“山斋宜明净不可太敞，明净可爽心神宏，敞则伤目力。”

万物生长靠太阳，住宅风水学很重视住宅的日照，称：“何知人家有福分？三阳开泰直射中”；“何知人家得长寿？迎天沐日无忧愁”；“何知人家贫又贫？背阴之地是寒门”。有句谚语说：“太阳不来的话，医生就来”。这充分说明了住宅采光的重要性。

阳光具有孕育万物的能力和杀菌力。

阳光的好处很多：一是可以取暖；二是参与人体维生素D的合成，小儿常晒太阳可以预防佝偻病，老人可减缓骨质疏松；三是阳光中的紫外线具有杀菌作用；四是可以增强人体免疫功能。

直接射入室内的阳光不仅使人体机能提高，而且使人感到舒适、振奋，提高劳动效率，还具有一定的杀菌作用和抗佝偻病的作用，所以窗户朝南的房间适合作为儿童和老人的卧室。

阳光太强，其过多的紫外线反而会带来害处。夕阳照射的房间，在夏天不仅白天温度过高，入夜仍然很酷热，也会影响身体的健康。

具体地说，南面、东南面和西南面三个方位中，以西南面的阳光最热。冬天虽然以能照射到西面或西南面的阳光最为理想，但是到了夏季，这两个方向的阳光，却是很令人困扰的问题。综合一年四季来考虑，以东南方及南方的阳光最为理想。因此，应该正确理解，阳光并非越多越好。

对于窗户来说，应经常开窗。单层清洁的窗玻璃可透过波长为 318～390μm 的紫外线，但有 60%～65%的紫外线被玻璃反射和吸收。有积尘的不清洁的玻璃又减少 40%的光线射入。因此，要经常保持窗玻璃的清洁，以使在关窗的状态下，也有足够的阳光射入。

2)住宅的通风：通风可以改善住宅小环境，保持空气清新。风不但是人类不可缺少的东西，对植物也会产生各种不同的作用。在风水学中，即有所谓的中庸和过与不及。不及是指无风；相反地，过则指会产生灾害的大风和寒风。因此，这两种情况都是不理想的，唯有中庸，也就是适度，才是最适于人类生存的环境。

在考虑通风问题时，不能单纯地认为只要有窗户，通风就会良好，还应考虑风是从哪一个方向吹来的、都能吹进房子的哪一个角落、应该在哪里留窗户较为合适等问题。为此，在住宅风水中也特别重视其“气口”的方位朝向和尺寸大小。

3)营造夏天室内清新的环境：大热天，人人都渴求凉爽。现在人们都是通过空调和电风扇等来获得舒爽。不少专家学者指出，长期在空调环境生活和工作，极容易出现空调病。其实，如果能组织住宅的自然风流动，不但可获得清新凉爽的空气，还能节约能源。

拥挤使人烦躁，空旷使人凉爽。在住宅设计中，各功能空间应在为室内布置安排家具的同时，留出较为宽绰的活动空间。给人以充满生机的恬淡情趣。也自然会使人们感到轻松愉快，心情舒畅。

以南向的厅堂(或起居厅)为主，把其他家庭共用空间沿进深方向布置，一个一个开放地串在一起，便可以组织起穿堂风，给人带来凉爽。在南方还可以吸收传统民居的布置手法，在大进深的住宅中利用天井来组织和加强自然通风。

热辐射是居室闷热的直接原因。应在向阳的窗上设置各种遮阳措施，以避免阳光直射和热空气直接吹进室内。把热辐射有效地挡在室外，室内自然凉爽许多，便可以营造室内的清凉世界。

二、门厅

1. 门厅的布局文化

门厅，是住宅室内外的过渡空间，它是从主要入口到其他厅、房的缓冲地带，这里不仅是家居生活的序曲，也是宾客造访的开始，它的美与不美，都会给人构成深刻的印象。在日本，由于日本人的居住形态，一进门便是地铺榻榻米，这便是他们睡觉和接待客人的地方，有如我国北方的炕，因此，一进门就得脱掉鞋子，玄关便是他们脱鞋和整装的场所。在我国传统的民居中，登阶跨过门槛便能登堂入室，由于坐有椅子，睡有床铺，因此并没有换鞋和脱鞋的必要和习惯。也就无所谓门厅了，大的民居设置门厅也仅仅是迎宾送客和家人出入的地方，直到近代公寓式多层、高层住宅的出现，户户相对，没有庭院，没有缓冲的台阶和门槛，而生活品质又日渐重视的同时，门厅才被逐渐重视。在很多住宅里，门厅只是一个没有特色甚至空白的过道，更有许多房子根本没有门厅的空间，如此一来，大门一开，起居空间便暴露出来，家居生活必然会受到影响，如果没有适当的地方来处理鞋子，就只好让门边一片零乱了。

记得20世纪90年代初，在一次住宅设计的研讨会上，一位日本专家竟提出："你们中国人进门有没有换鞋的习惯。"笔者便十分从容坦率地回答："由于居住形态的不同和处于经济较为落后时，一般是没有换鞋的习惯和必要，但随着居住形态的改变，以及经济的发展，入门换鞋已逐渐成为一种必然和习惯。也要求在住宅设计中必须给予足够的重视。"这个回答使日本专家也只好诚恳地用他小时候洗澡时，牛还伸着舌头舔他的肩膀，说明由于当时的经济并不发达，他只好在牛棚里洗澡来进行解脱。这虽然是一个小插曲，但却时时为笔者所铭记，也促使笔者对居住形态进行了种种的探索。

在欧美，由于气候条件和生活习惯，在冬天里，进了门总要脱掉外衣、帽子，因此设置门厅并还常有衣架、橱柜，甚至有一组桌椅，要求比较高。

门厅虽然空间不大，但不管是传统的看法和实用的说法，都不应限制个人的想象力。在留出充分的活动空间和动线外，只要经过适当的处理，比如放一张照片、一些工艺品、一组屏风、一瓶花卉都可以产生很好的效果及变化，而达到表现自我的目的，实际上深刻印象的建立，也是设立门厅，在美观实用之外的主要目的。

(1)门厅的布局　住宅的门厅是迎宾纳气之处，宜有转折而不宜直通，可设柜、屏或者用盆栽作为隔断。门厅面积较小，应以高雅大方为佳，切忌浮华矫饰和阴暗肮脏。

门厅应满足以下要求：

1)门厅不宜太窄，应能满足沙发及钢琴等大件家具搬运方便的要求。

2)门厅的物品应摆放有序，让人一进屋就有一种神清气爽的感觉，愉悦心灵。因此，鞋柜的布置对于门厅就起着十分重要的作用。

在门厅放置鞋柜供主客换鞋、储存。"鞋"与"谐"同音，鞋又必定是成双成对的，因此，有着和谐、好合的象征意义。家庭最需要和谐、好合的氛围，为避免把室外地面灰土带进室内，为此入门便需换鞋，入门见鞋就是吉利。

(2)鞋柜的布置

1)鞋柜的大小应适中，鞋柜的高度不宜超过房屋空间高度的1/3，更不宜超过主人的身高。因为上为"天才"，中为"人才"，下为"地才"，鞋子是给足部穿着保护脚部的物品，故属于地。如果鞋柜的高度超过房屋空间高度的1/3，必须注意不要把已穿过的鞋子摆放在"天才、人才"的位置。而把未穿过的鞋子，放在鞋柜的上半部，已穿过的鞋子带有地气，可以把其放在“地才”的位置。

2)鞋柜的位置。鞋柜虽然有实用价值，但毕竟不是可供鉴赏的陈设。因此鞋柜的位置不宜摆放在正对入门处，应该尽可能将其布置在入门的两侧。

3)鞋柜的设计。鞋子宜藏不宜露，这才符合归藏于密之道。设计巧妙的带门鞋柜，显得典雅自然，不易让人一眼看出它是鞋柜，也可避免鞋子摆放乱七八糟，影响观瞻。对穿过的鞋子要经常洗刷，去除异味，以免污染室内的空气。

4)鞋柜内分层搁板应倾斜。摆放时应把鞋头向上，意味着步步向上。

(3)照明　门厅空间较小，不应设吊灯，并要避免开门时背光。

1)门外的照明是非常需要的，它应能使晚归的家人很容易看到钥匙孔，也能使来访的客人感到一份分欢迎的暖意。

2)门厅的灯光，最好在进门前就能把它打开，并可用装在屋内的一支双向开关来控制。

3)为了使眼睛有充分的时间准备，以适应从暗到亮的变化，温暖而不太亮的光线是比较好的，用白炽灯会比日光灯更为合适。

4)从顶棚均匀投射的灯光，如嵌顶灯、投射灯或是壁灯，都可以节省空间，减少吊灯的压迫感。

(4)色彩的应用　原则上，对于空间不大、自然采光不足的门厅，宜采用反光性强的暖色、明度大和彩度大的色彩。色彩只是理论上的参考，应根据家居装饰的整体效果以及个人的喜好来决定，希望能让客人通过门厅就能感到主人家庭的独特气息。

2. 门厅的装修设计

(1)门厅的功能　门厅是给客人第一印象的关口，如图 2-6 所示，如果对小小的

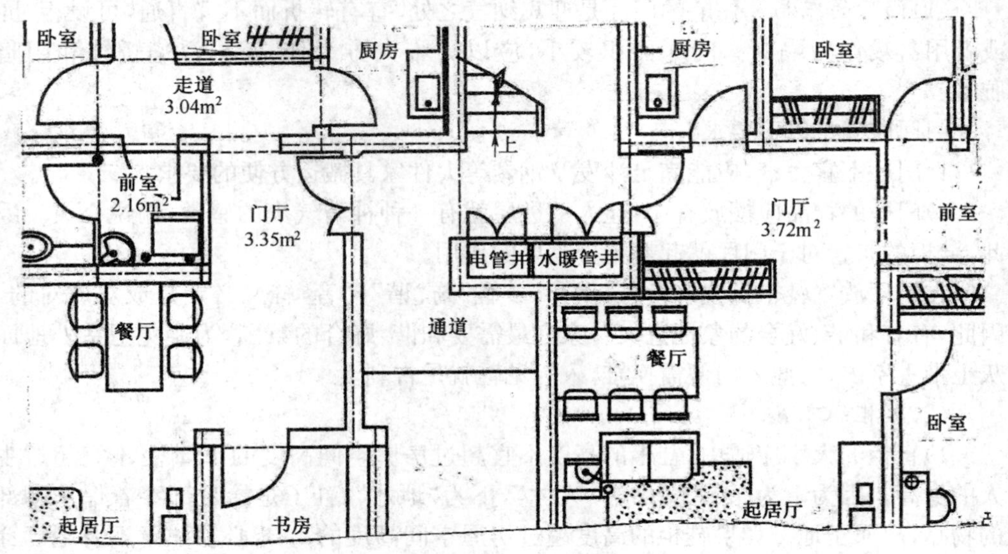

图 2-6　门厅平面图

门厅认真地加以设计，把它迎来送往的功能强化出来，会给人一个小小的惊喜。住宅是具有私密性的"领地"，大门一开，有门厅作为过渡空间，便不会对室内一览无余，起到一个缓冲过渡的作用。就是家里人回家，也要有一块放雨伞、挂雨、换鞋、搁包的地方。平时，门厅也是接收邮件、简单会客的场所。

（2）门厅的设计方法　门厅的变化离不开展示性、实用性、引导过渡性的三大基本功能。

总之，门厅装修设计应遵循以下几个原则：实用为先，装饰点缀，整个门厅设计以实用为主；随形就势，引导过渡，门厅设计往往需要因地制宜随形就势；巧用屏风分隔区域，门厅设计有时也需借助屏风以划分区域，如图 2-7 所示；内外门厅华丽大方，如图 2-8 所示，对于空间较大的住宅门厅大可处理得豪华、大方一些；通透门厅扩展空间，空间不大的玄关往往采用通透设计，以减少空间的压抑感，如图 2-9 所示。

图 2-7　用屏风分隔区域

图 2-8　地面的拼花及装饰台，使空间华丽大方

图 2-9 利用顶和面的呼应起到扩展空间的功能

1)几种常见的设计方法。低柜隔断式,如图 2-10 所示是以低柜矮台来限定空间,既可储放物品杂件,又起到划分空间的功能。

图 2-10 低柜造型不仅起到分隔空间的作用,更有实用功能

玻璃通透式，如图 2-11 所示是以玻璃作装饰遮隔，既分隔大空间又保持大空间的完整性。

格栅围屏式，如图 2-12 所示主要是以带有不同花格图案的透空木格栅屏作隔断，能产生通透与隐隔的互补作用。

图 2-11 雕花玻璃及木格的搭配令空间更加丰富

图 2-12 中式的格栅屏风富有中式韵味

半敞半隐式，如图 2-13 所示是以隔断上下部或左右有一部分为完全遮蔽式设计。

图 2-13 下方为鞋柜，上方为冰裂玻璃及木作搭配

另外，可将顶、地灯呼应处理得中规中矩，这种方法大多用于比较规整方正的门厅。

2）设计要点。间隔和私密：之所以要在进门处设置“门厅对景”，其最大的作用就是遮挡人们的视线。这种遮蔽并不是完全的遮挡，而要有一定的通透性。

实用和保洁：门厅同室内其他空间一样，也有其实用功能，就是供人们进出家门时，在这里更衣、换鞋，以及整理装束。

风格与情调：门厅的装修设计，浓缩了整个设计的风格和情调。

装修和家具：门厅地面的装修，可采用耐磨、易清洗的材料。墙壁的装修材料，一般都和客厅墙壁统一。顶部要做一个小型的吊顶。玄关中的家具应包括鞋柜、衣帽柜、镜子、小坐凳等，玄关中的家具要与整体风格相匹配。

采光和照明：玄关处的照度要亮一些，以免给人晦暗、阴沉的感觉。

3）材料选择。一般玄关中常采用的材料主要有木材、夹板贴面、雕塑玻璃、喷砂彩绘玻璃、镶嵌玻璃、玻璃砖、镜屏、不锈钢、花岗石、塑胶饰面材以及壁毯、壁纸等。

三、起居厅

1. 起居厅的布局文化

在传统的中国民居大宅院中，门厅、起居厅、祖厅和佛厅都是分开的，起居厅属于半开放的公共空间，在一般的民居中，起居厅即是神厅、佛厅、厅堂、内厅和餐厅的综合体，在有限的空间中，扮演了多种不同的角色，而且经济有效地利用空间。在现代生活中，起居厅兼具会客、起居、娱乐等功能。招待宾客在会客厅，气氛较为正式；自家人欢聚休憩，共享天伦在起居厅，气氛则较温馨。但在现实中，有条件把起居厅及会客厅独立配置的家庭并不多，只能在低层庭院住宅或特大套的公寓住宅里才有此可能。大多数的住宅，尤其是多、高层的公寓式住宅，更是一个兼有门厅、起居、会客、娱乐、餐厅等的一个综合大空间，有特别要求时，甚至还是祖厅和佛堂。这就使得传统起居厅讲求的宁静祥和，保守及私密性，也在某种程度上，为西方起居厅讲求的观念所渗透，形成了跨越时空、融合古今中外的现代中国起居厅。的确，在东西方知识、科技、文化及历史意识交融冲击的情况下，现代的起居厅实难独立于某一文化背景、历史阶段或民族风格。于是，现代起居厅成了家居生活的重心及家人的休闲处所，同时也愈来愈讲求倾向非正式场合轻松、自由、开放的气氛了，友人来访时，也能感到舒适愉快。

起居厅是主人把自己的生活风格部分展现给客人之处，故有“家庭名片”之称。它除了应具有公共空间的宽敞、明快外，更应具有浓厚的“家庭性格”，这种“家庭性格”是很多先天条件及后天因素长久熔铸而成的，不仅与一个家庭的历史、地域等传统因素关系密切，而且也深深地受到教育、职业、信仰及现实条件的影响，因此，在其表现上可以传达鲜明的家庭形象。

良好舒适的起居厅，不但要家具的选配与色彩表现得当、来往通行方便，而且，还应充满实用之美，而非虚伪、表面化的形式美。

掌握实用美观的原则，配合各自的生活形态，于是，便能为您的生活营造带有无限意趣、希望及生命活力的起居厅。

起居厅在住宅风水中具有极其重要的作用，应注意随时保持干净整齐，避免堆放垃圾杂物。此外，还应注意以下要点：

第一，起居厅是家人白天生活活动最为频率的场所，应尽可能设在朝向最好的位置，以便接受足够的太阳光和较好的自然通风。同时也还应设在住宅的前面部分，即一进门就是起居厅，才能避免客人穿越卧室，从而保证卧室和书房的私密性和宁静。

第二，起居厅是家庭的门面，在装修时应以少而精和画龙点睛为雅，以多而杂和琳琅满目为俗；在家具配置时以整齐简洁为雅，以凌乱堆积为俗；在色彩方面，以明快浅淡的色彩为雅，以五颜六色斑驳离奇的色彩为俗；在挂画方面，以山水风景画为雅，以粗鄙色情画为俗……

第三，起居厅家具切忌过大过多，应确保动线流畅。沙发应面向大门，忌背门布置。

第四，起居厅的地面以木地板为最佳，感觉坚硬冰凉的石材、瓷砖地面应局部铺以装饰地毯加以改善，使其具有温馨感。

第五，起居厅的顶棚及墙面色彩宜采用淡雅、稳重序列，起居厅顶棚切忌横梁压顶，同时应尽可能避免复杂而炫目的色彩和悬垂过低的吊灯，以避免压迫感。沙发上方不宜安装投射的筒灯。起居厅的色调一般可用浅粉、米黄、橙黄、玫瑰红等暖色调，以使人感到温馨舒适。讲究一些的也可按起居厅方位所暗示的金白、木绿、水兰、火红、土黄来作为色彩基调。

根据“气”的原理，清气轻而上浮，浊气重而下降。因此，有天清地浊的说法。顶棚颜色应比地板和墙壁的颜色浅，以避免给人头重脚轻的压抑感。

设在北面的起居厅，墙面可刷淡绿色或水蓝色，窗帘布也不宜太鲜艳；设在东北面的起居厅，墙面可刷淡黄色，沙发可用咖啡色调，窗帘布可以黄色为底，配以咖啡色或其他深色花纹；设在西北面或西面的起居厅，墙面可刷白色，或在白色背景中绘一些浅色花纹，窗帘可用金黄色，并衬以白色透明的薄纱；设在南面的起居厅，墙面仍可用浅绿色，但可悬挂大红的百福图或百寿图；设在西南面的起居厅，墙面可用浅黄色。与东北面的起居厅类似；设在东南面的起居厅，墙面可用草绿色，窗帘布可选用带有花木或翠竹的图案；设在东面的起居厅，墙面可用淡紫色或淡蓝色。

起居厅的色彩基调最好还是根据主人的爱好加以选用。因为色调的选择也充分反映出主人个性：暖色调反映出主人的个性开朗、热情、坦诚、外向；冷色调反映出主人的个性沉静、安详、稳重、内向。这说明色彩能表现一个人的个性，有时可以有意识地利用色彩来矫正自己或家人性格上的某些缺陷。

第六，起居厅与卧室、书房应相对分开，以实现动静分离，保证足够的私密性。

第七，起居厅的污染及其预防。现在的起居厅一般都配置有彩电、录像机、音响等家用电器以及沙发茶几，有的还有养鱼缸或鸟笼，再加上书画等艺术品点缀，使得客厅显得高雅与安逸，但也应充分了解其中有些物体所带来的污染。

电视机所产生的电离辐射污染。预防方法，一是要经常开窗通风以降低室内空气中的辐射离子浓度；二是座位要距离电视机 2m 以上；三是要平视或将电视机屏幕置于略低于人的平行视线高度。

听音响时应尽量控制音量，避免音量太大所造成的噪声污染。

吸烟污染。烟雾中含有 300 余种有毒化合物，其中多种是致癌物质。因此应设法减少在室内吸烟，经常开窗通风，减少烟气污染。有条件的，最好在客厅配置空气净化器。

笼鸟污染。笼鸟的毛尘和排泄物会造成室内污染，毛尘被人吸入肺部后，人体的免疫机能和肺功能易受损害，因此在客厅养鸟，一定要加强通风，最好是白天为了观赏放在客厅，晚上转移到阳台去，以减少室内空气的污染。

盆栽水景等物不可太多，否则阴湿太重。

起居厅的装饰挂物摆放不宜选用恶形怪状的木偶或艺术品以及各种动物标本。

2. 起居厅的装修设计

(1)*起居厅的功能*　起居厅目前在大多数普通家庭里不仅是接待客人的地方，更是家庭生活的中心，是家人欢聚时活动最频繁的地方。忙碌一天之后，全家人团聚在这个小天地里，沟通情感，共享天伦，享受家庭的舒适。因此，在家庭装修中，起居厅的设计和布置不但是不可置疑的重点所在；而且，起居厅的设计也对整套住宅的室内装修设计定位起主导作用，在起居厅确定了基调后其他房间应与之相协调。

(2)*起居厅的设计要点*　目前除低层住宅外，绝大部分高层住宅的家庭有条件将起居及接待空间分室设置的并不多。因此起居厅白天可能是儿童的嬉戏地、家庭成员的工作室，晚上便又成了家人聚集、畅叙，或看电视、听音乐、接待来访宾客的空间。也就是说由于空间的限制，许多家庭无法依用途将起居厅区分为会客区、视听区、娱乐区等。起居厅便成为现代家庭多功能综合性的活动场所，住宅中没有一个空间像起居厅这样具有如此多的用途。设计上除一般展示、接待功能外，有时还要兼具阅读、写作和非正式餐饮等功能，多数起居厅还兼有门厅的功能。总之，起居厅是住宅中用途最广泛的空间。

起居厅的基本构成形式在设计时，首先应围绕人这个中心，在位置和尺度上尽量考虑具备通风、光照的朝南方位和宽敞自如的空间条件。起居厅的形式还要根据家庭的结构、年龄、社会状况、生活习性及个人喜好等多种因素，使功能形式、陈设构成、空间区划及平面布置等都能达到物尽人意、宽舒适宜的效果。

1)风格的确定。在起居厅的装饰装修上有不同风格，如图 2-14、图 2-15 所示，不仅有中式(古典)风格、欧式(西式古典、现代)风格、日式(东方)风格和现代风格，还有回归自然的田园风格、简朴典雅或富贵华丽的都市风格等。这些风格都凝聚了不同民族的文化个性与艺术特点，并融入了不同时代的风尚与色彩，也反映了主人的个性。选择了哪一种风格的起居厅，就意味着选择了一种独特的生活方式。在了解居室设计的大体风格类型后，便要根据家庭成员的喜好和居住条件选定起居厅的设计风格。一般说来，如果居住面积不太大，适宜选择简洁大方的现代风格和小巧温馨的田园风格。如有条件，也可选择东西兼容、现代中点缀着古典的混合型风格。

如果房间宽阔，天棚很高，选择新古典主义设计较为适宜，因为这种空间环境与新古典主义陈设的高贵典雅、丰富庄重相得益彰，适宜表现成功人士的身份和大家气派。而如果选择现代设计，则需注意选择家具和饰物线条柔和一些、色彩丰富一些、质地柔软一些，着意营造温馨的氛围，否则，宽大的房间会产生空旷和单调呆板的感觉。

2)色调的选择。确定了风格也就基本上确定了色调，起居厅的色调要与选定的风格相一致。如新古典风格的居室宜选用和谐的色调，且多以米色或浅棕色为基调。现代风格的起居厅可选择白色或纯度较高的黄、兰、绿甚至红色等鲜艳色彩来加以装

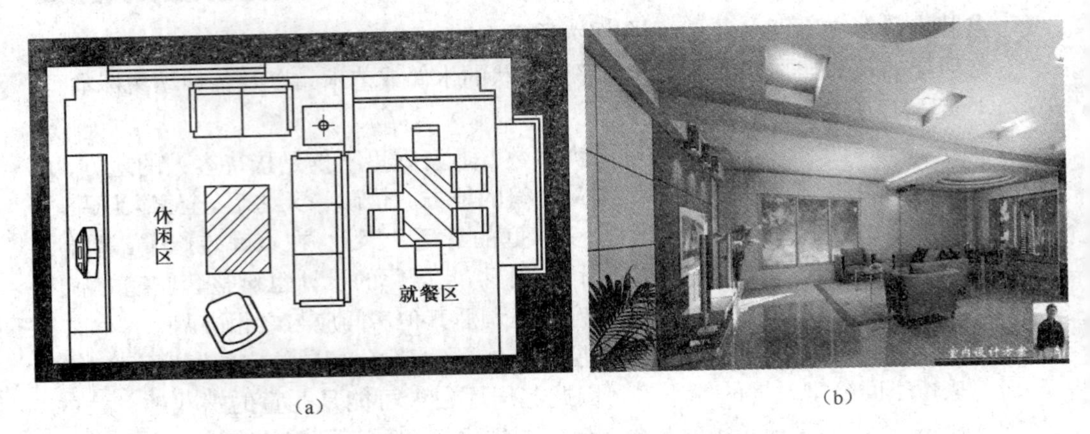

(a)　　(b)

图 2-14　简约而不失温馨的起居厅

(a)平面图　(b)效果图

图 2-15　利用壁炉及墙纸演绎欧式风格

饰,但要注意颜色的正确搭配,如图 2-16 所示。

3)式样随功能而变。起居厅的面貌随着人们对住宅功能更加多样化的要求也正在发生着改变,它们变得更为舒适、热情。通常靠近厨房或家庭办公室,色彩丰富,充满了装饰品、家具和织物,反映着它们新的状态。一向是起居厅家具核心的沙发也是一般起居厅的中心部分,皮座套以及带纤维织物套的沙发和椅子都很流行如图 2-17 所示。

起居厅可以变得非常漂亮,但舒适是最重要的。松软、毛茸茸的靠垫,像天鹅绒一样的织物可以创造柔软舒适的气氛,显示主人的品位与热情。

图 2-16　利用黄色背景及线条、不锈钢等材质来诠释现代空间

图 2-17　具有传统风格的客厅

如果喜欢朴素，那么自然的简约风格是十分适合的。天然纤维，如亚麻、棉和羊毛是非常流行的用于沙发罩、窗帘和地毯的材料。淡绿色、黄褐色、米色和灰褐色窗帘都是深受欢迎的。

近年来也有人用媒体室、锻炼室、家庭办公室或台球厅来取代传统的起居厅。但是对大多数人来说，起居厅仍承担着它一直以来承担的任务，多功能、实用和时尚的起居厅正逐步跟上时代的步伐。

(3)起居厅的主题墙　主题墙就是指起居厅中最引人注目的一面墙，一般是放置电视、音响的那面视听背景墙，也是家人与客人常常要面对的那面墙。通常在装修起居厅时一般都会在这面主题墙上大做文章，采用各种手段来突出个性的特点。

主题墙的做法非常灵活，传统的家庭起居厅主题墙的做法，都是采用装饰板或文化石将电视背后的墙壁铺满。进入新世纪，起居厅主题墙已不仅仅局限于“视听背景墙”的概念，所使用的装修材料也丰富起来。以下是几种起居厅主题墙的装饰手段：

利用文化石作主题墙，但不必满铺满贴，只要错落有致地点缀几块，同样能达到不同凡响的装修效果，如图 2-18 所示。

图 2-18 利用文化石点缀主题墙

利用各种装修材料如木材、装饰布、毛坯石，甚至金属等在墙面上做一些造型，以突出整个房间的装修风格，如图 2-19 所示。

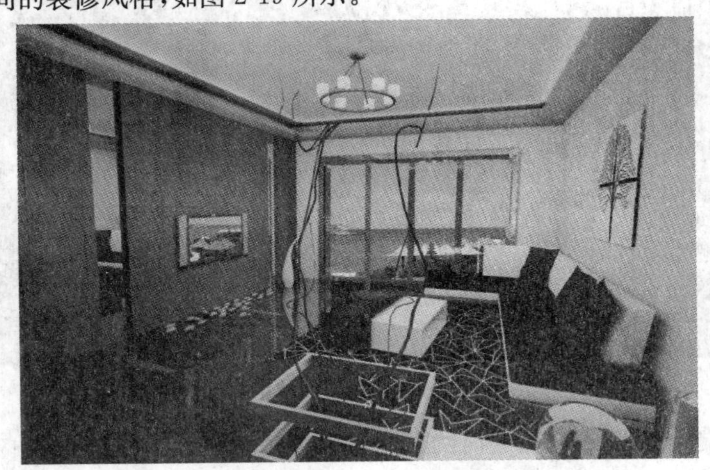

图 2-19 利用装饰艺术板营造现代家居主题墙

采用装饰板及木作搭配，也是主题墙的一种主要装饰手法，如图 2-20 所示。

在视听综合柜的墙面与天花均以深色木材收边，边缘一直延伸至门厅拐角处。木边以及电视柜使墙面产生立体感，木边下方的射灯利用光源使进深感增加，再搭配紫色的艺术墙漆，突出了墙面上的效果，如图 2-21 所示。

主题墙看上去像是壁炉。白色的壁炉及两旁实用的装饰柜，使得整体设计极具

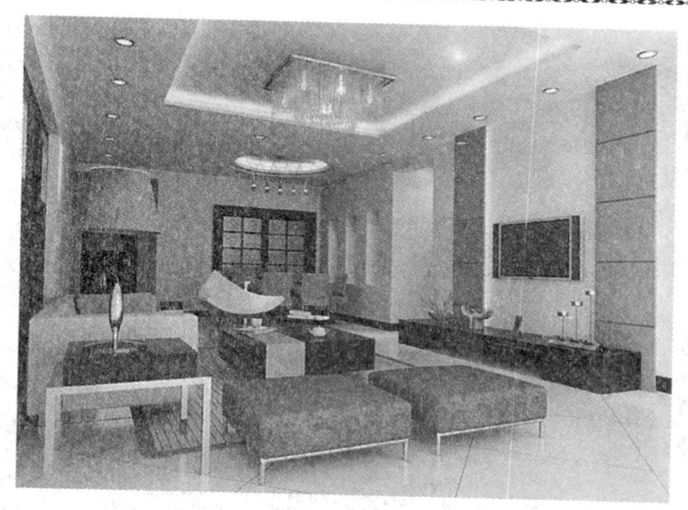

图 2-20　利用装饰木作凹槽及壁布营造舒适现代家居主题墙

图 2-21　木边以及电视柜使墙面产生立体感，以紫色的艺术漆突出墙面效果的主题墙

欧式韵味，如图 2-22 所示。

起居厅中有了主题墙，其他墙壁就可以简单一些，或刷白或刷其他单一的颜色，才能突出主题墙效果，而且也不会产生杂乱无章的感觉。另外，家具也要与主题墙的装修相匹配，才能获得完美的效果。

(4)起居厅内的设置

1)起居厅的休闲区。起居厅的休闲区主要是指一般家庭摆放沙发和茶几的部分，它是起居厅待客交流与家庭团聚畅叙的主区，沙发和茶几的选择与摆放十分

图 2-22 极具欧式韵味的主题墙

重要。

沙发的选择。选购沙发前,应对空间大小尺寸、摆放位置等做详细考虑,要根据起居厅面积与风格、自己的爱好选择。沙发款式色彩、舒适与否,对于宾客情绪和交流气氛都会产生很重要的影响。

茶几是摆置盆栽、烟缸及茶杯的家具,亦是落座时目视的焦点,茶几形式和色泽的选择既要典雅得体,又要与沙发及环境协调统一,如图 2-23 所示。

图 2-23 沙发与整体氛围相互呼应

2)起居厅的视听区。视听区是指放置电视与音响的地方。人们每天通过视听区接收大量的信息，或听音乐，或看电视、看录像，以消除一天的疲劳。在接待宾客时，也常需利用音乐或电视来烘托气氛、弥补短暂的沉默与尴尬。因此，现代住宅愈来愈重视起居厅视听区的设计，视听区的设计主要根据沙发主座的朝向而定。通常，视听区布置在主座的迎立面的斜角范围内，也就是主题墙一侧，还要能达到最佳声学、美学的效果，如图 2-24 所示。设计起居厅视听区必须考虑到以下几点：

图 2-24　具有现代中式风格的视听区

预留视听空间。一般家庭大都把视听器材（如电视、环绕立体声音响等）放在起居厅里，因而在起居厅装修前，一定要先看看自己家里有哪些视听设备，还准备添换哪些设备，这些设备的尺寸大小是多少，然后将这一切情况告诉设计师，并与设计师共同协商，做出一个全景的规划，为视听器材预留出合适的空间位置。

不要忘记预埋必需的线路。特别是要装环绕式立体声音响的家庭，预埋音箱信号线更是必不可少的工作。因为一般的组合式环绕立体声音响均有至少五个音箱，即一只中置音箱、两只主音箱和两只环绕音箱。两只环绕音箱应放在与电视屏幕相对的墙面上。这样就需预埋暗线，如果不预埋暗线，只能走明线，那将会破坏起居厅的整体视觉效果。信号线要用专用的音箱信号线，并用 PVC 管包好，然后在地上和墙面上剔槽走管。预埋线路时要注意将音箱信号线与冰箱、空调的线路分开，独立走线，因为空调、冰箱的启动会对音频信号产生影响。

音箱的位置也很有讲究。中置音箱应放在电视屏幕的正下方或正上方，两个主音箱分别放在屏幕的旁边，这样声音才真实，而两个环绕音箱应正对两个主音箱，高度应比人坐下时的耳位高 30～50cm。

墙面的质地要适当。电视墙宜用木质，大部分的视听器材，如 VCD 机、DVD 机、功放和主音箱一般都集中在电视机的周围。有的人喜欢“四白落地”，不想对电视墙进行任何装饰。但是由于电视机会产生高压放电现象，使用一段时间后就会造成电视机后部墙面变黑，反复擦洗也无法除去黑印，使墙面很难看。较好的办法是对这一部分进行以便日后清理的适当装修，如用饰面板或软木做出一个简洁大方的造型，并刷上油漆等。

造就一个良好的声音环境。天棚最好不用大面积的石膏板吊顶，那样会引起振荡的空洞声。总之室内各种平面与家具的装修安置要注意软硬材质的平衡。硬质物体表面反射声音的能力较强，而如果大功率音响播放的声音被吸收较多又会导致音响效果降低。近来被人们广泛采用的文化石，由于它对声波的反射较强，会对音响效果产生一定影响，一般不宜大面积使用。电视柜材质最好选用各种实木和复合板材，这样共鸣效果较好。

为了适应人们的这种需求，最近装修行业出现了一个新的家装概念，即家装“视听一体化”服务。家装视听一体化服务，就是在做家庭装修时，将起居厅的装修装饰与视听器材的配置安装进行统一规划，通盘考虑，起居厅的设计、材料的选择、家具的配置等都尽量与视听器材相配合，以达到装修与视听器材相得益彰的效果。这种家装“视听一体化”服务在中国才刚刚开始，而在欧美等发达国家则已非常普遍，而且已向智能化方向发展。

3)起居厅的角落。起居厅的角落总是较难以处理的。有几种方法可供参考。

在角落处可以直接摆放有一定高度的工艺瓷器或用玻璃瓶插上干花，如图 2-25 所示。

可摆放一个高 0.7～0.8m 的精品架，架上可摆一盆鲜花或一尊雕像。精品架造型宜选择简洁大方的。可以是全木质的，也可配少量金属，或者完全是金属架，如图 2-26 所示。

在离地面 1.8～2m 处挂个两边紧贴墙体的花篮，插上自己喜欢的干花或绢花；或者选择挂一个与起居厅风格一致的壁挂式木雕；还可以挂上一串卡通小动物饰物等。

可设置角柜。角柜可分为几部分。可安装扇形玻璃隔层板，间距任意选定，层板上可搁置工艺品。或者在各部分间做造型。

在经过装饰的角落上方加射灯，会让角落更富生气。

(5)起居厅家具与摆设物

1)家具与摆设物的选择。起居厅家具及摆设物的选择需要有一定的审美素养和一些常识，但最基本的原则还是应根据房间大小和所要营造的风格、氛围来选择。

要根据房间的大小选择家具，大房间宜选择庄重大气的，小房间宜选择小巧轻盈的。

家具一定要注重品质，样式以简洁为上；如果没有满意的宁可暂时空缺，日后再逐渐添置。

家具的材质要协调，材质不宜多，多必繁乱。有几种搭配方法可供参考：清一色木质家具；皮(或布艺)沙发配木质茶几与电视柜；皮(或布艺)沙发配金属架玻璃面茶几与电视柜；还可以全部或部分采用藤制家具。

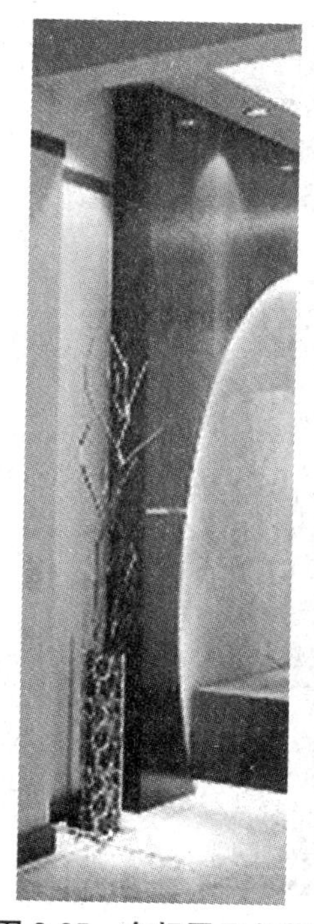

图 2-25 在起居厅角落摆放玻璃装饰瓶与干花

图 2-26 起居厅精品架的摆放

为了使空间摆设活泼不呆板，沙发的组合宜以一种样式（风格）为主，配以其他和谐搭配的样式（风格）；电视的陈列架样式应有独到创意，避免千家一律的套路。

起居厅里的摆设物，应注重文化内涵，格调高雅，宜少不宜多，更不宜以低俗的、杂七杂八的东西随意充斥。

2）物品的摆放。如果是单独的起居厅，另设视听室，可将沙发朝向展示柜、壁炉等，也可多张沙发围设，还可将主座背对窗外或朝向窗外，如图 2-27 所示。

若房间大，沙发可摆设于房间中央，或摆设两组沙发、座椅。沙发一侧留出行走过道，不走人处还可摆设书架、展示架等，也可在沙发后设立一靠墙桌，靠墙桌上方墙面可悬挂装饰画、工艺品或镜子等。但无论如何，入座后应有一视觉焦点，这视觉焦点可以是一个陈列架，也可以是一个壁炉，还可以是一幅画等，总之用视觉焦点来起到稳定情绪的作用。如果是综合功能的起居室，一般则是将电视置于视觉焦点。

（6）起居厅的照明

1）利用灯光创造独特意境。起居厅和卧室的照明设计有着不同的要求。起居厅的照明设计应功能完备并富有层次，最好选择两三种不同的光源。比如一间较大的起居厅应装有可调光的吊灯、台灯、壁灯、阅读灯，既可以增添房间个性又创造出独特的情调，如图 2-28 所示。

图 2-27 充满阳光的起居厅

图 2-28 起居厅的光源组合效果

2)起居厅光环境设计。以前流行的起居厅的顶棚做法普遍是做出不同层次或圆或方的假吊顶，再挂上一盏大吊灯，使起居厅具有一种豪华、大气的感觉。现在这种装修顶棚的模式正在改变。引起变化的原因一是目前许多起居厅都有顶棚过低的问题，吊顶会浪费很多空间；二是那种体积大的吊灯容易使空间显得压抑。设计师们在设计吊顶时，已经开始借助照明方式，使房间看起来更高、更宽敞也更明亮。

在所有的灯具开关上安装调光器，可以很容易地改变室内的气氛。

利用桌灯作为辅助照明，可创造出更深入的亲密感。

在个别的家具、植物与地面之间的空处加入一些可移动式朝天灯，可以让整个房间看起来大一些。

借着可移动式与镶壁式朝天灯，将光线投射向天花板与墙面，便可以增加它的高度。

没有烦琐的吊顶、没有大体积的吊灯，利用简单的造型、大胆的设计和点光源的配合，起居厅同样有了宽敞、舒适的效果，如图 2-29 所示。

利用带彩绘的玻璃天棚突出了门厅的特定区域，起居厅边缘凹进的灯槽成为屋顶的亮点。

图 2-29　灯光柔和、宽敞明亮的大厅

(7)起居厅的装修设计技巧

1)增加起居厅采光的办法。许多起居厅处于住宅的中心，没有窗户，因而造成光线不足。例如一间面积 $18m^2$ 左右的起居厅，可采用浅色的沙发和条纹靠垫，配以立体造型的电视背景墙，勾画出一个温馨的会客空间。在视听区的一面墙上打通一部分墙体，做上磨砂玻璃和铁艺造型，将隔壁厨房的光线引入起居厅，既增加了起居厅采光，也可使电视背景墙具有独特个性。

2)地台的分隔作用。进深比较长的起居厅，为使它不至于显得空旷，可以在分区上进行精心构思。如在会客区用实木地板打造一个地台，地台上放置沙发、电视柜，休闲味十足。

3)营造休闲空间。布置一个富有个性的休闲角，如图 2-30 所示。

图 2-30 富有个性的休闲角

清理藏书营造轻松。一些"文化人"家中常有"书满为患"的感觉,其实有许多的书白白占用着空间,不妨清理一下,把一些不常看的书注册登记后打包装箱,然后在空下的书橱里放几件精美的工艺品(如奇石、木雕、瓷器、铜器、玻璃器皿等)。

地毯在家庭休闲中极富"凝聚力",平时可卷起来放在屋角,休闲娱乐时铺开,一家人"席地而坐",显得亲近又放松,对孩子来讲更是玩耍的好地方。

(8)*让起居厅更宽敞的装修手法* 很多人往往认为一定要有宽绰的空间、昂贵的材料、高雅的陈设才能装修好。其实不然,家居装修是表达个人风格的一种方式,最要紧的是做到量体裁衣,就势造型,应因人而异,因物而异。目前许多城市的住宅面积都不大,而同样面积的住宅,由于装修装饰和摆设不同,得出的视觉效果也会有很大的差别。以下几种方法,可以使起居厅显得宽敞些。

1)增加采光。阳台是供家庭成员享受空气阳光的地方。如条件允许,可以把起居厅与阳台间的隔墙打掉,改成落地窗户,在一定程度上扩大了起居厅的面积,同时由于起居厅光线充足可使视觉空间增加,从而让人觉得房间面积变大了许多。有人甚至连落地窗都不设,但一定要做好阳台及阳台窗的保温和安全防护。如阳台的墙壁加保温层,窗户做成中空玻璃的,使室内仍能保持冬暖夏凉。

2)巧用空间。有些住宅层高较低,切忌吊顶,喷涂为宜。有些层高 3m 左右的,起居厅空间比较高,可以在房顶周边制作一圈吊柜,使家具高空化;或建几平米的小阁楼,可用来睡觉或放置一些不太频繁使用的物品。但要与房顶装修巧妙结合,能使其成为整体装修的一部分,达到实用而且美观的目的。

3)空间共用。去掉一些不必要的隔墙(非承重墙,要经过物业部门同意),把几个小房间变成一间大房间,如有人把除了厕所以外的墙统统去掉,只在厨房与起居厅之间做一道玻璃的推拉门。这样由于去掉隔墙已经增加一部分面积,加上没有了隔墙与许多的门,室内光线充足了;而且起居厅与卧室、起居厅与餐厅的空间既有分工又可以共用,一切都变得宽敞明亮了。必要时可以在起居厅与卧室之间设一道帷帘。

4)壁画可增视野。在适当的墙面上布置画面深远、优美逼真的风景画,仿佛开启了自然之窗,不但可使起居厅格调高雅,而且在视觉上增加了开阔度,如图 2-31 所示。

图 2-31　墙上的壁画增加了空间延伸性

5)运用色彩调节。室内色彩的处理是有明显效果的装修手段。不同的色彩能赋予人以不同的距离感、空间感和重量感。例如:红、黄、橙等色使人感觉温暖,蓝、青、绿等色使人感觉寒冷;高明度的色彩使人感觉空间扩大,低明度的色彩使人感觉空间缩小;暖色调感觉空间凸出,冷色调感觉空间后退。此外,色彩还有重量感:耀眼的暖色调感觉重,淡雅的冷色调感觉轻。正确利用色彩的特有性质,可使小面积空间在感觉上比实际面积大得多。比如窗帘、墙壁、家具的颜色宜用亮度高的淡色做主要装饰色,使起居厅空间因明亮而显得开阔,达到理想的效果。

6)用镜子延伸视线。用镜子来造成扩大空间的效果,是较为常用的办法,最简单的是在起居厅整面墙上安装一面大镜子。其实,镜面可以更加灵活地运用。比如,它可以是窄窄的一条,镶在门框边上,镶贴在两件家具之间剩余的墙面上,或者镶在正对窗户地方,用以反射光线;或用在房间中的暗角处,使这个角落变亮以达到扩大空间的效果,如图 2-32 所示。

图 2-32 墙上的镜子使空间变得丰富且宽敞

7)采用活动家具。采用活动式家具(如折叠床、折叠椅等),用时可放开,不用时可折起,这样可大大减少家具的占地面积。有条件的,还可将房门做成推拉式的,也可使居室变大。此外,每隔一段时间,将家具位置合理地移动一下,会增进视觉上的宽敞感。

8)巧用窗帘壁帘。没有窗户的墙上也可以挂窗帘,这种做法也叫壁帘,即墙面上不做其他装饰,只在上方安装滑轨,装上所喜欢的各种挂帘,可使墙面变得气派。如安上透明的窗纱,会产生一种朦胧虚幻的感觉,令房间更加温馨,还可以随时拉开、变换视觉感受。在不同的季节,可以换不同颜色的纱幔,这种装修手法可以用在卧室和儿童房中。另外将起居厅窗帘扩大至整个一面墙的大小,使人有一种窗大概与房一样大的感觉,如图 2-33 所示。

9)不装吊灯。为每一间居室,尤其是起居厅配上华丽的吊灯、吸顶灯是以往装修当中的常规项目。而现在市场上各种造型的台灯、落地灯、射灯渐渐替代了吊灯和吸顶灯的重要位置。由于房间净高较低,面积又都不太大,吊灯容易造成压抑感。另外,吊灯的照明效果并不好,在居室局部空间活动时,往往还需要借助其他光源。因此,住宅中不装吊灯,干干净净的顶棚会使房间显得更大些。而利用壁灯、落地灯、台灯、小射灯完成在局部空间活动的照明任务,这些光源更能营造家庭的温馨氛围。

(9)起居厅和饰物、植物的色彩 角落处放置特制的角柜,既可储物又可放些小物件,有利于调整布局和气氛。

图 2-33　窗帘扩大至同墙面一样大的效果

起居厅是全家的活动中心，又需接待来客，因而色彩设计上最富挑战，最能体现主人的追求，一般家庭也应特别重视。如若希望在此能与来客激起活泼有趣的谈话，增添黄色会有好的效果；如若想在紧张工作一天后，在此卷起双脚窝在椅子里休闲放松时，柔和的蓝色与绿色将更适宜；如习惯于在起居厅中深思冥想，则可在色彩中增添点紫色，不仅使人感到宁静，更能启迪人的智慧。沙发是起居厅中主要的家具，不同款式、不同的质地能显示不同的风格。沙发与地面、墙面的色彩应注意明度上的距离；靠垫、茶几、饰物要注意色彩纯度上与主要色的区别，它们是整体色调的点缀。总之，强调对比与谐调，才能达到赏心悦目的效果，如图 2-34～图 2-36 所示。

四、餐厅

1. 餐厅的布局文化

在上述住宅各功能空间的特点中，已对餐厅的发展与基本尺寸做了详细的介绍，餐厅的设置已成为现代家居生活不可或缺的空间功能，餐厅应设在空气清新、清洁干爽的场所，心情舒畅愉快对人体健康至为重要。如何使餐厅的设置完善，至少应把握格局动线流畅、家具坚牢耐久、照明与色彩妥善搭配和装饰物巧妙配置四个原则，将

图 2-34 米色墙纸和白色线条相衬让空间更具温馨感

图 2-35 橘黄色的主题墙与咖啡色木质家具相对比使空间更具观赏性

这些原则灵巧融洽地处理，便能设计出功能性与装饰性互为完美搭配的餐饮空间。

1）餐厅家具需配合空间造型。餐厅的家具主要是餐桌椅、餐具柜、酒柜和餐具车等。餐桌椅是整个餐饮空间的主体，餐厅少了这个主角，就分辨不出其功能性失去了意义，所在餐桌椅的线条、材质和色彩足以影响整个空间的格调。为了配置协调统

图 2-36　米色与浅绿色相搭配的主题墙同蓝色沙发相对比让空间更加活泼

一，最好是先决定餐桌椅的造型，再搭配其他的家具和照明灯具等。

2)餐厅的色调。通常，餐厅的色彩采用最多的是黄色、橙色系统，因为柔和的暖色系不仅能带给人们温馨感，而且还具有能间接地促进食欲的作用。所以，餐厅空间的色彩宜以明朗轻快的调子为主，使能有效地提高用餐情绪。

3)餐厅的照明与灯具。一般餐厅的灯光应尽量讲求柔和与靓美，为了强调气氛的创造，最好以间接采光为主，所以餐厅的采光有一个共同的特色，就是室内采用一盏吊灯，而且恰好在餐具的上方，以增添浪漫的情调，但切忌在座位上空有吊顶。一盏低悬在餐具上方的灯，看来很动人，但是悬挂的高度、吊灯的灯罩、灯球都必须小心选择，以避免造成令人不舒服的眩光，最好是选用一只能上下升降的灯具，以便于调整与选择自己所喜欢的高度。

4)餐厅的摆设。以绘画和雕塑等艺术品或观赏花卉为最佳。

2. 餐厅的装修设计

一日三餐，对于每个人都是不可或缺的，那么进餐环境的重要性也就不言而喻了。在住房紧张的城市，许多家庭还很难在有限的居住面积中辟出一间独立的餐厅。但是与起居厅或客厅组成一个共用空间，营造一个小巧开放的实用餐厅还是完全可能的。当然，对于居住条件大有改善的家庭，单独的餐厅才是最理想的。

在设计餐厅时，要注意与居室环境的融合，应充分利用各种家具的功能设施营造就餐空间，这样的餐厅才让人感觉方便与惬意。

(1)餐厅的空间设置　餐厅的布置方式主要有 4 种：厨房兼餐厅，如图 2-37 所示；起居厅兼餐厅，如图 2-38 所示；独立餐厅，如图 2-39 所示；门厅布置餐厅，如图 2-40 所示。

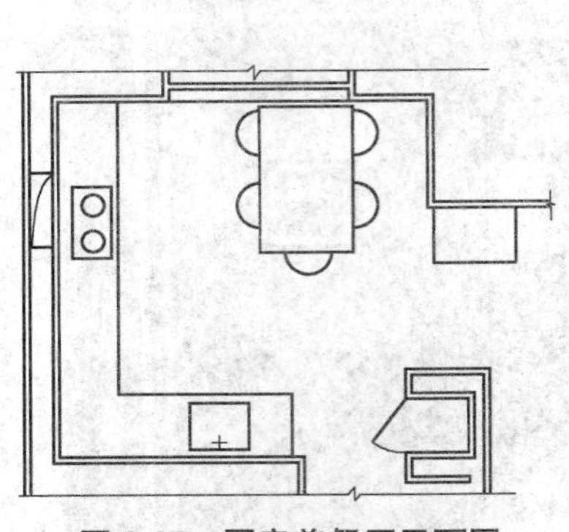

图 2-37　厨房兼餐厅平面图

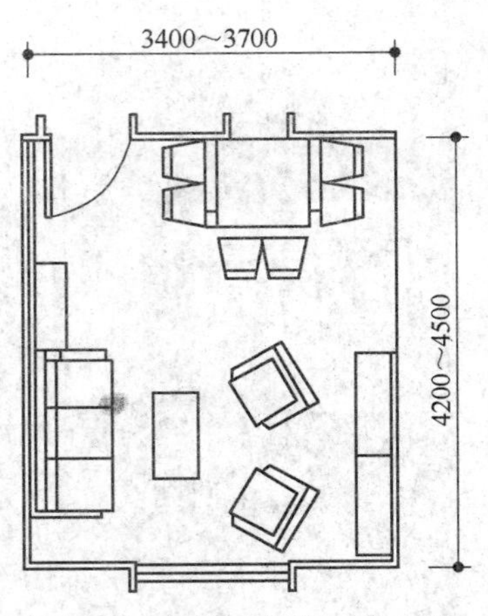

图 2-38　起居厅兼餐厅平面图

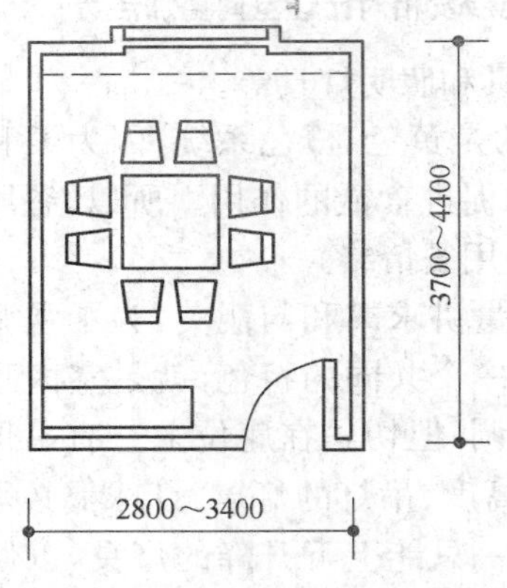

图 2-39　独立餐厅平面图

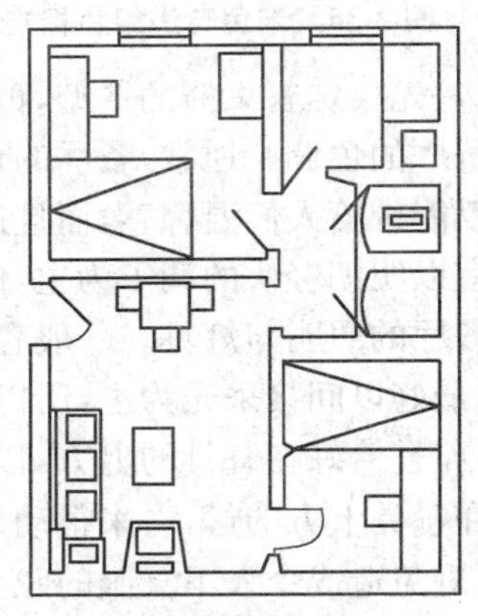

图 2-40　门厅布置餐厅平面图

餐桌、椅和餐饮柜等是餐厅内的主要家具，合理摆放与布置才能方便家人的就餐活动。这就要结合餐厅的平面与家具的形状安排。狭长的餐厅可以靠墙或窗放一长桌，将一条长凳依靠窗边摆放，桌另一侧摆上椅子，这样地面空间会大一些，如有必要，可安放抽拉式餐桌和折叠椅。

独立的餐厅应安排在厨房与起居厅之间，可以最大限度地缩短从厨房将食品摆到餐桌的距离以及人们从起居厅到餐厅就餐的距离。如果餐厅与起居厅设在同一个房间，应尽可能在空间上有所分隔。如可通过矮柜或组合柜等做半开放式的分隔。餐厅与厨房设在同一房间时，只需在空间布置上有一定独立性就可以了，不必做硬性的分隔。

（2）餐厅内装修材料　餐厅的地面、墙面和天棚材料的品种、质地、色彩既要与居室其它地方相协调，又要相对有其自身的特点。

1)地面一般应选择表面光洁、易清洁的材料,如大理石、花岗岩、地砖。

2)墙面在齐腰位置要考虑用些耐碰撞、耐磨损的材料,如选择一些木饰、墙砖,做局部装饰的护墙处理。

3)顶棚宜以素雅、洁净材料做装饰,如乳胶漆、局部木饰,并用灯具作烘托,有时可适当降低顶棚高度,可给人以亲切感。

整个就餐空间,应营造一种清新、优雅的氛围,以增添就餐者的食欲。若餐室内就餐空间太小时,则餐桌可以靠着有镜子的墙面摆放,或在墙角运用一些镜面装饰,并与餐具柜相结合,可以给人以宽敞感,图 2-41 所示为简洁却不失情调的用餐空间。

图 2-41　简洁却不失情调的用餐空间

(3)餐厅的色彩　餐厅环境的色彩会影响到就餐人的心情:一是食物的色彩能影响人的食欲;二是餐厅环境色彩也会影响人就餐的情绪。餐厅的色彩因个人爱好和性格不同而有较大差异。但总的说来,餐厅色彩宜以明朗轻快的色调为主,最适合用的是橙色以及相同色相的“姐妹色”。这种色彩有刺激食欲的功效,它们不仅能给人以温馨感,而且能提高进餐者的兴致。家具颜色较深时,可通过明快清新的淡色或蓝色、绿色、红色相间的台布来衬托,桌面配以纯白餐具。整体色彩搭配时,还应注意地面色调宜深,墙面可用中间色调,天花板色调则浅,以增加稳重感。

(4)餐厅的灯光　在不同的时间、季节及心理状态下,人们对色彩的感受会有所变化,这时,可利用灯光来调节室内的色彩气氛。灯具可选用白炽灯,经反光罩以柔和的橙光映照室内,形成橙黄色环境,给人生机勃勃的感觉。夏季,可用冷色调的灯,使环境看上去凉爽;冬夜,可选用烛光色彩的光源照明,或选用橙色射灯,使光线集中在餐桌上，会产生温暖的感觉，如图 2-42 所示。

图 2-42　暖色调灯光使餐厅倍显温馨

（5）餐厅家具的选择　餐厅的家具从款式、色彩、质地等方面要特别精心地选择（见图 2-43）。

图 2-43　简约的餐桌椅赋予餐厅全新的定义

1)家具式样。最常用的是方桌或圆桌,近年来,长圆桌也较为盛行。餐椅结构要求简单,最好使用折叠式的。特别是在餐厅空间较小的情况下,折叠起不用的餐桌椅,可有效地节省空间。否则,过大的餐桌将使餐厅空间显得拥挤。所以有些折叠式餐桌更受到青睐。餐椅的造型及色彩,要与餐桌相协调,并与整个餐厅格调一致。

方桌。760mm×760mm 的方桌和 1070mm×760mm 的长方形桌是常用的餐桌尺寸。如果椅子可伸入桌底,即便是很小的角落,也可以放一张六座位的餐桌,用餐时,只需把餐桌拉出一些就可以了。760mm 的餐桌宽度是标准尺寸,至少也不宜小于 700mm,否则,对坐时会因餐桌太窄而互相碰腿。桌高一般为 710mm,配 415mm 高度的座椅。

圆桌。在一般中小型住宅,直径 1200mm 餐桌会显得过大,可定做一张直径 1140mm 的圆桌,同样可坐 8～9 人,但看起来空间较宽敞。如果用直径 900mm 左右的餐桌,虽也可坐多人,但会比较拥挤。圆桌比方桌更方便,它可获得较好的空间调整。使用圆桌就餐,还有一个好处,就是坐的人数有较大的宽容度。只要把椅子拉离桌面一点,就可多坐人,不存在使用方桌时坐转角的不方便。

开合桌。开合桌又称伸展式餐桌,是利用延展折叠部分变幻单子形状,增加餐桌面积,很适合中小型住宅使用。这种餐桌从 15 世纪开始流行,至今已有 500 多年的历史,是一种很受欢迎的餐桌。不过要留意它的机械构造,开合时应顺滑平稳,收缩时应方便对准闭合。

折叠桌。折叠桌当然最适合于小户型,最早出现的折叠桌一般是圆桌。它是靠钢管制作的可折叠的腿实现闭合的。不用的时候,它的桌面能竖立起来,可靠墙而立。还有一种椭圆形折叠桌,当把它两侧的半圆桌面落下去后,它便成为一个窄长的条桌,在它的腹腔里还可以放置四把配套的折叠椅,它的底部配有方向轮,可以随意把它轻松地推向别处。

2)风格处理。显现天然纹理的原木餐桌椅,充满自然淳朴的气息。金属电镀配以人造革或纺织物的钢管家具,线条优雅,具有时代感,突出表现质地对比效果。高档深色硬包镶家具,显得风格优雅,气韵深沉,富涵浓郁东方情调。在餐厅家具安排上,切忌东拼西凑,以免让人看上去凌乱又不成系统。

3)应配以餐饮柜,即用以存放部分餐具、用品(如酒杯、起盖器等)、酒、饮料、餐巾纸等就餐辅助用品的家具,还可以考虑设置临时存放食品用具(如饭锅、饮料罐、酒瓶、碗碟等)的空间。

(6)餐厅陈设布置

1)就餐区视觉氛围,如图 2-44 所示。家人围坐在餐桌边吃饭,视线以平行为主,且各个方向均等。因此对就餐区周围的墙壁装修应以统一色调和风格为基本原则。

要注重从地面到 1.8m 这一范围的装修,应给人以温馨洁净的感觉。

图 2-44　富有西式情调的餐厅

2)餐厅的陈设。餐厅的陈设应简单、美观和实用。设置在厨房中的餐厅的装修,应注意与厨房内的设施相协调,如图 2-45 所示;设置在起居厅中的餐厅的装修,应注意与起居厅的功能和格调相统一;若餐厅为独立型,则可按照住宅室内整体格局设计得轻松浪漫一些,相对来说,装修独立型餐厅时,其自由度较大,如图2-46 所示。

图 2-45　餐厅与厨房完美地结合

图 2-46　富有中式格调的餐厅

餐厅中的软装饰，如桌布、餐巾及窗帘等，应尽量选用较薄的化纤类材料，因厚实的棉纺类织物，极易吸附食物气味且不易散去，不利于餐厅环境卫生。

餐厅中摆放花卉能起调节心理、美化环境的作用，但切忌过于花花绿绿，使人烦躁而影响食欲。例如：在暗淡灯光下的晚宴，若采用红、蓝、紫等深色花瓶，会令人感到过于沉重而降低食欲。同样这些花，若用于午宴时，会显得热情奔放。白色、粉色等淡色花卉用于晚宴，则会显得很明亮耀眼，使人兴奋。瓶花的插置宜构成三角形。而圆形餐桌，瓶花的插置以构成圆形为好。应该注意到餐厅中主要是品尝佳肴，故不可用浓香的品种，以免干扰对食品的嗅觉和味觉。还可以在角落摆放一株喜欢的绿化植物，或用垂直绿化形式，在竖向空间上点缀以绿色植物，如图 2-47 所示。

餐厅中的灯具造型不要太烦琐，但要有足够的亮度。可以安装方便实用的上下拉动式灯具，也可运用发光孔，其柔和的光线既能限定空间，又可获得亲切的光感。

在餐厅的角落可以安放一只音响，就餐时，适时播放一首轻柔美妙的背景乐曲，可促进人体内消化酶的分泌，促进胃的蠕动，有利于食物消化。

餐厅中还可摆放字画、瓷盘、壁挂等，可根据餐厅的具体情况灵活安排，用以点缀环境，但要注意不可太多而喧宾夺主，让餐厅显得杂乱无章。

五、厨房

1. 厨房的布局文化

厨房在现代家居生活中的位置越来越重要，它是家庭工作量最大的地方，它是一家煮食之处，全家老少的食物均是从这里烹饪出来。因此，也是卫生要求最高的地

图 2-47 绿色的植物让餐厅空间更加丰富

方。所以，厨房应有足够的采光和通风换气。

厨房是住宅内自我空气污染的发源地，从这里不断排放出二氧化硫、一氧化碳、烟尘和苯并芘等有害物质，因此，厨房一定要有直接对外的窗户，并加装抽油烟机，以确保良好的通风。此外，还应尽量少做油炸煎炒的烹调，多蒸煮。有条件的应避免用煤直接作为燃料，而使用石油液化气、管道煤气和电磁灶、微波炉等电炊具。用微波炉烹调食物，既节省时间，又能保持食物营养。其方法是，烹调时间到了以后，不要急于拿出食物来，而要继续放置一段时间，以便微波有足够的时间杀菌。例如，大块的鸡肉在经过 38min 的烹调后，还要再过 20min 才能使里层的鸡肉达到 72℃～85℃的温度，从而使鸡肉中含有的沙门氏菌被杀死。

(1)厨房布置应注意的问题

1)厨房不可密闭。厨房切不可是密闭空间，而一定要开设有直接对外的窗户。不然的话，厨房的炉灶在燃烧时所产生的废气对人体有害，尤其是狭窄的小面积住宅，如果门窗紧闭烹煮食物，长期下来会造成慢性中毒而罹患多种疾病。

2)厨房不宜设在住宅的中央。厨房设在住宅的中央很不好。厨房有水、有火、有各种烟气，还有“锅碗瓢盆交响曲”所形成的热浪和噪声，极易对住宅的宁静和温馨造成强烈的干扰。

3)厨房门不宜与卧室门相对。卧室是睡眠休息的场所,需要和谐、安全、宁静。厨房对着卧室门,因空气对流,厨房里烹调时排放油烟、热气和各种燃烧时所产生的有害气体都会钻进卧室,破坏卧室空气的洁净,引起主人的烦躁情绪。厨房有着潜在的火灾的危险,特别是煤气泄漏时,因此,卧室离厨房远一点,会显得相对安全。当住宅布局不得已出现厨房门与卧室门相对时,首先应努力增加厨房门与卧室之间的距离,同时应把卧室门经常关闭,特别是在烹调时,更应注意,同时关好卧室和厨房门。

4)厨房门不宜与卫生间门相对。厨房门千万不可与卫生间的门相对,如果相对,卫生间排出的污秽湿气通过空气对流直接排向厨房,既令人恶心,又会污染食物,严重影响到全家人的健康。

5)厨房不宜与卫生间共用一门。有些住宅在设计时,为了节省空间,把厨房与卫生间共用一门出入。这样不论是先经厨房才进入卫生间还是经过卫生间后进入厨房,厨房都会遭受卫生间污秽湿气的影响。因此,应尽可能地避免厨房与卫生间共用一门。

6)厨房不宜兼作门厅或过道。厨房是烹调食品的重要场所,为了保证烹调食品的清洁卫生,应尽可能避免遭受到各种不良污染的干扰。过去在小面积住宅中,常有把厨房兼作门厅或过道的设计,这是不可取的,应尽量避免。

(2)厨房炉灶的摆放

1)炉灶不宜直对厨房门。在厨房,炉灶(除了电器炉灶)是直接有明火燃烧的地方,如果厨房门直对炉灶,开放的气流直冲炉灶很容易吹灭灶火,以各种煤气作为燃料的灶火一旦被吹灭,煤气的泄漏,很容易造成中毒和火灾的危险,后果不堪设想。因此,炉灶不宜直对厨房门,更不宜把住宅的入户门和厨房门布置在一条直线上并直对炉灶。

2)炉灶不宜紧挨洗菜盆。洗菜盆的湿气太重,下水道的气味也易上反,如果紧挨炉灶,其污秽之气易逸进锅里污染食物,对健康不利。

3)炉灶不宜正对冰箱门。冰箱受油烟所污,会导致冰箱内食品易受其污染而变质。冰箱外面烟熏火燎,也会缩短其使用寿命。

4)炉灶不宜夹在冰箱和洗菜盆之间。炉灶夹在冰箱和洗菜盆之间,除了下水道对食物会有污染外,油烟也会造成冰箱的污染。

5)炉灶应尽量避免悬空。厨房面积较小时,也有人将炉灶置于外飘窗的窗台上或防盗网外挑处的上面,这样会造成操作不便,应尽量避免。

6)炉灶采光不宜被人影遮挡。炉灶应有良好的自然采光或人工照明,但应避免光源在人后,光线被遮挡而看不清锅里的食物。

7)炉灶不宜西晒。炉灶不宜放在受西晒阳光直接照射的位置,尤其是夏季,煮熟的食物,温度升高容易变质,食后易生病。

8)炉灶不宜背靠窗户。炉灶背后应靠墙,不宜空旷。如若背后无遮挡或靠窗户,则火势及油烟均不易控制也不安全。如果背后用玻璃遮挡,也会因为光干扰而影响操作,无论从实用,还是现代心理学的角度来看,都是不适宜的。

9)厨房炉灶的位置不宜贴近卧床。炉灶若贴近靠床的卧室隔墙,也会因为炉灶在煎炒油炸时产生的炽热油烟而影响睡眠和休息,同时也较为不安全,应该尽量避免。

(3)厨房中炊具、杂物的储存和摆放　美味健康的食品需要新鲜的材料、精美的做工、整洁明亮的环境以及合理的布局四位一体才能达到。

1)锅不宜挂在墙壁或摆放在外面,应洗擦干净后放入厨柜内。

2)刀具应放在专用刀架,并不宜外露,以防意外。

3)餐具与调味料、食品均应分开存放。

4)冰箱每周应检查一次,处理掉腐烂和过期食物,并用抗菌抹布等将脏污擦拭干净。

2. 厨房的装修设计

厨房作为家庭烹饪的场所,是住宅中使用频率最高、家务劳动最集中的地方,它在人们的日常生活中占有很重要的位置,因此是住宅中应该精心设计的地方。如果我们把以往晦暗、繁乱的厨房变成一个独具匠心、体现出温馨浪漫情调的舒适工作间,便会为生活增添无限的情趣,如图 2-48 所示。

图 2-48　可享受阳光的厨房

(1)厨房的设计要求

1)现代厨房的设计原则。在住宅总体空间布局上,厨房应该邻近餐厅、起居厅,并能顺利排放杂物,清理垃圾。厨房应遵循出入便利、材料牢固、充分利用储存空间的原则仔细进行设计布局。由于住宅面积各不相同，厨房的大小、长度不同，门窗、煤气、管道等差异很大，采取哪种形式都要遵循功能要求的基本因素。从菜蔬进入厨房，到冰箱、储物柜储存，再到工作台洗、切、料理，清理残余，各项配备位置要合理，制作流程要顺畅。

2)厨房的布置模式。就目前国内住宅条件，厨房所占面积有限，一般面积在 4～8m^2，因此，如何利用有限空间，容纳最多的家什，就显得十分重要。根据厨房所占面积和形状等具体条件，布置模式大体有以下几种。

一字形。顾名思义即是把所有的工作区都安排在一面墙上，通常在空间不大、走廊狭窄情况下采用。此种设计优点在于将储存、洗涤、烹饪归集在一面墙壁空间，贴墙设计。所有烹饪流程在一条直线上完成，节省空间。但工作台不宜太长，否则易降低效率。在不妨碍通行的情况下，可安排一块能伸缩调整或可折叠的面板，以备不时之需。这是最简单的一种模式，但不是最理想的设计方案，如图 2-49 所示。

图 2-49　一字形厨房布置

走廊式也叫并列式、双墙型、二字式。这种设计适于面积较大或方形的厨房，沿相对的两面墙进行设计，通常洗涤和储物组合在一面墙，而用于烹调的备案台和灶台设计在相对的另一边，人在中间的走廊区活动，如图 2-50 所示。因为两个工作区分开，因此走廊间距最好在 80cm 左右。如有足够空间，餐桌可安排在房间尾部。

曲尺形。这种设计适于宽度在 1.8m 以上且较长的厨房。将储物、洗涤等工作，依次配置于相互连接的曲尺形墙壁空间如图 2-51 所示。最好不要将曲尺形的一面设计过长，以免降低工作效率。这种设计是采用最普遍、最为人们接受的一种形式，优点是可以方便各工序的操作。较大一点的厨房还可以在“曲尺”的对角设计餐桌。

图 2-50 走廊式厨房布置

图 2-51 曲尺形厨房布置

U形。这种设计适用于面积较大且接近方形的厨房，储物、洗涤、烹饪等工作区沿三面墙展开，操作空间大，可同时容纳几个人操作，是比较理想的一种设计方式，如图2-52所示。其工作区共有两处转角，和曲尺形的功用大致相同。水槽最好放在U形底部，并将配膳区和烹饪区分设两旁，使水槽、冰箱和炊具连成一个直角形。U形对墙之间的距离以1200～1500mm为准，使三边的总长在适当范围内，此设计可增加更多的收藏空间。

图2-52　U形厨房布置

变化型。根据以上四种基本形态演变而成，可依空间及个人喜好有所创新。将厨台独立为岛形，是一款新颖别致的设计。所谓岛形，是沿厨房四周设立橱柜，并在厨房中央设置"中央岛"，如图2-53所示。这个岛可包括小型的料理台、就餐区域和一个小型的水槽。可在"中心岛"用早餐、熨衣服、插花、调酒等。

3)厨房的色调选择。厨房装修最重要的莫过于色彩的选择，可根据个人的喜好进行选择。

厨房选择暖色，能突出温馨、祥和的气氛，总体如果用较深的颜色，局部则应配以浅黄、白色等淡雅的颜色。地面宜采用深红、深橙色装修，如图2-54所示。墙壁的色彩可多样化。

红色作为橱柜与地面的主色调，用黑色加以点缀，沉稳却不显厚重，配上白彩带可避免单调的感觉。再配上一些绿色植物点缀，更能使狭小的厨房变成生动、多彩的空间。

粉色系也较易为人接受，欢快而柔美的粉色格调，年轻主妇们在装修厨房时不妨一试。

温馨。

图 2-53 变化型的厨房布置

图 2-54 橘黄色的厨房，给人以温馨感

绿色系活泼而富有朝气和生命力，若再配以黄色，更可使黄色系热情中充满温馨。

可以选择平淡的色彩，稳定平和家人情绪。如以棕灰色做主色调，比较适合多数人的爱好。大面积采用浅棕色则具有明亮感；白色或茶色色调的偏中性色不仅灵活雅致，而且容易与其他色调协调；白色使空间通透宽敞，给人一尘不染的洁净感。

用一些清新、淡雅的颜色，可以给人一种清爽的感觉，而且也更容易清理。如蓝色系清丽浪漫，具有凉爽感。

当然还有人喜欢木质的天然本色，它能给人回归自然的美好感觉。

3. 厨房的设计提要

(1)设计原则

1)应保证良好的通风采光。炉口不应对着厨房门，这是因为空气对流易使炉火熄灭造成危险。厨房门也应避免面对卫生间门，避开潮湿、雾气。如果厨房使用频率高，应选择吸力强的抽油烟机。

2)厨房设计会影响家庭行为，应考虑到使用者与厨房的关系，实现空间与人的互动。通常健康、开放的家庭，厨房会设计得比较平等开放，运用玻璃砖、可开关的玻璃拉门(外部可用喷砂玻璃)。选择浅色系、明度高的涂料，同色系的冰箱、厨具、洗碗机。减轻因空间小而带来的压抑感，让空间显得明亮，视野开阔。

3)小空间可以巧妙利用，如将微波炉放在吊柜下方空间、特别设计的抽取式工作台、角落转盘。运用叠、嵌多功能的用途，努力扩大活动空间，以便于至少二人边做菜边聊天，营造亲情的空间。

(2)设计准备工作

1)装修前量好厨房的尺寸。从多个不同的点测量厨房各部分的尺寸(例如地板到天花板的高度、墙到墙的宽度)，检查有什么凹凸不平之处。切记要考虑所有的突出物，像水管、煤气表和水电表等的位置以及水管、电源插座的位置等，为设计人员提供准确的数字。

2)规划设计厨房。用餐人数较少的家庭对厨房功能性要求不高，应加强厨房的储物功能规划，特别是冷藏设备；若家庭人数较多的，应重视操作台面的设计及空间规划，按厨房主人的习惯规划厨房用具的摆放，以便于管理，使用起来也才能得心应手。

3)根据空间的尺寸设计橱柜。橱柜是厨房中集储物及操作台于一体的主要家具之一。厨房再大，空间也是有限的，而厨房的设施总在不断地增加，如电饭锅、电烤箱、微波炉、消毒碗柜、洗碗机、饮水机、榨汁机等，由于设备的大小、形状的不一致，使得厨房很难做到整齐美观。为此，整齐划一的橱柜就成了多数厨房装修方式的首选。橱柜外观整齐划一，橱柜内空间布局应尽量多样化，最好多设活动沟槽，让隔板可根据需要随时调整间距。在空间允许的前提下，上面做吊柜、下面做低柜，可以预留出一定的空间给未来新增设备提供方便。

4)选用合适的工作台面。厨房工作台是家庭主妇洗菜做饭，完成一系列工序的工作台面，需要使用水、火、电，因此对工作台面的材料提出了很高的要求。大多采用天然、人造大理石或防火板作为工作台的主要材料。无缝人造石依旧是中高档橱柜台面的主打材质，其无缝拼接的独特优点使之有取代天然石材和防火板的趋势。

(3)材料选择

1)地板材料。大理石及花岗石是经常被用于厨房地面的天然石材，这些石材的优点是坚固耐用、永不变形，并有良好的隔声效果。但它们也存在诸如价格较贵，易吸水变色等缺点，在气候较潮湿的地区就不适合采用。人造石材及防滑瓷砖，价格较天然石材便宜，且具有防水性，最适合厨房地面。由于饮食结构的改变和厨具的花样翻新，现在的厨房不会有太大的油腻，因此，强化木地板用于厨房地面的做法也已得到青睐。

2)墙壁材料。厨房的壁面材料以清洁方便、不易污染、耐水、耐火、抗热、表面柔软和视觉美观者为最佳。常用的有塑胶壁纸、有光泽的木板、经过加工处理或涂上透明塑胶漆的木材、瓷砖及强化石棉板等。瓷砖因具有多样的色彩和花色，能活跃视觉效果，极受青睐。其中木质护墙板、玻璃和金属的局部点缀，更给现代厨房增添了诱人美感。

3)顶棚材料。厨房顶棚可以刷涂料，也可以选择塑料板材或铝塑板吊顶。如果在厨房装设天窗，须用双层玻璃，以保证使用安全。

(4)厨房的通风与采光照明

1)现代化的厨房应该具有良好的通风。一般来说即使厨房有不错的自然通风条件，也还必须借助于抽油烟机、排风扇等现代化通风设备，才能避免一部分蒸汽和油烟飘散在室内。当然为了更好地直接排除蒸汽与油烟，不同类型的抽油烟机应安置在最有利于快速排烟的位置上。

2)良好的自然采光是在厨房操作必须具备的条件。如果厨房有一两扇窗户，不但能提供良好的自然通风和自然采光，还能边操作边欣赏室外的景色，放松一下心情。

灯具种类的选择。厨房中的照明设计，要能为每一角落提供有效而明亮的灯光，这对自然采光不足的厨房尤为重要。厨房用灯一般有白炽灯、日光灯和投射灯。白炽灯适用于一般照明，特别是在厨房里进餐时是很好的选择；日光灯在厨房里被大量使用，小型日光灯可布置在吊柜下方，能清晰地照亮工作台面；投射灯主要用于重点区域的局部照明。灯具没必要选择豪华型的，但亮度一定要足够，不仅可以方便操作，还能给厨房的主人增添愉悦的心情。

灯具要耐用。厨房使用的灯具应遵循实用、耐久的特点。由于厨房的特殊环境使得灯具和灯泡损坏得很快。尤其是天天点火做饭的厨房，其灯具使用半年左右，就已出现灯头锈斑，开始接触不良，甚至已经锈蚀得无法再用。这主要是因为厨房中烧水做饭时经常产生的水蒸气和二氧化硫对灯具有很强的腐蚀作用。

灯具要安全及方便安装。厨房灯具的位置要尽可能地远离炉灶，不要让煤气、水蒸气直接熏染。厨房需要安全、方便的灯具开关，由于灯头容易被油污和二氧化硫腐蚀，所以不宜使用灯头开关。灯头最好用卡口式，在轻度生锈后它比螺口灯泡更容易卸下。另外，在更换厨房灯泡时常会碰到由于灯头使用日久，锈蚀严重，使灯头和灯座锈牢，很难卸下更换，所以在安装灯泡时，在灯头上涂一点医用凡士林就可以防锈，下次更换灯泡时，就不会碰到锈死而旋不开的情况了。

(5)厨房的模式

1)整体厨房。整体厨房系列产品充分体现了人性化设计理念，为人们日常的厨房操作提供了极大便利。它以家电为基础，通过将厨房家具与电器的巧妙融合，实现了厨房家电一体化、功能多样化，一改传统厨房的简单烹饪功能，集储物、保鲜、速解、烹饪、净化、热水供应六大功能于一体。

在设计上，充分考虑了空间与人的需要。使厨房空间得到最大限度的利用，冰箱、洗碗机、电子干燥柜、米柜、灶台柜、调料柜、餐具分类抽屉、多功能挂架、不锈钢垃圾桶等专用器具，使厨房里的所有物品都有了容纳之所，一切都显得整洁、和谐、井然有序，富有层次的厨房家具及电器组合为厨房平添了几分空间的韵律感，如图 2-55 所示。

图 2-55 厨房家具及电器组合为厨房平添了几分空间的韵律感

运用人体工程学原理设计而成的整体厨房，其中各种操作更加符合人的需要，橱柜中都装有可推拉式滑轨，使得取放物品更加轻松方便。水槽柜采用静音式水槽，流水无声，不易迸溅。调料架近灶台设计，可随手取用。嵌入式灶台采用不粘油设计，易于清洁整理。米柜具有防潮、防蛀、防蚀等性能，定量取米设计使取米准确方便。位于高处的橱柜下部装有下拉式滑道，使不同身高的家庭成员都可以轻松拿到所需物品。为解决厨房拐角不易取物问题，还可设计 180°转篮，轻轻一转，便可将里面的物品呈现出来。

2）敞开式厨房如图 2-56 所示。敞开式厨房说起来很简单，就是取消厨房与餐厅（或起居厅）相连的一面非承重墙，使厨房与餐厅（或起居厅）合二为一。由于敞开式厨房与其他空间相通，便使之在空间上融为一体，一方面开阔了视野，空间上有区分又可互为借用，扩大了空间感。另一方面，正因为与其他空间相通，就更加要求提高装修水平，以便通过相互借景，达到相映成趣的效果。

敞开式厨房一般把打掉的墙垛做成一个小小的吧台或做成一个递送饭菜的小操作台，这样既充分利用了空间，又增添了些许情调。敞开式厨房在橱柜的色彩选择上一般也较大胆，大红、湖蓝、翠绿等鲜艳色彩都可以被搬进厨房，使厨房的景观为整个住宅增色，给人以活泼、现代的视觉享受。

敞开式厨房完全是舶来品，近年来在国内才开始尝试，但使用效果并不十分理想。欧美国家对厨房极为讲究，厨房不仅面积大，而且装修也很有品位。厨房不光是做饭，而且还是孩子做作业，家人游戏聊天的场所。外国人做饭主要是烤、烹、煮，而且很多是冷食，所以厨房很少油烟，敞开式厨房没什么问题。

图 2-56 敞开式厨房

对于中国的国情来看，则不太适合，因为中国人烹饪讲究煎炒烹炸，油烟极大，再加上辣椒、葱、姜、蒜等气味极具刺激性，就是吸力再大的抽油烟机，也难保油烟气味不往外扩散。所以敞开式厨房极容易污染家居环境。目前只有一小部分住宅面积大、人口少、又很少在家做饭的人士适合做敞开式厨房。为吸收敞开式厨房通透效果好的优点，又避免油烟扩散，可利用玻璃加以分隔，或做一个折叠式隔断、布帘等，这样既可以达到有效控制油烟扩散，又可达到通透的效果。

3）乡村厨房。乡村的人们都向往大城市，而如今大城市的人们却向往着回归自然，返璞归真。因此，诸如亲手制作的打褶布帘、滚花墙面、仿“风剥雨蚀”的橱柜以及油漆地板等应运而生，造就一个乡村厨房的气息就可以天天感受到乡土的韵味。目前，乡村厨房已日趋完善，它不仅承袭了原有的乡村风格，而且将在乡村度假的感受融进室内。遮光帘、百叶窗或是自然风光替代了打褶窗帘，墙面都铺上瓷砖，橱柜看上去年代久远，但不一定是风剥雨蚀，地面仍旧油漆，但被刷上更为雅致的几何图案。

色彩的作用仍然至关重要，因为如果不使用色彩就无法将乡村风貌带进室内来。田园风光的各种绿色，秋天树叶的温暖红色，甚至池塘的色彩，无论是用在橱柜、油漆地板还是瓷砖上，都能唤起对户外生活的联想。色调单一的厨房有时也可以利用搁板上或窗台上的收藏品来增添各种色彩。

使用天然材料效果最佳，也更富挑战性，但又难以实现，因为直接使用砖石铺地、用原木而不是木板做墙面或顶棚，材料都是很难找到的。

4. 厨房的设计准则

国外一些研究者通过对高效能以及功能良好的厨房从设计上进行了总结，提出了一些厨房设计的准则，被认为是家用厨房设计主要参考尺寸，如图 2-57 所示及所应考虑的重要因素：

①交通路线应避开工作三角。

②工作区应配置全部必要的器具和设施。

③厨房应位于儿童游戏场附近。

④从厨房外眺的景色应是欢乐愉快的。

⑤工作中心要包括有储藏中心、准备和清洗中心、烹饪中心。

⑥工作三角的长度要小于 6～7m。

⑦每个工作中心都应设有电源插座。

⑧每个工作中心都应设有地上和墙上的橱柜，以便储藏各种设施。

⑨应设置无影和无眩光的照明，并应能集中照射在各个工作中心处。

⑩应为准备饮食提供良好的工作台面。

⑪通风良好。

⑫炉灶和电冰箱间最低限度要隔有一个柜橱。

⑬设备上安装的门，应避免开启到工作台的位置。

⑭应将地上的橱柜、墙上的橱柜和其他设施组合起来，构成一种连续的标准单元，避免中间有缝隙，或出现一些使用不便的凹陷和凸出部分。

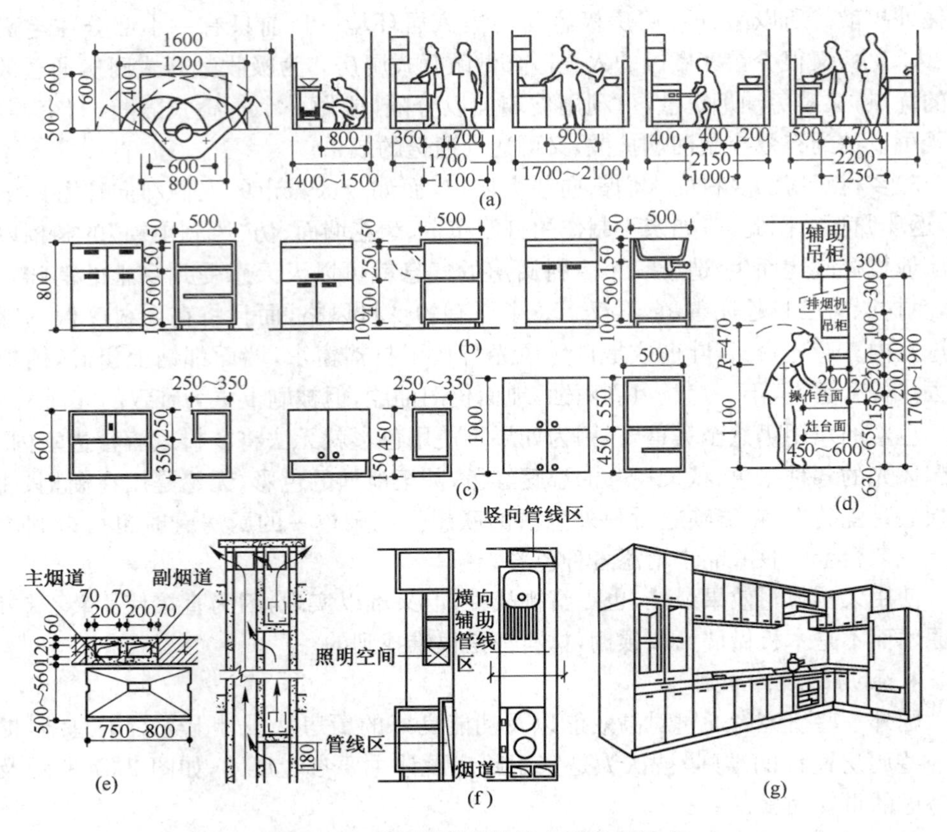

图 2-57　家用厨房设计的主要参考尺寸

(a)厨房的最小宽度　(b)操作台、橱柜　(c)吊柜　(d)设备的高度与深度
(e)烟道、排气罩　(f)管线区　(g)商品化组合式厨房设备示例

六、卧室

1. 卧室的布局文化

住宅最大的功能除了供家人吃饭的餐厅外，就是供睡觉的卧室。我们古代的祖先，在狩猎时代，也就是农耕初期，他们打猎、农耕、进食等生活活动都在户外，夜晚睡觉时，则必须进入洞穴，这就是卧室的由来。在现代社会的进步中，由农业社会进入工业社会，家庭形态由大家庭发展到小家庭。虽然就餐、工作、娱乐还是在外面的时间多，但是，睡觉必须在住宅内，这和古代并无不同。因此，卧室是住宅最重要的地方。

人生有 1/3 的时间是在睡眠中度过的，卧室是人们由醒觉功能态进入睡眠功能态，再到醒觉功能态的“过渡”空间，要求温馨、柔美、休闲、舒服、私密。如果是低层的楼房，卧室的布置，应从晚辈到长辈，由小往下排，即小孩在顶层，大人在中间，老人在底层，以照顾老人的行动不便。卧室的布局应注意以下问题。

（1）卧室形状宜方忌圆　因为方主“静”，合乎卧室安静的要求；而圆主“动”，无论在心理上、视觉上都有运动的态势，给人不稳定、不安宁的感觉，好的睡眠环境应该是和谐宁静的，圆形造成的躁动与宁静相矛盾，对心理环境的健康不利，不合乎卧室安静的要求。因此，卧室的形状应该是方形的，不要做成圆形的。卧室的墙体以及床、衣柜等主要家具，也不宜做成圆形或圆弧形。而为采光和取景，可设计有大的圆形或弧形窗，只要整个卧室的墙体不是以圆形或弧形为主，不会造成眩光和给人不安的感觉即可，还能创造良好的视野和采光，给人以愉悦之感，因而不失为好创意。

（2）卧室家具宜简忌繁　卧室的空间有限，布置过多的家具会造成活动不便。为了争取时效，减少时间浪费，在现代生活处处以方便为原则的情况下，大都把衣柜、化妆台、床同时摆放在卧室内，这就要求应尽可能将衣柜、梳妆台等排成一线，视觉上不要有凹凸不平，避免给人杂乱的感觉。

卧室的家具，特别是床，标新立异地采用圆形是极不可取的，应以直线为宜，给人以稳定、平和、安静的感觉，有利于休息睡眠。

卧室的沙发最好以单独的两张为宜，不可过多，以免显得拥挤。

（3）卧室房门不宜直对入户门　卧室是住宅最重要的睡眠休息空间。卧室的配置，首先要考虑到安全和宁静这两个最基本的条件，尤其是安全更是绝对需要的条件。卧室靠近门厅，接近入户门容易受到外来的袭击和骚扰，是比较危险的。如果卧室靠近门厅，而卧室的房门又与入户门相对成一直线，一进门就直通卧室，自然也缺乏私人生活的安全感。而且容易受到外来噪声、汽车废气等公害扰乱，使人难以安眠。

（4）卧室不可布置得琳琅满目　卧室的色调切勿太过鲜艳，尤其忌用红色为基调。因为红色会使人心跳加快，血压升高，脑电波活跃，而影响就寝。同时也不要布置得琳琅满目，过度豪华。闪闪发光的饰物尤为不宜。

卧室的色调以素雅温馨为宜，墙面一般宜用淡绿、浅蓝、乳白等冷色。至于青少年的卧室，考虑到其朝气蓬勃的性格和容易入睡的特点，墙面可用中性色或中性偏暖的色调（如橙黄色之类）。

（5）卧室顶棚不应变化太多　卧室环境应方便人们经过白天的辛劳较快入睡，以保证旺盛的精力。因此卧室顶棚应平整简洁，切不能有太多的变化，尤其是顶棚的灯具更要简洁，绝不能采用各种花灯，既避免积灰，方便清洁卫生，也可避免躺卧在床上引发各种幻觉而影响睡眠质量。

（6）卧室中不可过多盆栽　盆栽可以制造新鲜的氧气，家居中多有利用，但也要注意适量，因为绿色植物在夜晚会要吸收氧气，释放二氧化碳，所以在供人们睡眠休息的卧室中，最多也只能是几盆，切不可多放。尤其不可摆放如仙人掌、玫瑰等带刺的植物，以免被其刺伤，有损健康。

（7）卧室不宜摆放兵器和雕像、兽头　卧室陈设不宜摆放刀剑等兵器。刀剑属

"凶器"，有暴戾不祥之气，与卧室应有的祥和安宁气氛相冲突，而兵器对人的生理磁场亦有负面影响。

卧室也不宜摆放雕像、兽头、面目狰狞的面具和木刻工艺品，以免午夜梦醒，迷迷糊糊中看到而触目惊心。

(8)卧室的朝向　目前，一般家庭的卧室都兼具了睡眠休息和更衣化妆的功能。因此，卧室不但关系着人的健康，还与夫妻生活的和谐、家庭和睦有着密切的关系。卧室窗户若能望见太阳升起且充满活力的景象，则特别适宜居住，尤其是适合于老年人居住。

1)东方。每天迎着朝阳，能使人朝气蓬勃、精神振奋、工作勤奋。

2)西方。窗户朝西的卧室应注意做好防晒的措施。面对落日，尽管有着"夕阳无限好"的晚景，但西向毕竟日照时间短，不利于老年人的身心健康。因此，不宜作为老年人的卧室。

3)南方。阳光充沛，充满生机适合居住，但也应采取适当的遮阳措施，避免夏季过于强烈的阳光影响午间休息。

4)北方。光线均匀，较为宁静，适宜居住。但北向卧室比较阴冷，因此，应注意做好防寒保温措施。

(9)卧室中的床　日常生活中，人们有 1/3 的时间是在床上，人必须通过睡眠获得休息和能量，经过一天的体力、脑力活动后，身体处于疲劳状态，如果晚上睡不好，很容易导致大脑的缺血缺氧，脑细胞随之加速死亡。身体抵抗力跟着也急剧下降。有研究表明：人的睡眠时间与寿命长短有明显的关系，每晚平均睡眠 7～8 小时的人寿命最长，而平均睡眠不到 4 小时的人，有 80%是短寿者。睡眠的质量严重地影响人的生活质量、工作效率和健康水平，床是每天休息睡眠的地方，所以卧室与床位的关系就显得极为重要。睡床的摆放必然会引起人们的普遍关注。

1)床的方位。睡床是休息睡眠的地方，所以应该摆在与自己身体信息相适应的方位，才能睡得舒适安宁，睡醒后则能感到精神好，身体有活力。

床向不宜正北、正南、正东或正西，这是为了不与地球的磁力产生不协调。这一问题在住宅建造时一般要加以考虑，因此对于在矩形的卧室里摆床就不必再考虑了。

人们经常认为"床头朝西"不好，这主要有三种说法：

一是佛教信奉者认为极乐世界相传是在西方，所以往往用"归西"来形容人的逝世。因此，世俗便认为头部向西睡觉不吉利，甚至意味着疾病和死亡。

二是日出于东而落于西，西方是日暮所在，故此认为不宜向着暮气沉沉的方位睡觉，否则会导致损害身体。

三是夏日西斜的阳光最毒最凶，所以向西的睡房和睡床特别酷热，身处其中的人容易感染暑气而病倒；而秋冬的寒气也是西方最甚，身处其中又易染风寒。所以认为床头不宜朝西。

事实真是如此吗？其实这三种说法都有些牵强，尤其是第一、第二种说法，至于第三种说法，只要在靠西面外墙床头采取措施避免风寒和受西方斜阳直射的影响，便无大碍。

美国科学家有关地球磁场对人体影响的实验表明，卧向头北脚南比其他方向睡得更香甜。据说，武汉市第一医院做的脑血栓患者床铺摆设方位调查结果却表明，头北脚南床位的老人，其脑血栓发病率高于其他方向床位的老人。地球上密布着南北走向的磁力线，人体也是一个小宇宙，也存在着一个磁场。头和脚就是南北两极，人在睡眠的时候，最好能采取东西向，与地球磁力线垂直相切，能使人在睡眠状态中重新调整由于一天劳累而变得紊乱的磁场，对身体有好处。如果住在方向不正的住宅里，磁力线必然是斜着“切割”人的身体，对健康不利。所以，我国多数养生家反对北首而卧，而主张东西向设床和东西向寝卧为好。

我国古代养生家对寝卧方向的四种观点：

第一种，寝卧东西向。根据《黄帝内经》“春夏养阳，秋冬养阴”的养生原则确立的《千金要方，道林养性》认为“凡人卧，春夏向东，秋冬向西。”即主张春夏两季，头向东，脚向西；秋冬两季，头向西，脚向东。

第二种，寝卧恒定东向。《老老恒言》引《记玉藻》说：“寝恒东首，谓顺生气而卧也。”这是说四季头朝东卧，可得东方升发之气。

第三种，寝卧按季节东南西北向。春季头向东，夏季头向南，秋季头向西，冬季头向北，秉其旺气，顺乎自然。

第四种，寝卧忌北向。《千金要方，道林养性》说：“头勿北卧，及墙北亦勿安床。”《老老恒言，安寝》亦说：“首勿北卧，谓避阴气”。这是因为北方主水主寒，为阴中之阴，最能伤阳，而头部为人体诸阳之会，因此忌北向而卧。

总之，床向和卧向要根据地磁场(即南北极磁场)方向、人本身的磁向类型、人的性别、年龄和健康状况等因素进行综合抉择。最后还是应以自我感受良好为宜，当睡床的主人感到某方位睡觉轻松、舒服，睡眠质量高，那么这个床的方位可能就是最好的，目的是顺乎自然，调和阴阳。

科学研究证明，鸽子能辨别方向是由于其血液中所含的铁质是有磁性的，因此鸽子能感受到磁场作用，以此辨别方向。

人体的血液也含有铁质，睡觉八九个小时，血液在某一磁场长期作用下，也会对健康有所影响。由于人的适应性，搬迁时，睡床的方位改变，容易引起不适应，尤其是老年人。因此，住宅风水学反对经常搬家，搬迁时应特别注意老年人睡床的方向，应尽可能与搬迁前同一方向，以减少不良反应。

2)床的位置。床不宜正对门窗。床宜摆在通风的地方，而不要摆在死角。头顶与脚心均不能对着门或窗，以免头顶的百会穴或脚的涌泉穴遭受风凉。如果受地方的限制，床不得不对门的话，最好能加个屏风以避免床直对着门或窗。

床不宜太接近窗户。在晴天，从窗口进入的阳光直射床头，而在雨天，风雨会从窗缝渗入，影响睡眠。一旦遇到意外，会有窗口掉落玻璃伤人的可能，所以为了睡眠安宁及家居安全,应该尽量避免床头贴近窗户。床头尤其不能靠近落地窗。

床的摆放以安宁为主。床背门则易受干扰、惊吓。

床上不宜横梁压顶。卧床上方的顶棚有横梁。称为“横梁压床”或“抬梁床”,对床形成压迫感。因此,应尽量避开或在有横梁外露的顶棚加设吊顶,以确保床上方顶部平整、简洁。

床的上方顶棚不可垂悬吊灯、吊扇、风铃和任何饰物。这样不但危险,增加压迫感,还会造成心情不安而影响睡眠。

床头应有靠。把床头靠着坚固的墙,如同保护家宅山脉一样,给睡者以坚实的感觉。床头若空,比如放在玻璃窗下,称之为“太阳不着星”,由于心理感受不好而不利于睡眠。

床不宜对着镜子。镜子对着身体,刺激人的神志而易产生幻觉和恐慌,常做噩梦而影响睡眠,从而导致产生神经衰弱等不良后果。过去迷信认为镜子对床会招魂。哪来的鬼?其实床正对镜子,夜间往往是被自己在镜中的影像吓一跳,尤其是夜晚起床,镜中影子的晃动,会让睡得迷迷糊糊的人产生幻觉。确实有因为镜子对着床,夜间起床后出现上述情况而砸破镜子的实例。因此,应尽量避免。如果避免不了,不妨在镜前设一布帘,睡觉时把布帘拉上。

卧室不宜摆放太多的镜子,最理想的是在衣柜门的内边装镜子。这样平时看不到镜子,但要穿衣打扮时,打开柜门便有镜子可用。女士们为了化妆方便,往往需要在卧室中摆入带镜子的梳妆台,只要小心避免镜子正对着床也是无妨的。

床不宜对着卫生间的门。因为污秽潮湿之气直冲身体有碍健康,此外卫生间的噪声、灯光亦会影响同住之人的休息睡眠。

床不宜紧挨卫生间、厨房。卫生间是排泄污秽和洗涤污垢之所,坐便器更是排污最为频繁的地方,所以床后不宜靠着卫生间与卧室的隔墙,更不能靠着摆放坐便器的隔墙,以免受冲水噪声的干扰。同样,厨房水、电、燃气都有潜在危险,而且容易滋生虫蚁,特别是可燃气体泄漏更有危险,卧室离厨房远一点会显得相对安全。

床与卧室的墙壁应平行或垂直,以免室内动线唐突,给人不稳定感。

床不宜摆在楼梯下面,避免心理压力而影响身心健康。

床不宜摆在厨房、卫生间的楼上或楼下。厨房是动水、动火、动气、动电的所在,而卫生间和厨房又是管道纵横的场所,特别是下水道水平干管外表的结露影响更甚。因此,床不宜摆放在厨房、卫生间的楼上或楼下,以避免受其污秽湿气的干扰,确保居住者的健康。

床不宜摆在封闭的阳台内。这是由于阳台尽管封闭了,但其原有设计对保温、隔热,防止室外噪声、防尘,以及阳台承重、遮光都未做足够的考虑,难以提供良好的睡眠休息环境。因此,床不宜摆在封闭的阳台内。

电视机等会释放辐射波,平时即使关机,仍有射线产生,对孕妇、神经衰弱者及病患者尤为不宜。卧室里需幽静、安全。因此,必须避免摆放有辐射波的各类家用电器

（如电视机、微波炉、音响及空调器等）。床更不宜对着大电器正面。床正对空调器，受冷气直吹，易患风寒，影响健康。同时也要避免过多的电线纵横经过。

床边不宜设置炉具煮咖啡。为图方便，但却非常危险，睡觉的房间里有火，火是燥热的东西，容易引起烦躁不宁的情绪，于休息不利。

床头上方的墙上不宜悬挂重物。床头墙上置画可以增加卧室之雅意，但以轻薄短小为宜，并应固定可靠安全，最忌厚重巨框大画，以免一旦地震或挂钩脱落，给人造成严重的伤害。

床下不宜塞满杂物。床底下如塞满杂物，既难以打扫卫生，也不利于通风，还将成为藏污纳垢的地方，容易滋生极易引起人体过敏性疾病的尘螨等病原生物，影响健康。

床不宜对着房门。避免卧室中的私人生活被泄露，造成许多不便和尴尬。当床对着房门时，可用屏风，如图 2-58 所示或在房门上悬挂珠帘来作遮挡。

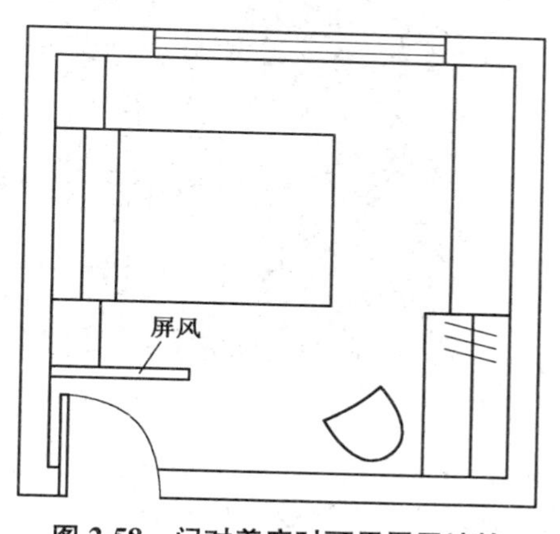

图 2-58　门对着床时可用屏风遮挡

3）床的高度。床沿的高度一般以 45cm 为宜。过高则上下不便，太矮则容易受潮，睡觉时吸入的灰尘量较大，不符合卫生要求。

4）床的材料。现在的床，很少使用古代式的木板床，而是使用弹簧床。如果使用钢丝弹簧床垫（席梦思），要均匀、透气、防潮和保温。应该有三层，面层要柔软，以纯棉材料为佳；中层要密实，用棕垫、海绵、针织棉等材料填充；下层要富有弹性，弹簧数量要多，最好互不联结，每个弹簧放在单独的布袋内。以便使人的体重均匀分布，以避免局部受压过大。

棕棚床也不错，既柔软又有一定的弹性和硬度，有利于全身肌肉的放松。

5）床的宽度。床宜宽大舒适，理想的单人床至少有 90cm 宽，而双人床不宜小于 1.5m，翻身时才会有宽裕的空间，太小的话，心理上会有受限制的约束感，影响睡眠质量。

（10）老人卧室　太阳光对老人健康影响很大，甚至比药物的效果都好，所以老人卧室最好设在朝南方向或东南方向采光最好的地方。

老人居家时间最多，要特别注意防寒、防暑、通风，避免老人由于长期留在住宅内，因空气流通状况而中暑或受风寒，伤及身体。因此，设置不加封闭的阳台或小庭院，为老人提供呼吸室外新鲜空气与休闲活动之用，也便于邻里的户外交往。但应注意做好安全防护措施。

老人卧室不可离家人卧室太远，也不可太吵闹，卫生间也要离得近些，使得老人不至于感到孤独或不方便。如果独门独户的低层住宅，就要安置在楼下，同时还得考虑到楼梯千万不可太陡，以预防万一，老人若发生失足摔倒的事，后果不堪设想。

2. 卧室的装修设计

(1)卧室的功能　人生有1/3的时间是在卧室中度过的，卧室这个完全私密的空间，是彻底放松、充分休息的地方，如图2-59所示。有一个舒适安静的卧室环境，可以沐浴爱情的浪漫与温馨，使得睡眠甜美，生活质量更显多彩。

图2-59　现代风情的温馨卧室

卧室，是整套住宅中最具私密性的房间，它是成年人传达爱意酿造亲密的私人绿洲；是孩子编织梦想和成长神话的安全地带；是老年人安享晚年的宝地。卧室设计应做到舒适、实用，使人身心两悦。

(2)卧室的设计要求　卧室的基本功能应以满足居住者睡眠、更衣等日常生活的需要为主。围绕基本功能，如果能运用丰富的表现手法，就能使看似简单的卧室变得韵味无穷。

1)运用各种材料让卧室更具柔情。皮料细滑、壁布柔软、榉木细腻、松木返璞归真、防火板时尚现代、窗帘轻柔摇曳，材料上的多元化使质感得以丰富展现，也使室内环境层次错落有致更具柔情，如图2-60所示。

2)床、床头柜与卧室柜是卧室的主体内容。这三件卧室必需品决定了整个卧室的格局，可以根据所喜欢的样式配套购置，如图2-61所示。床最主要的要求是要舒适；而卧室柜可以在装修时做成固定或嵌入式；柜橱门采用滑轨推拉式，使用方便，式样大方美观。

3)灯光与床头背景墙。背景墙可以运用点、线、面等要素，使造型和谐统一而富有变化。可采用简单而富有人情味的图片、照片，让室内充满生活气息，但应注意布置在床头背景墙上的图片、照片必须有可靠的固定，以避免垂落砸伤人，如图2-62所示。卧室的灯光应该柔和富有韵味，最好不用日光灯，而可以采用壁灯或床头灯，为

图 2-60　简洁大方的卧室

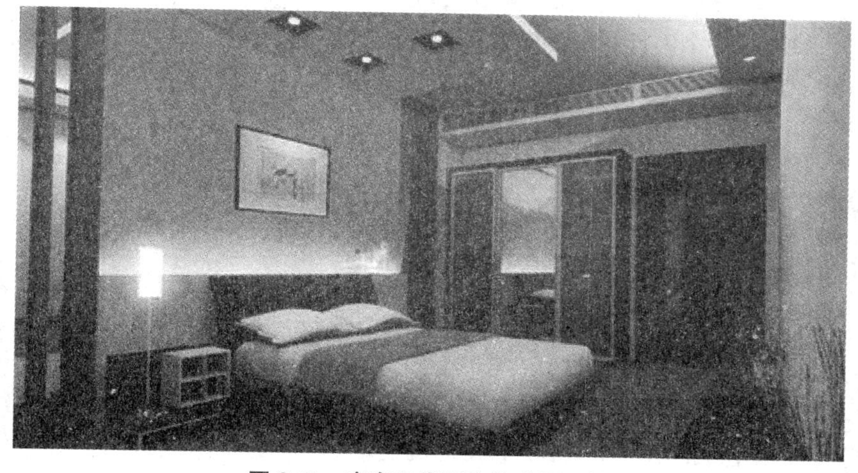

图 2-61　富有现代风格的床及配饰

了方便主人睡前阅读，灯光最好是可调式的，但应避免在床头的顶棚上装设投射灯，以确保睡眠安宁。

顶棚应简洁。当人们躺在床上时需要的是休息，至于头顶上的顶棚以不引人注意为好。卧室的顶棚最好不做吊顶或少做吊顶。为要保持卧室中空气的清新，让卧室的空间高度大一些为好，才不会使人觉得压抑。顶棚的色调应以素雅取胜，可根据卧室的整体设计效果在白色的基础上加一点红、黄、蓝等颜色。

图 2-62　富有浪漫色彩的卧室

墙面涂料和壁纸，可根据个人喜好而定，但要选择无毒无味的产品。墙壁装修的颜色要柔和，一切以有助于睡眠为标准。

复合木地板配块毯，是卧室地面装修的最佳组合。瓷砖显得冷硬，所以不适合卧室采用。满铺毯不易于清理打扫，也不适合卧室。

总之，卧室装修的风格、家具的配置、色调的搭配、装修美化的效果、灯光的选择及安装位置等，应按个人性格、文化、爱好与年龄的不同有所区别。

(3)卧室的家具和饰物　卧室的家具主要从休闲区、梳妆区、储藏区三个区域入手。

1)休闲区。卧室休闲区是在卧室内满足业主视听、阅读、思考等以休闲活动为主要内容的区域。在布置时可根据业主在休息方面的具体要求，选择适宜的空间区位，配以家具与必要的设备。

2)梳妆区。卧室梳妆活动包括美容和更衣两部分。这两部分的活动可分为组合式和分离式两种形式。一般以美容为中心的都以梳妆台为主要设备。可按照空间情况及个人喜好分别采用活动式、组合式或嵌入式的梳妆家具形式。从效果上看，后两者不但可节省空间，且有助于增进整个房间的统一感。更衣亦是卧室活动的组成部分，在居住条件允许的情况下，可设置独立的更衣区位，更衣区也可与美容区位有机结合形成一个和谐的空间。当空间受限制时，亦可在适宜的位置上设立简单的更衣区。

3)储藏区。卧室的储藏物多以衣物、被褥为主，一般嵌入式的壁柜系统较为理想，这样有助于加强卧室的储藏功能，亦可根据实际需要，设置容量与功能较为完善的其他形式的储藏家具。

(4)卧室的绿化　卧室中的绿化应体现出房间的空间感和舒适感。如果把植物按层次集中放置在居室的角落里，就会显得井井有条并具有深度感。注意绿化要与所在场所的整体格调相协调，把握其与人的动静关系，把它置于人的视域的合适位置，如图 2-63 所示。中等尺度的植物可放在窗、桌、柜等略低于人视平线的位置，便于人们观赏植物的叶、花、果；小尺度的植物往往以小巧精致取胜，其陈设的位置也需独具匠心，可置于橱柜之顶、搁板之上或悬空中，便于人们全方位观赏。卧室的插花陈设，则需视不同的情况而定，书桌、梳妆台和床头柜等处可以选择茉莉、米兰之类的盆花或插花。中老年的卧室以白色或淡色为主调，使人愉快、安静且赏心悦目。年轻人，尤其新婚夫妻的卧室，则适合色彩艳丽的插花，但以一种颜色为主最好，花色杂乱不能给人宁静的感觉。单色的一簇花可象征纯洁永恒。

图 2-63　墙边绿色与床靠相互呼应

3. 儿童房的装修设计

(1)儿童房的空间布局　儿童房是许多现代家庭十分注重的。在装修孩子的房间时，一定要考虑他们的年龄特点，如图 2-64 所示。在满足他们生活起居需求的同时，特别要适合孩子天真活泼的天性，装修格调要有利激发孩子的求知欲和学习兴趣，有利于启迪他们智力的发展以及非智力品质的培养。

一个设计合理而完善的儿童房，在使用功能上应满足四个方面的需要：休息睡眠、阅读书写、置放衣物及学习用具和供孩子与朋友交往休闲的需要。

1)学习区。希望孩子能学习好是每个父母的最大愿望，给孩子们营造一个好的学习环境自然十分重要。孩子的房间一定要把写字台面和座椅设置好，可以是独立的学习桌、写字台，也可以是翻折式台面板，还可以与书柜等组合而成，如图 2-65 所示。或者是结合窗台设置出书写台面板。

2)睡眠区。有一个舒适的床可以给孩子一个享受美好梦乡的地方，如图 2-66 所示。因此，应根据儿童房的条件采用各种形式的儿童睡床。例如沙发床、单层床。如果采用双层床形式，其优点是可以节约面积腾出空间供孩子休闲游戏，也可以采用设

图 2-64 蓝色的墙纸和黄白相间的家具造就了一个儿童乐园

图 2-65 功能齐全的学习区

地台的形式，而采用折叠床更能够给孩子一个充分的游戏空间。

3)休闲区。玩耍、游戏是孩子健康成长过程不可缺少的内容。再小的儿童房也要尽量挤出地方为孩子开辟一个玩耍、休闲的小环境。因此在儿童房不可放太多的家具，更不能将孩子的房间变成家中杂物的仓库。在儿童房里应该有小桌小椅等，可以供孩子与小朋友聚会、交往，一起做功课、下棋等。通过这些活动不仅能培养孩子多方面的兴趣，给孩子的生活带来乐趣，也能从小培养他们与他人和谐相处的能力，如图 2-67 所示。

图 2-66　舒适的床是儿童梦想的开始

图 2-67　宽敞的卧室是儿童健康成长的好地方

4)储物区。孩子的需求是多方面的。他们有着读书、绘画、玩耍等多种需要,也就有各种相关的物品。为方便孩子取用,就要把各类物品分门别类放好。如果房间里的东西乱堆乱放杂乱无章,既影响孩子的情绪,也不利他们养成好的习惯。所以儿童房中书柜、小型储物柜是必不可少的,最好采用可灵活移动、随意组合的藤编筐篮、塑料盒或纸盒子等,便于孩子自己学习、管理自己的物品,如图 2-68 所示。

图 2-68 床下良好的储藏空间

(2)儿童房的设计要点 为了装修好儿童房,就应该以孩子安全健康的成长需求作为第一要素。对于正值成长期、活动力强的儿童来说,一般的家庭中还不可能为孩子提供更多的活动空间时,卧房不应只是一个供他们睡觉、休息的场所,而更应具备游戏、阅读或活动等功能。儿童房的装修要简单,便于改动。家具也要便于更换,适应孩子不断成长的需要。

1)保证安全。儿童生性活泼好动,好奇心强,同时破坏性也强,缺乏自我防范意识和自我保护能力,因此安全性是儿童房装修的首要要求。家具作为儿童房不可缺少的硬件,其外形不应有尖楞、锐角的设计,家具的边部、角部最好是修饰成触感好的圆角,以免儿童在活动中因碰撞而受伤。

在装修材料的选择上,无论是墙面、天棚还是地板,应选用无毒无味的天然材料,以减少装修所产生的居室污染。地面适宜采用实木地板,配以无铅油漆涂饰,并要充分考虑地面的防滑。

2)给孩子一个培养想象力、创造力的自由空间。把带阳台的房间留给孩子。有阳台的房间一般阳光较充足,通风条件也好,有益于孩子健康,如图 2-69 所示。利用阳台还可以给孩子创造很多情趣,比如在阳台看书、画画、锻炼。还可以把阳台的一面墙留给孩子。3～9 岁的孩子有一个涂抹期,喜欢随处涂抹,把阳台的一面墙贴上光面小瓷砖,可反复绘画,便于清洗。既可让孩子尽兴,又省了妈妈们的烦恼。

滑动板增加墙面。为了满足孩子涂鸦创作的欲望,另外还有挂书包、运动用品、

图 2-69　充满阳光的儿童房

玩具等均需要较大面积墙面。可以沿着墙面装上数面滑动式的嵌板,配合嵌板数量装上必要的滑动轨道,如装上两层或三层嵌板,就等于增加两三个墙面。嵌板的种类可根据喜爱与需要选择,可以是黑板、软木板、挂物或镜板等。

孩子决定色彩的选择。在色彩的选择上,孩子们因为心性纯真,色彩感没有经过后天调和,更喜欢纯正、鲜艳的色彩。家长平时也可多留心孩子对色彩的不同反应,选择让孩子感到平静、舒适的色彩,如图 2-70 所示。

图 2-70　色彩丰富的空间

为孩子成长留有余地。装修不可能两三年一换，而孩子是不断成长的，所以父母在装修前要有超前意识。比如孩子现在较小，留出来的娱乐区将来可以改为学习区，将来摆放书柜和桌椅的空间要留足。台灯和电脑的电源、插座、线路也都要预先考虑。家具的材料以实木、塑料为好。另外，家具的结构力求简单、牢固、稳定。儿童正处在身体生长发育期，家具应随着儿童身高的增长有所变化，应能加以调整。如可升降的桌子和椅子，可随儿童身高的变化来调节高度，既省钱，又能保证儿童正确的坐姿和手与眼的距离。选择可调节拉长的床也不失为明智之举。另外，儿童家具的设计也要留有余地。

给孩子美好的空间。儿童房是孩子的世界。不妨把儿童房的墙面装修成蓝天白云、绿树花草等自然景观，让儿童在大自然的怀抱里欢笑。各种色彩亮丽、趣味十足的卡通化的家具、灯饰，对诱发儿童的想象力和创造力无疑会大有好处，如图 2-71 所示。

图 2-71 富有童趣的吊顶

应采用可以清洗及易更换的材料。儿童房容易弄脏。有孩子的家庭，只要大人稍不注意，墙上便会出现孩童的脏手印或彩笔线。这个情形确实会令大人非常痛心，与其责骂小孩弄脏墙壁，倒不如事先采取可以清洗或更换的材料来得主动。因此儿童房在选材上更应注意，最适合装修儿童房间的材料是防水漆和塑料板，而高级壁纸及薄木板等则不宜使用。

用图画和壁饰装修门。比起墙壁和窗帘来，儿童房门的设计比较容易忽略，其实在门的装修上也同样可以表现出个性来。例如将孩子的名字以图案方式用不同颜色写在门上，也可以用纸或其他材料来代替，或者在门上贴上孩子的生活照片、画像或孩子自己的作品，都能起到很好的装饰效果。

在房间设置成长记录表。家长们总是想知道自己的孩子是否长高了，不同时期的身高也标志着孩子的成长历程。过去许多人家都是将孩子的成长记录在门框上或者墙上。门框和墙上被画上很多横线，弄得乱七八糟。其实可以考虑在儿童房内或起居室、餐厅等地方贴上一个制作精细的比照身高尺寸的木板，让小孩使用。木板上详细标明尺寸，并且在重要日子如每年生日时，量好身高并做上记号，孩子长大看着自己的成长记录，会有一份美好的回忆。

(3)儿童房的灯饰设计　儿童房的灯，首要的是应该具有保护孩子视力的功能，其次才是造型。

一般地说，普通灯泡发出的光线与自然光相比颜色明显偏红而不是白光，这样的光线会使被照物体的黑白对比度偏低，并使人眼的分辨能力下降，所以要想看清书上的字体，必须将眼睛靠得很近。同时，由于灯泡是一种点光源，所以极易产生对视力十分有害的眩光和大面积的阴影，长期在这种光线下看书，眼睛便会感到疲劳。普通日光灯发出的光线虽然是白色的，有频闪现象，长时间在不断闪烁的日光灯下学习，眼睛也会感到疲劳。

另有护眼保健台灯，这些新型护眼灯有各种款式，它是由彩色液晶显示器的照明原理发展而来的无频闪荧光灯。能够发出亮度稳定、无闪烁、与自然光极其相似的白色光，克服了传统光源的弱点，符合中小学生长时间在灯下学习的要求，对减缓视觉疲劳、预防近视的发生和发展具有明显效果，是较为理想的光源。

(4)儿童房的色调设计　鲜艳明快的色调是儿童所喜爱的，而利用色彩装修儿童房是最简单与有效的。比如一间儿童房采用绿色的地板、蓝色的写字桌，可以营造出整个房间的活跃气氛。配与黄绿相间的窗帘、床罩、地面、吸顶灯可形成色调上的统一。双层窗帘外层白底树叶形纱帘，让光线柔和地透入房间，使孩子能够在室内温暖的环境里学习、玩耍、休息。

靠窗之处是孩子平日学习和中间休息的好地方。可以设置色彩斑斓的磁板以便让孩子养成良好的习惯，可写下或粘贴留言条、学习计划等。

(5)儿童房的绿化设计　儿童房的绿化不同于其他房间，需考虑到儿童的使用安全，常用的儿童房的绿化有固定的干花、软物装饰的吊篮等。切忌把较大花盆或植物尤其是带刺的置于儿童房内，避免产生不必要的伤害。

(6)儿童房设计案例

1)幼儿(儿童)卧室。生命刚刚开始的幼儿期，睡眠完全是在不知不觉中被动完成的，也许在游戏过程中就会酣然入睡。根据幼儿(儿童)的特点，地面多采用木地板、地毯等以满足小孩在上面摸爬的需要。房间可大胆采用对比强烈、鲜艳的颜色，充分满足儿童的好奇心与想象力，使其带着美好的感受进入梦境。卧室的家具除了应该满足儿童阅读、写字、玩电脑、更衣的需要，还要满足儿童天真、活泼的个性。如应该有置放儿童玩具、工艺品及生活照片的角柜或格架，点缀空间。墙面涂料应以儿童性别、年龄及爱好而定，最好是浅色调，并与家具颜色相匹配，如图 2-72 所示。床罩、窗帘的色调、图案要满足儿童的个性。光源要亮一点，尤其是写字桌旁。

图 2-72 幼儿(儿童)卧室的布置

2)青少年卧室。卧室是青少年最喜欢与重视的独立王国。可根据年龄、性别的不同，在满足房间基本功能的基础上，留下更多更大的空间给他们，使他们可将自己喜爱的任何装饰物随意地摆放，使其尽自己所爱，充分享受自由。这一年龄的人需要一个比幼儿期更为专业与固定的游戏平台——书桌与书架，他们既可利用它满足学习制作的需要，又可以利用它保存个人的隐私与小秘密。卧室的灯光也可以区别于其他房间的照明功能，而更柔和一些，使一切看上去朦胧。这一年龄阶段的卧室设计，可把它变成或满足主人个人愿望的“窝”，如图 2-73 所示。

七、书房

1. 书房的布局文化

随着生活水平的提高，在人们的居住条件得到基本满足的情况下，追求精神生活上的美感与丰厚的生活内涵也已成为必然的向往。书房的设置可以使人们在家中静下心来，阅读研究，自我充实和突破，完全融入自我，求得工作之余的平衡。使家居生活更为美满充实。书房可以兼做工作室和会客室，书房的布局风水应注意如下几个问题。

(1)采光通风　人在书房中学习工作，主要是用眼睛看、用脑子想，因此要保证足够的光线和氧气，以保护眼睛和脑子。有条件的家庭可在书桌案头安装负氧离子发

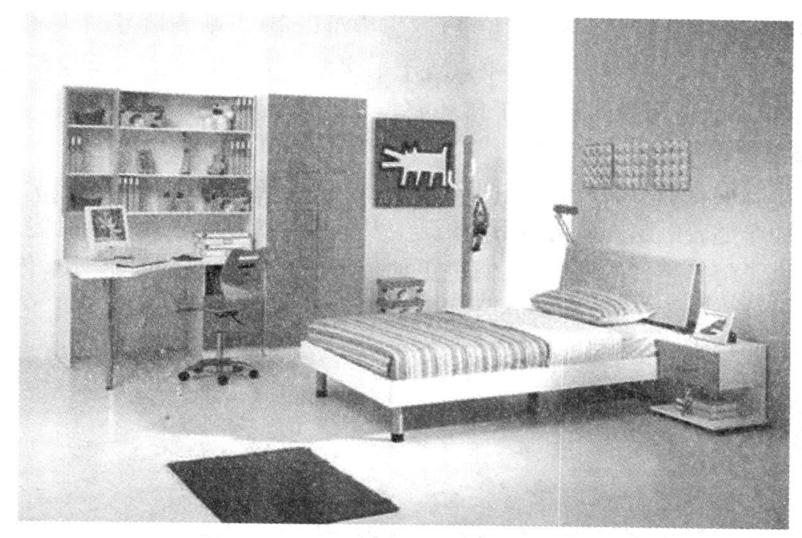

图 2-73　青少年卧室

生器，以使头脑更清晰、更健康。

(2)墙面的色彩　书房要求宁静，墙面以浅蓝灰色或浅灰绿色等冷色为宜。绿色可以护眼，对肝脏也有好处，因肝开窍于目，肝属木，绿色为其本色。

如果书房比较阴暗，墙面可涂以白色。白色明度最高，又属冷色。

(3)书桌的高度　书桌的高度要适中，过高过低都会使长期伏案的人不舒服，尤其是青少年容易导致背脊畸形发育。书桌下应留有净高不少于 58cm 的空间，以便双脚放置，保证坐姿的正确。

椅子的高矮要匹配，使人坐立时，眼睛距离桌面 30～40cm。避免太近容易导致眼睛近视；而距离太远又会使人驼背并导致眼睛远视。椅子要柔软舒适，最好是转椅，以便侧身取书或与人交谈。

(4)书桌的方位

1)书桌以放在窗前为宜。因为窗前光线充足，空气也较清新。较为合理的摆法是左侧靠窗，使光线从左侧射入，符合大多数右手握笔的书写要求，而当左手握笔者使用时，即应使光线从右侧射入。如果受地方所限而要正面向窗，则要预防眩光干扰。当太阳光太强甚至直射时，则应放下窗帘，以保护眼睛。采用人工照明时，可以根据自己的感觉选择书桌的最佳方向。

2)书桌要向门口，门口为向，外为明堂，这种摆法可使主人头脑清醒、聪明，但切不可被门直冲。书桌直冲房门，容易导致主人思想不集中，精神不佳。工作容易出错。

3)书桌座位宜背后有靠，背后以墙为靠山，古称乐山。这种摆法，学习、工作能避免后顾，有利注意力集中。

4)书桌座位不宜背门,书桌座位背门,思维难以集中,影响学习、工作效率。

5)书桌不宜放在书房的中间,书桌置于书房的中间,四方无靠,空空荡荡,不利于精神集中,难以营造宁静的学习、工作环境。

2. 书房的装修设计

许多家庭设有书房的位置,如图 2-74 所示,特别是有些行业需要在家里办公,比如作家。如今随着电脑的发展、网络的诞生及其无限延伸、信息的便捷传递,为人们的工作提供了越来越多的便利,人们也更加依赖于它。而电脑、打印机、传真机等设备可在任何地方落脚,因而在家办公成为更多人的可能。“家庭办公间”的概念便应运而生。其实家庭办公间就是书房。

图 2-74 书房的布置

书房在传统的观念中应该是专门供人读书写字的独立空间。关上门,或品茗远眺、欣赏佳作,或修身养性、轻松思考。而现代人已经给书房赋予了新的理念:自由职业者的理想工作室,电脑迷的网络新空间,老板们的决策、会晤场所。书房已经成为现代人休息、思考、阅读、工作、会谈的综合场所。

(1)功能不同的书房设计

1)交际会客式书房。无论是从事什么职业的现代人,都会有请朋友、同事和商业伙伴在家里活动的需要。对有些商务伙伴的洽谈放在书房,环境接近办公室,气氛会显得更郑重、更安静。考虑这种需要时可以把书房装修得既感性又理性。真正办公的区域只占据房间的一角,大面积的书柜作为书房传统的风景选用浅木色,这样便能创造出写意轻松的工作空间。最好将书房内用红色沙发和锥形装饰品作点缀，使每个走进书房的客人都有一种想和主人合作的愉快。还可以在书架上随意摆设各种画盘和其他装饰品，让人感到主人在努力营造轻松、休闲的工作格调。如图 2-75 所示。

图 2-75　交际会客式书房

2）轻松休闲式书房。除了书柜和写字台外，可以在书房中安置矮桌和软垫。如果在不大的空间安置一张特大松软的沙发，加上桌上的一壶清茶、手中最喜爱的读物，主人尽可以在休闲舒适的气氛中斜卧在沙发里怡然自得地品茶阅读，这正是都市人寻寻觅觅的休闲生活。这也是休闲时朋友们相聚的大好空间。如图 2-76 所示。

3）中国古典式书房。书房是读书写字或工作的地方，需要沉稳的气氛，人在其中才不会心浮气躁。传统中式书房从陈设到规划，从色调到材质，都表现出典雅宁静的特征，因此也深得不少现代人的喜爱。较正式的传统文人书房配置，包括书桌、书柜、椅子、书案、榻、案桌、博古柜、花几、字画、笔架、笔筒及书房四宝等是书房必备的要件。中式家具的颜色较重，虽可营造出稳重效果，但也容易陷于沉闷、阴暗，因此中式书房最好有大面积的窗户，让空气流通，并引入自然光及户外景色。也还可以在书房内外造些山水小景，以衬托书房的清幽。如图 2-77 所示。

（2）*充分利用空间设置书房*　许多人都希望有一间属于自己且不受外界干扰的书房（办公间），然而，对于住房紧张的家庭来说，拥有这样的书房似乎是件奢侈的事。其实，家里的许多地方大有潜力可挖，如可以利用起居厅局部、卧室一角、封闭阳台一端等，只要用心地巧妙利用空间与家具的兼容性，就可以改造出一块属于办公的领地。

图 2-76　轻松休闲式书房

图 2-77　中国古典式书房

1)起居厅的一角做书房。只要在起居厅的一角用地台和屏风简单地加以划分，墙上再做两层书架，下面做一个书桌，一个别致的小书房就出现了。

2)卧室也能做书房。许多人有夜间阅读、写作的习惯。如果是一个单人的卧室,可以在床边设计一张小书桌,再设计一个双层书架悬吊于空中,加上一盏落地灯,一个既温馨又简洁的小书房就坐落于卧室之中了,这样的书房既方便又不会打扰家人。

3)阳台书房更不错。许多家庭也许没有条件将单独的房间用作书房,但将一个小阳台改成书房却是可行的。如果将卧室的阳台设计成一间个人的书房,不但能使主人拥有一个光线充足的读书好场所,还可在视觉上拓展空间,提高居室的有效使用面积,可以说是一举两得。

4)门厅里的书房。老式的两室一厅,由于户型有缺陷,这种格局的居室的"门厅"做餐厅显大,做起居厅又显小,其实可以把书房和餐厅合二为一,在门厅一角挤出一块学习、工作的小天地。

5)壁柜改成书房。家里实在没地方时,可拆除壁柜的门,利用壁柜深度做台面,搭起木板,放进电脑、传真机等办公室设备,台面探出 30cm 左右即可有适宜的操作宽度。这样一个精巧的书房(办公间)便展现出来。

(3)书房—家庭办公间的设计　随着农村产业的现代化和农民自身价值的提高,家庭书房兼办公间随之应运而生。因此,在面积充裕的新农村住宅中,可以独立布置一间书房;面积较小的住宅可以开辟一个区域作为学习和工作的地方,可用书橱隔断,也可用柜子、布幔等隔开。书房的墙面、天花板色调应选用典雅、明净、柔和的浅色,如淡蓝色、浅米色等。地面应选用地板或地毯等材料,而墙面的用材最好用壁纸、板材等吸声较好的材料,以达到安宁静谧的效果。

1)家庭书房要与家居气氛协调。家庭书房的装修,首先要处理好家居气氛与办公气氛的矛盾,尽可能将两者协调起来。应将书房与其他房间统一规划,形成统一的基调,再结合书房特点,在家具式样的选择和墙面颜色处理上做一些调整,既要使书房庄重大方,避免过于私人化的色彩,又不能太像写字间,如图 2-78 所示。

2)家具的选择和合理组合以及空间的充分利用。在家办公,一些现代化设备必不可少,在不大的住宅内,应尽可能地充分利用有限空间,如图 2-79 所示。要使书房空间合理布局,不但使主人的电脑、打印机、复印机、扫描仪、电话、传真机等办公设备各有归所,满足主人藏书、办公、阅读的诸多功能,而且还应巧妙地利用暗格、活动拉板等实用性设计,使主人的书房变成一个灵活完备的工作室。

家庭办公家具可通过合理组合充分利用墙壁上的架子、书桌上方,甚至桌子下面来储存物品。办公家具的组合应注重流程。虽然物品多,但常用物品都应设计在使用者伸手可及的位置,其造型也应以让使用者舒适、方便为最佳。因此,带脚轮的小柜子、弧线形的桌边、可升降的座椅都是这一思路的体现。

组合家具在设计上应注重工作的流程与人体工程学的关系,只有人在舒适、适中的环境下工作,才能不浪费时间与精力,从而提高工作效率。

3)要考虑光线与照明。家庭办公要考虑光线与照明,尽量选择一个光线充足、通

图 2-78 家庭书房的代表

图 2-79 现代家庭办公的组合家具

风良好的房间作书房(办公间),这样有利于身体健康。书房对于照明和采光的要求应该很高,一般不要采用吸顶灯,最好是用日光灯,写字台上要安置合适瓦数的台灯,使光线均匀地照射在读书写字的台面上,避免在过于强或弱的光线下工作,对视力产生不良的影响。

4)要安静典雅。只有安静的环境才能提高人的工作效率。条件允许时，装修书房要选用那些隔声、吸声效果好的装修材料。顶棚可采用吸声石膏吊顶，墙壁可采用PVC吸声板或软包装饰布等，地面可采用吸声效果好的地毯，窗帘要选择较厚的材料，以阻隔窗外的噪声。

还要把主人的情趣充分融入书房中，几幅喜爱的绘画或照片、几幅亲手写就的字，哪怕是几个古朴简单的工艺品，都可以为书房增添几分淡雅、几分清新，同时再摆上一盆绿色植物，会使办公环境更舒适典雅。

5)分区分类存放书。书房，顾名思义是藏书、读书的房间。有着很多种类的书，且又有常看、不常看和藏书之分，所以就应该将书进行一定的分类存放。如分书写区、查阅区、储存区等分别存放，这样既使书房井然有序，还可提高工作的效率。

(4)书房的家具及饰物　书房的家具除要有书橱、书桌、椅子外，兼会客用的书房还可配沙发茶几等。为了存取方便，书橱应靠近书桌。书橱中可留出一些空格来放置一些工艺品以活跃书房气氛。书桌应置于窗前或窗户右侧，以保证看书、工作时有足够的光线，并可避免在桌面上留下阴影。书桌上的台灯应灵活、可调，以确保光线的角度，还可适当布置一些盆景、字画以体现书房的文化气氛。

如果使用中式家具，可加上各种淡色软垫或抱枕，不但让书房增添色彩，坐起来也更舒服。书桌是经常使用的家具，选购时需特别注意接榫牢固与否，若使用一般的木书桌，但又怕热茶在桌上留下烫痕或裁割纸张时伤了桌面，也可考虑铺一块玻璃，使用更为安全方便。

书橱既具有实用性，又充满装饰性。利用两窗之间的壁面装置书橱，窗的下方可装置低的书架，这种设计可以充分利用空间。但需要注意的是，窗间如装置书架，窗帘就应用卷式的比较好，如用两侧拉开的窗帘，则既不方便也不美观。

将不必要的门改装成书橱也是一种可以借鉴的办法。这时，在橱架的下部，放一咖啡桌，设置两个充当脚轮的箱子，放在咖啡桌下。书架上可放书籍，充当脚轮的箱子可用来放报纸。

沙发后装置低橱架。如果沙发摆放在房间的中央，而屋子比较宽敞的话，可以在沙发后放置低橱架，利用敞开的箱式柜与沙发靠背摆放，便构成一个较低的书架，在架面上还可以摆放桌灯、食物盘、饮料盘等。

(5)书房的绿化　书房的绿化，应选种喜阴的植物。注重选配清香淡雅、颜色明亮的花卉。书房陈设花卉，最好集中在一个角落或视线所及的地方，如图2-80所示。倘若感到稍为单调时，可考虑分成一两组来配置，但仍以小者为佳，小的可一只手托起五六个，称为微型盆景和挂式盆景。这类盆景适合书房陈设和在近处观赏，书房插花则可不拘形式。插束枯枝残化，也可表现业主的喜好，随意为之。但不可过于热闹，否则会分散注意力，干扰学习气氛，效果会适得其反。

图 2-80 植物环绕的书房

八、卫生间

1. 卫生间的功能演变

改革开放以来，不知从何时起（具体时间已无法考证），人们把卫生间、洗手间、盥洗室等称呼从饭店、宾馆搬进了家庭，取代了“厕所”这个直白的词，而比这更朴素但不甚文雅的叫法在现代都市人的口里就更少听到了。尽管“新陈代谢”是维持生命的根本，但“文化人”仍不愿用那个“没文化”的字眼表示那个生活中须臾不可缺的场所，如今，它被现代生活改变得丰富多彩起来，它的内涵和外延都被大大地提高和延伸，成为家居中人们享受放松、温馨、浪漫的场所。它成为一个让时间变得悠缓的空间；一个净化身体与心灵的空间；一个宁静、真实的空间；一个温馨、私密的空间；甚至还是一个进行身体保健活动的空间。因此，有人把这里设计成书房，甚至客厅也并非没有先例，它是成为现代家居文明的重要标志。现在人们都已认识到看一个家庭的生活是否讲究品位，就去看看他家的卫生间，这就使得昔日不见外人的卫生间成为家居建设中的一个亮点。

厕所，原是人类进行排泄的场所。人吃五谷杂粮，注定离不开“轮回之所”，从随地排泄到露天茅坑、茅厕的出现，当年北京城里清洁工背着粪桶进出居民院掏大粪便是旧时北京城胡同生活的一个写照。继而又在室内设置马桶和夜壶。旧上海每逢清晨，刷马桶的声音充斥着所有的街巷，路边晾晒着成排成队的马桶也成为江南城市与小镇的一大特色。随着自来水的普及，人在室内设置了厕所，这都表明了社会文明的进步，但这时厕所还是被认为是一个污秽排泄的地方。真正使得厕所产生革命性变化，即是由于抽水马桶的出现，在我国，最早见到抽水马桶大约是在外国轮船上。清末张德彝在《航海述奇》中有这样的描述，在天津、上海间行驶的“行如飞”号轮船的厕所：“两舱之中各一净房，亦有阀门，入门有净桶，提起上盖，下有瓷盆，盆下有孔通于水面，左右各一桶环，便溺毕则抽左环，自有水上洗涤盆桶，再抽右环则污秽随水而下矣。”抽水马桶要有自来水和下水道配套才能使用。1883 年上海最早有自来水厂，直到 15 年后的 1908 年北京才成立“京师自来水公司”，随后有了下水道，抽水马桶也才逐渐出现。梁实秋当年在清华学校就读 8 年，直到最后一年，才住进有抽水马桶的楼房，据梁实秋回忆：“不过也有人不能适应抽水马桶，以为做这种事而不采取蹲的姿势是无法完成任务的。”事实上，采用马桶对如厕者提供了极为必要的安全保证，特别是对于痔疮患者以及有心脏病、高血压的老年人，由于大便干燥，造成的排便困难，更必须注意采用马桶以提供安全保证，但是遗憾的是国人在相当长的一段时间，却为了经济而采用了简易的蹲坑，给“方便”者带来不便和危险。

随着社会的发展、技术的进步，上厕所的方式也变得高级了。据有关调查报告的数据表明，对肛肠病而言，广东人的发病率明显低于北京人，其中一个重要的原因恐怕与广州人每天要冲凉两三次有关。为此中国中医研究院广安门医院的李国栋大夫认为，对于肛肠病这种临床常见病来说，便后清洗其实具有良好的预防作用，医生建议正常人应当每天两次用温水清洗肛门，这不仅可促进局部的血液循环，提高抗病能力，而且能够减少细菌的生存机会，避免各种炎症的发生，对痔疮、便秘等患者有不小的帮助。在一些条件较好的家庭，特别是欧、美、日等发达国家和地区，家庭的卫生间内都有供女性专门清洗的设施。而在东方国家，自从 1974 年开始出现了坐便器与清洗、烘干一体的卫生设备以来，这种卫生的方式正在逐渐走入寻常百姓家庭。人们在看够了大屏幕彩电、用惯了高级空调、吃尽了山珍海味后，开始对更深层次的生活质量有了追求，或许这才是生活质量提高的真正开始。

马桶，这个昔日难登大雅之堂的物件，如今却堂而皇之地在大众媒体上广而告之，在消费者面前“搔首弄姿地展示魅力”。卫生洁净、环保意识、科技新潮、时尚生活……新概念五花八门，新产品眼花缭乱，卫生洁具滚滚而来，马桶革命已呈燎原之势，方兴未艾。节水型、高档次将是其发展的必由之路。建设部、经贸委、质量技术监督局、建材局在 1999 年 12 月 13 日(1999)29 号文《关于在住宅建设中淘汰落后产品的通知》中明确要求，自 2000 年 12 月 1 日起，在大中城市新建住宅中禁止使用一次冲洗水量在 9L 以上的坐便器，推广使用一次冲洗水量 6L 以下(含 6L)的坐便器。一场马桶革命在一座座城市中悄然掀起。目前，我国的陶瓷洁具主要使用的两种节水新技术是通过改进产品构造实现的物理控制节水和能做到一次站洗到位，无须连续冲洗的智洁技术。

人生中往往有一些很不起眼的琐事，比如洗浴或吃喝拉撒，尽管一个都不能少，却常常被人们有意无意地忽略，似乎它们上不了大台面，更难成为一个学术的话题，其实厕所无小事，据有关统计，人的一辈子至少有 2 年的时间用在厕所里，是颇有讲究的。

洗浴，是人类涤尘净身的场所。人类学的发现告诉我们，洗浴行为常常渗透着各种各样的文化观念，有的人一生中只洗三次澡(分别在出生、结婚和死亡时)，也有个别人以身体不沾水为荣，终生不洗澡。

根据《欧洲洗洁文化史》一书中所展示的资料让人体会到洗浴和文化、风俗发生关联的具体而细微的种种方式。罗马人在早期基督教时代的习惯是，女性喜欢在浴室里展示她们最好的服饰和最昂贵的首饰，肉欲和奢华的色彩涂满了浴室。洗浴的时刻也是脱去文化外衣，从而象征性地回归自然的时刻。因此，在室内浴兴起的初期，对男女共浴的指责不绝于耳，人们喋喋不休地议论着浴室里的操行、多长时间洗一次澡合适以及洗浴应该为了享受还是为了治疗之类的话题。

室内洗澡的普及在当时是人们的兴趣点和兴奋点，尽管浴室经营者曾经如“吟游诗人”或流氓一样遭人白眼。但是，浴室仍然被赋予了多种功能，一位浴室经营者同时又是理发师和外科医生，他替浴客剃头、刮胡子、拔火罐，这些内容被认为和洗浴同样重要。在整个中世纪，浴室也是喜庆的场所，有人甚至把婚礼安排在浴室里举行。

我国室内浴室的出现，开始也是一些公共澡堂，家庭洗浴初始也是利用木桶进行简单的清洗，而在我国干旱的西北，这甚至是一件十分不容易的奢侈大事，即使在南方，以往大部分也都是利用池塘、河溪完成洗浴过程。

洗浴，首先要有水，随着清洁饮用水进入寻常百姓家，抽水马桶、三通水龙头、各式各样的浴盆以及淋浴喷头的出现，使人们的洗澡方式即随之改变，逐步也使得洗浴的精神感受得到不断地升华。

在现代住宅中，常是把浴室和水冲式厕所合二为一的浴厕，时下流行称“卫生间”。卫生间本来就是潮湿和秽气产生的地方，如果阳光照射不到或光线不足，通风条件差，整个卫生间便会更显得潮湿之极，常常散发阴湿之秽气，容易形成细菌大量繁殖。墙壁、天花板更容易腐坏。因此，采光、通风、换气、除湿便是卫生间的最基本要求。当前，不少住宅设计的“暗卫生间”几乎都是采用人工照明和机械排风来解决卫生间的采光通风问题。但未能从根本上解决问题，因此，卫生间阴湿的污秽之气经常污染全宅。这一问题必须引起足够的重视。

现在，对卫生间的布置紧跟住宅装修潮流的发展，不仅讲求美观实用，而且功能齐全，卫生间也早已从最初的一套住宅配置一个面积仅为 $2m^2$ 左右的小卫生间发展成现在的双卫(即主卫和客卫)，甚至是多卫(即主卫、客卫和公卫)。

2. 一般卫生间布置

(1)卫生间的位置

1)卫生间不宜设在入户门直对着的地方。气流从入户门进入影响卫生间污秽之气的排除，使得卫生间的污秽之气滞留污染全宅。入户门直对卫生间也不雅观。

2)卫生间不宜设在走廊的尽头，这等于设在死胡同里，那里的空气是不对流的，污秽之气在死角里散发不出去，形成一种恶劣的气场，存在于住宅内，对健康十分不利。

3)卫生间不宜放在住宅的中心，以免污染整个住宅。

4)卫生间应隐蔽及空气流通。卫生间除不宜设在住宅中心或正对入户门的位置，还不宜位于其他瞩目之处。卫生间单是保持清洁还不够，必须时常空气流通，让清新的空气流入，以吹散卫生间内的污浊空气，因此，卫生间应尽可能有直接对外的窗户，并时常开窗，以便吸纳较多的清新空气。

5)卫生间应设在不必经过其他房间就可到达的位置。

6)卫生间应设在排水方便的地方。

7)如果是楼房，每层都应设卫生间。

8)有主卧室的应在主卧室布置主卫生间，当没有主卫生间时，卫生间应尽量靠近主卧室。

(2)坐厕的位向　座厕位向，即人蹲下去大(小)便的朝向。应以与卫生间的门窗垂直为宜，还应避免面向卫生间的门，否则既不雅观也不私密。

(3)卫生间的门

1)卫生间的门不宜直对客厅、餐厅和其他房间。

2)卫生间的门不应直对入户门。

(4)卫生间的洗浴设备　无论是洗热水澡还是洗冷水澡，淋浴是卫生间中一种最基本、最简单而又必不可少的设备，它一来可以洗得干净；二来淋浴可以产生一些空气负氧离子，有利于人健康。随着科技的进步，淋浴设施的技术也在不断地发生变化，时下带有按摩功能的整体淋浴间也甚为流行。泡热水澡以及采用各种药物花卉等浸泡，以消除疲劳和保健身心，使得浴缸(包括按摩洁缸)成为一些比较讲究的现代住宅卫生间中不可或缺的设备。提供热水的电热水器，可以直接安装在卫生间里，而燃气热水器(无论是管道煤气或罐装液化气)，则必须安装在卫生间以外的其他地方。方能确保安全，避免煤气中毒。

较大的卫生间，有条件时，还可设置桑拿浴箱。

(5)卫生间的排便设备　使用蹲坑的设备排便，不仅较难消除异味，而且对于老年人，尤其是高血压患者、大便干燥患者和痔疮患者还有可能因为下蹲时间过长造成脚腿麻痹，甚至引发中风等危害，极不安全，因此应采用水冲式坐便器(马桶)，有条件时还应尽可能采用带有冲洗、烘干的洁身器，以利于预防肛门疾病。在较大的卫生间还可以单独设置小便器和女性净身冲洗器。

(6)卫生间的视听设施　随着生活水平的提高，因卫生间在家庭中的作用愈发重要而发生一些质的变化，它已经从单纯的排便、洗涤向净心、健身的功能发展，因此，在经济条件较好的家庭中，面积较大的卫生间都应考虑视听设备的布置。

(7)卫生间的安全设施　在住宅中卫生间是最容易出现危险的地方，除了应采用防滑地面和坐便器以外，为了老人和行动不便者，在坐便器、洗面盆、淋浴（浴缸）附近还应设置相应的扶手，浴缸底也应增设防滑垫。同时，还应设置呼唤电铃等。

最忌把燃气热水器装在卫生间内，那将对所有的家庭成员造成安全的隐患。

(8)卫生间的颜色与气味　卫生间如果不干净或潮湿不通风，就会有臭味或霉味飘散在屋里，四处散布不净之气。为了不让卫生间阴气笼罩，卫生间的装饰重点应放在颜色与气味上。像拖鞋、踏垫等的颜色，可以选用与墙体颜色反差较大的色彩，或选用柠檬黄、海兰、浅粉红、象牙白等洁净清淡的颜色。去味的方法，芳香剂有效但不环保，最好选用一些香草或香花。香花可以提升卫生间的情趣，香草中可选含有让心情平静的香味及有治疗失眠之功效的香味。

(9)卫生间的照明　卫生间应尽可能地开设直接对外的窗户，以保证采光和通风。当采用人工照明时，应注意选用防水灯具，并保证照度均匀。

(10)卫生间的用品、用具的放置和收藏

1)只放置最小限度的必需品，不宜将卫生间兼作存放杂物的储物间。

2)所有的洗涤卫生用品应摆放整齐，用于刷牙、漱口的用具，一定要封闭于柜内。

3)清扫用具不宜明露在外。

4)毛巾、卫生纸等用品应用多少摆多少。

5)牙刷不宜放在漱口杯上，应放在专用的牙刷架上。电吹风用完收入柜内。

6)有窗的卫生间可以摆放绿色植物或挂画。

3. 主卫生间的配置

生活质量的提高，促进了卧室与卫生间的亲密接触，使得主卧室带主卫生间的套房卧室逐渐成为家居中常见布局。主卧室所配带的主卫生间一般是供家庭主人使用的，故称为主卫生间。主卫生间多数与主卧室毗邻，独享一个空间，并在家居装饰中投入较大的精力和投资。从住宅风水中的方便、安全、舒服和有利于健康来看，主卫生间的设置都应认真地加以考虑。主卫生间除了必须满足一般卫生间配置应注意的问题外，尚应处理好主卫生间与主卧室的风水关系。

1)主卫生间与主卧室毗邻，仅有一墙之隔，由于卫生间湿度较大，隔墙也较容易受湿，因此主卧室的床头不仅不宜靠卫生间布置，如图2-81所示，而且由于坐便器水冲的噪声过大，也就更忌床头靠卫生间坐便器处布置，如图2-82所示。

2)主卫生间的门不宜冲床，如图2-83所示。这是因为：

由于空气对流，卫生间的污秽及潮湿之气，容易直冲睡床，有碍健康。

水冲坐便器或洗澡时的较大水声，会影响休息。

半夜时一人如厕，卫生间的灯光直射床铺，会使同住者由于光线刺眼而影响睡眠。

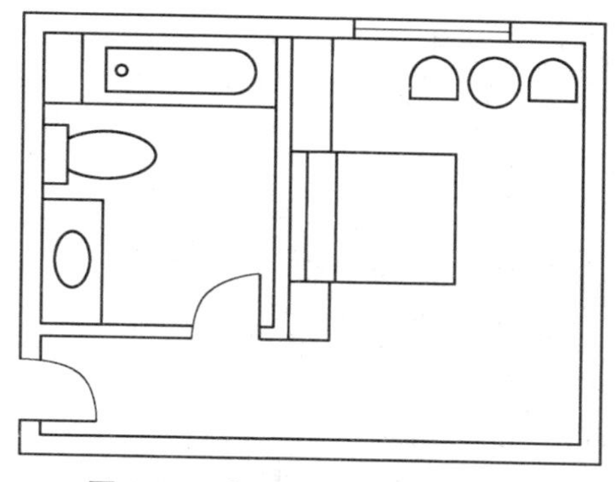

图 2-81　床头不宜靠卫生间布置

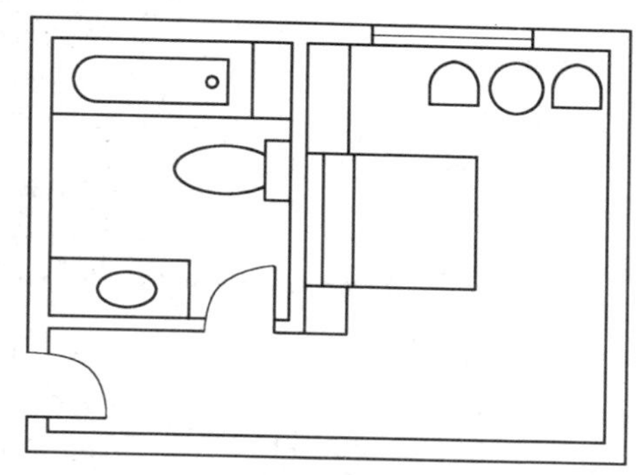

图 2-82　床头更忌靠卫生间坐便器处布置

主卫生间门的位置和开启方向，对主卧室的布置都会产生不小的影响，但由于有不少人对二者的关系缺乏足够的认识，特别是在片面追求时髦的驱使下，不仅把门直接冲床布置，更有甚者还把卫生间和主卧室之间采用落地的大玻璃隔断，使主卫生间呈半开放或开放式。这种做法表面上似乎可以改善卫生间的采光和通风，扩大了空间感，增加了主卧室和主卫生间的空间利用率，提高了生活情趣，甚至还被称为是一种新的创意，但其却会对主卧室形成严重的污染和干扰，从住宅风水的角度来看，有害人的身体健康，是不可取的。

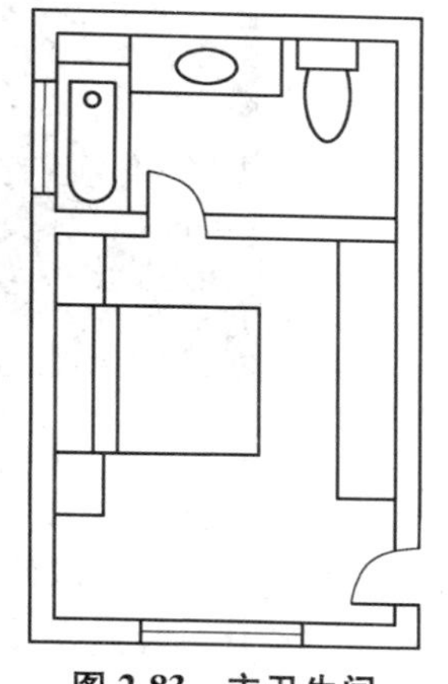

图 2-83　主卫生间的门不宜冲床

4. 卫生间的设计

卫生间功能的变化和条件的改善，是社会进步、文明发展的标志。现在许多家庭的卫生间早已经不仅仅是简单意义上的厕所了，人们越来越重视卫生间的装修装饰，一个美观、方便、实用而又清洁舒适安全的卫生间，对提高现代人的生活质量有着十分重要的作用，如图 2-84 所示。

(1)卫生间的基本功能构成

1)一个标准卫生间的洁具设备一般由三大部分组成：

洗面设备。替代了原始的洗脸盆，为家人提供盥洗的场所。大体上有悬挂式、立柱式和台式三类洗面器。

便器设备。目前的家用便器很少采用安全性较差的蹲便器，而坐便器也从分体式逐渐向连体式发展。

洗浴设备。提供洗浴清洁身体与保健保养身体功能的洗浴设备分为两大类：沐浴式(立式)，有普通淋浴间和可进行桑拿浴的蒸汽浴房；浴缸(坐卧式)，有普通浴缸与冲浪按摩浴缸两种。

图 2-84 超现代的卫浴空间

2)卫生间的形式。卫生间一般为一体式和分隔式两种。分隔式是把洗面设备与便器、沐浴设备分开以便于干湿分开。还有一些有条件的家庭可采用主、客分开的双卫生间,客卫一般只安装一个便器、面盆和淋浴器。主卫生间即与主卧室配套设置。

3)卫生间的给排水。一个标准卫生间一般应有 5 个进水点(三冷两热),4 个排水点,浴缸、面盆、便器各需一个排水孔、一个冷水进水管,浴缸、面盆还各需一个热水进水管,卫生间至少需设一个排水口(即地漏)。若在卫生间放置洗衣机,就需要考虑增加一个冷水龙头,洗衣机排水可以利用地漏排出。

(2)卫生间的布局

1)洁具的布局。卫生间的各种洁具的布局首先应以使用方便、并且在使用过程中互不干扰为原则,使用频率最高的放在最方便的位置。最常见、最简单、又是最合理的是把洗面器和洗浴器放在坐便器的两边,洗面器应离卫生间的门最近,而洗浴器则一般均在卫生间的最深处,如图 2-85 所示。

有条件时,应尽可能将洗面器部分与便器、洗浴器之间用隔墙分成内外间,外间洗脸,内间厕浴,方便使用。

2)卫生间与洗衣机。有些户型是在厨房里留了洗衣机的空间,而把洗衣机放在卫生间也为数不少。

当然洗衣机放在卫生间里也有它的方便之处,如洗完澡脏衣服可直接投入洗衣

图 2-85 功能合理的卫生间

机；但也有不利之处，主要是卫生间空气潮湿对洗衣机有影响。比较合理的做法是在卫生间旁边留出一个空间用来洗衣。

(3)卫生间的色彩

1)首先要考虑整个家居室内的装修风格，既要相协调又要具有变化和区别。还要根据主人的爱好确定。

2)从心理学角度，在寒冷的北方地区最好选择暖色调(如玫瑰红色等)，这样能给人以温暖的感觉；而南方地区宜选择冷色调(如宝石蓝、苔绿等)，在炎热时给人一丝凉爽。

3)从美学角度，空间小的卫生间宜采用浅色调，可以减少压抑感；对于比较宽敞的卫生间可以大胆地运用一些深色调，但要与洁具色彩搭配得当。

4)无论如何变化，白色永远是最适合的。目前选配白色贴花艺术的陶瓷卫生设备又成了一种新的潮流，如图 2-86 所示。

(4)卫生间的地面、墙面与天棚

1)地面。卫生间的地面要做好防水处理，地面材料最好选用具有防滑性能的瓷砖，如果用天然或人造大理石，就要有防滑措施，如铺设防滑垫。

2)墙面。墙面重要的是要防潮，最简单的方法是使用防水涂料，可谓物美价廉；贴瓷砖是最普通的做法，瓷砖不但美观、防水，而且还易于清洗。

图 2-86 纯白色的卫生间

3)顶棚。除了可用防水涂料外,还可以用塑料或铝塑板吊顶。

(5)卫生间的配置及尺寸

卫生间的面积是决定卫生间装修中配置设备的重要依据。为此要首先测量好卫生间的面积(它的长度、宽度、高度)。这是能否容纳和适合所选择的洁具设备的先决条件。另外一点就是要知道卫生间坐便器的排出口中心距墙的尺寸,这是决定能够安装什么样的坐便器的关键。

下面是几个洁具配置的参考方案:

Ⅰ型卫生间。大部分是老旧房子,过去的设计卫生间标准较低。由于面积较小,只能满足基本的清洁及排出功能,有人说是“温饱型”的卫生间,其面积一般为 $2\sim3m^2$。

Ⅱ型卫生间。近年来国内的住宅卫生间正在由“温饱型”向“文明型”发展,“文明型”的标准面积为 $4\sim7m^2$ 的空间,能满足人们的洗浴、洗脸、便溺、洗衣四种需要。

基本配置:

1)连体式坐便器 720mm×480mm×500mm(长×宽×高);

2)立柱式洗面器常用规格的洗面盆:根据空间大小制作适当的台面;

3)设淋浴用花洒,或设置一只长度不超过 1200mm 或长宽尺寸更小的坐式小型浴缸;

4)在远离淋浴处考虑置放洗衣机。

5)“主卫”的设计中,要着重体现家庭的温馨感,重视私密性;可以使用一些档次较高的装修材料,如大理石等天然石材、功能较高的卫生洁具等。材料色彩上一般应选择较为温馨可亲的暖色调。在布置中,可以繁复一些,多放置一些具有家庭特色的个人卫生用品和装饰品,如图 2-87 所示。

图 2-87 工艺简约不失品味,黑与白的极简世界

6)“客卫”的设计中,要重视与整套住宅的装修风格相协调,着重体现主人的个性。“客卫”装修材料的选择,主要以耐磨、易清洗的材料为主,不要放置太多的布艺制品,以免增加主人的工作量。色彩上,一般选择较为干净利落的冷色调。布置中,要体现干净利落的风格,所以空间中不要有太多杂物,也不一定要摆放绿色植物。

(6)卫生间中常用人体工学尺度　卫生间中常用人体工学尺度如图 2-88～图2-90 所示。

(7)卫生间的风格　现代家庭中卫生间不仅是清洁身体的地方,更是劳累了一天

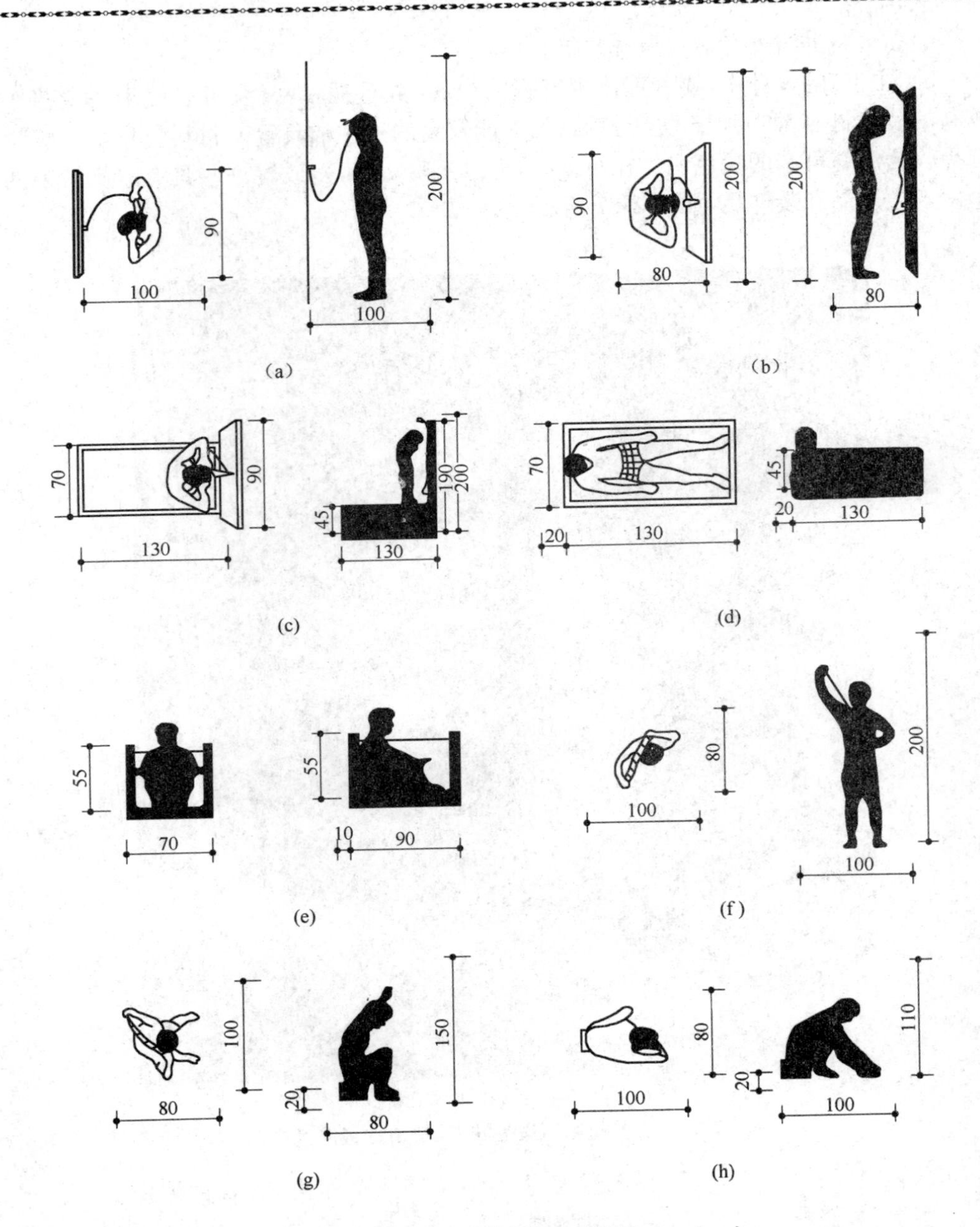

图 2-88 卫生间中常用人体工学尺度之一(cm)

(a)淋浴(手持喷头的情况) (b)淋浴(喷头挂于墙壁的情况) (c)在浴盆内淋浴 (d)躺式盆浴 (e)坐式盆浴 (f)站式搓背 (g)坐式搓背 (h)洗脚

的人们放松身心的港湾，所以除了洁净卫生以外，还应是张扬个性、满足个人趣味的空间，是使家人在洁身洗浴时感到温馨亲切、意趣盎然的场所。

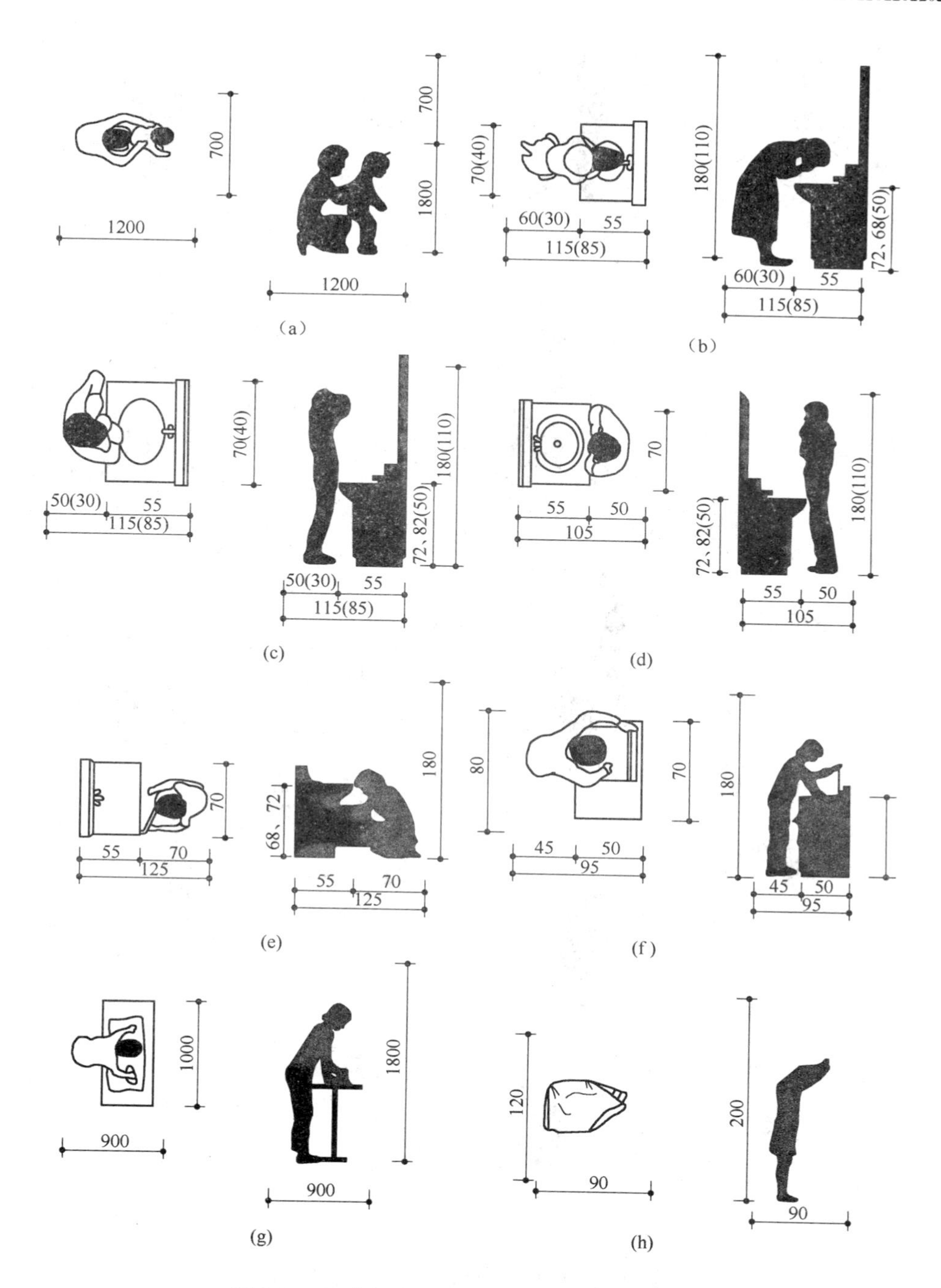

图 2-89　卫生间中常用人体工学尺度之二(cm)

(a)给儿童搓洗　(b)儿童洗脸　(c)梳理化妆　(d)刮胡子　(e)收存　(f)洗衣　(g)熨衣　(h)脱上衣

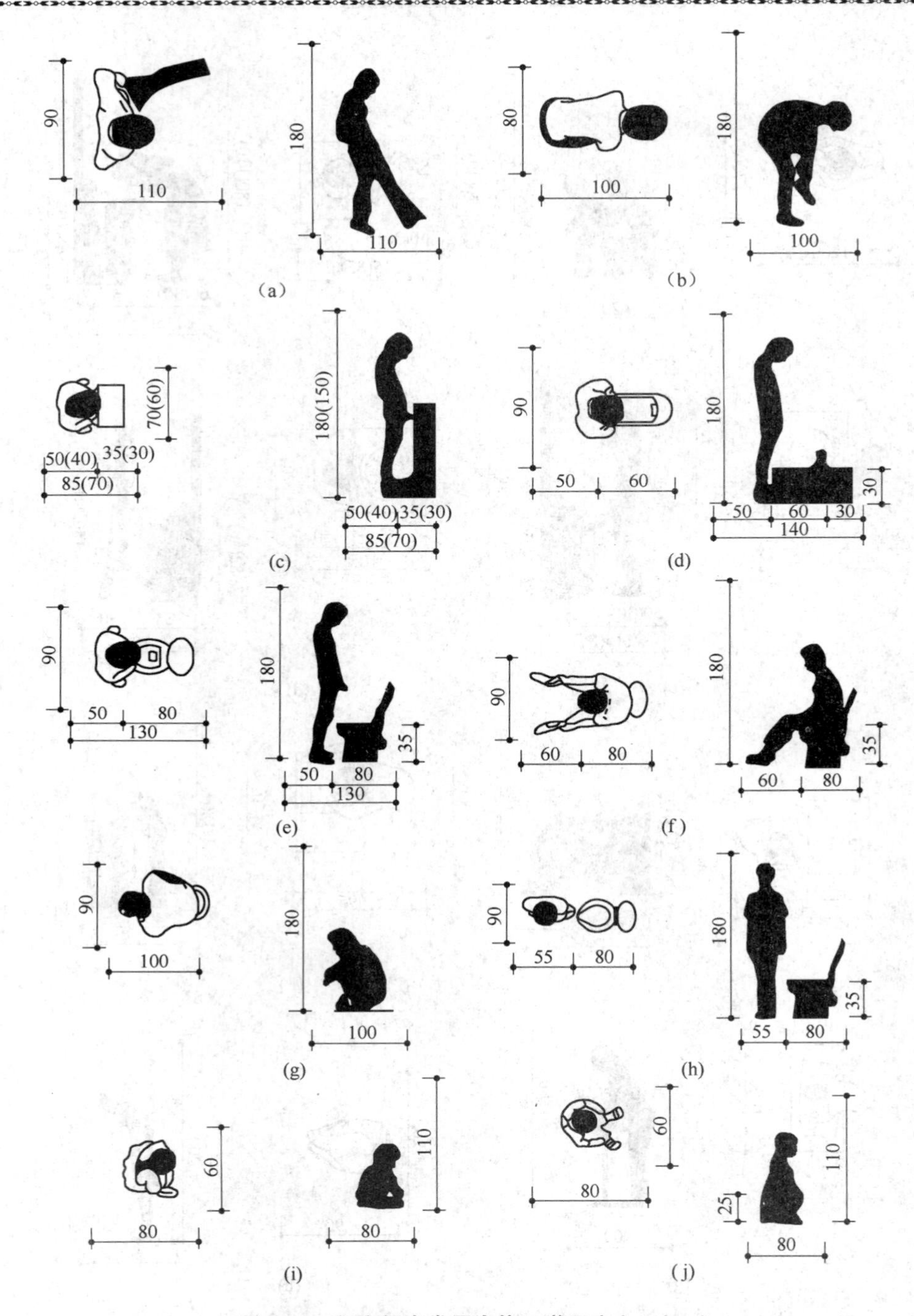

图 2-90 卫生间中常用人体工学尺度之三(cm)

(a)穿裤子 (b)穿、脱袜子 (c)小便(小便器,内为儿童使用时的数字) (d)小便(蹲便器) (e)小便(坐便器) (f)大便(坐便器) (g)大便(蹲便器) (h)坐便器前活动空间 (i)幼儿使用幼儿蹲便器 (j)幼儿使用坐便盆

1)现代风格。它不受空间大小的限制,只要选择的洁具设备线条简洁流畅,色彩明快,有时代气息,并与整体风格一致,就可以营造出温馨、雅致的现代气息。乳白色是现代风格卫生间的主调,洁静、素雅,可营造出冰清玉洁的沐浴氛围。为了让浴室有夏天的清凉色彩,也可以将四壁涂上颜色:天蓝色——清新自然,柠檬绿——舒爽惬意,淡粉色——温馨祥和,如图 2-91 所示。

图 2-91 现代风格的卫生间

2)新古典风格。只有在较大的卫生间才能表现出这种风格的豪华和典雅气质。从洁具设备到饰品都流露着高贵品质,图 2-92 所示。如宽大舒适的象牙白大理石浴缸,带着银色串珠边饰灯罩的螺旋水晶烛台,灰褐色或淡金色的波斯地毯……风格的划分不是绝对的,如果既喜欢现代的简约,又不愿舍弃古典的典雅,那么可以选择两种风格的混合运用,但必须主次分明,不宜烦琐,以免造成不伦不类的感觉。

3)乡村风格。卫生间内部装修选用原木拼合,装饰几片树叶、几束野花,返璞归真的自然气息可让家人忘记市井的喧嚣,得到充分休息,如图 2-93 所示。

4)日式风格。用浓郁的日式风格充盈卫生间,享受沉稳静谧的日本禅风,也是一种不错的选择。木桶形式的浴缸、东洋的造景装饰,使得在古朴自然的意境中,感受乡间温泉的舒适。

图 2-92 新古典风格的卫生间

图 2-93 乡村风格的卫生间

(8)卫生间的通风与采光

1)卫生间最好有直接对外的窗户,这样不仅有自然光,而且通风好,如图 2-94 所示。这时,要特别注意用有效的措施以确保浴室的私密性。窗台的高度最好开到 1.5m 以上,这样感觉较好。但是目前大多数卫生间都没有窗户,这就需要很好地利用灯光与排风设备。

2)一个标准卫生间必须安装排风扇,排风扇的位置要靠近通风口或安装在窗户上,以便直接将室内的混浊潮湿的气体排出。灯光一般只需一组主光源,安装于镜面

图 2-94 富有田园风格且窗户直接对外的浴室

上方，其他灯光处理最宜采用间接光或内藏光管、筒灯等，顶棚灯要根据空间的大小，它的理想位置最好能放在使用频率最多的洁具上方，经济较好的家庭，还可在出门处安装红外线烘干机。

3)卫生间照明的关键在于灯具的布置应能充分照亮整个房间，而且镜子不会眩目。在浴室中最好不采用投光灯、刺眼的老式灯具等。而壁灯、吊灯、玻璃罩灯或镜子两侧的条形灯座，都能为浴室提供悦目的光线。

4)卫生间照明安全第一。水与电是种矛盾的组合。因此，在卫生间里，绝对要比家中其他地方更注意照明设备的功能与安全性。墙壁上的开关要尽量安装在门外，只有拉启式的开头可以安装在浴室内。对于安装在浴缸或喷头周围的灯具，则要确定它们是绝对不透水的。同时还要检查所有灯具的防水性。可以尝试把花园与户外用的灯具安装在浴室里，因为它们也都是防水的。

5)在北方的卫生间要解决冬季的取暖问题，既可以安装暖风机，也可以安装一种价廉物美，集灯光、排风、取暖为一体的“浴霸”产品。

(9)卫生间空间利用 在卫生间中，坐便器和洗面器上方的空间是最易被忽略的。可以在此处装一排吊柜，收纳种类繁多的洗浴用品，这样一来，运用吊柜的储藏功能，将各种物品妥善归位，卫生间不但整洁大方，使用起来也更加方便了。吊柜形式多样，或为开放式的空格，或为封闭式的抽屉，以满足诸如存放毛巾、清洁用品、化妆品等物品的实用需要，如图 2-95 所示。

图 2-95　置物架不仅可当陈设,还有实用功能

九、阳台的设计

1. 阳台设计的材料选择

目前新建的很多住宅中,都有两个甚至三个阳台。在家庭的设计中,双阳台要分出主次。

1)与起居厅、主卧相邻的阳台是主阳台,功能以休闲为主,如图 2-96 所示。装修材料的使用同起居厅区别不大。较为常用的材料有强化木板、地砖等,如果封闭做得好,还可以铺地毯。墙面和顶棚一般使用内墙乳胶漆,品种和款式要与起居厅、主卧相符。

2)次阳台一般与厨房相邻,或与起居厅、主卧外的房间相通。次阳台的功能用途主要是储物、晾衣等。因此,这个阳台装修时封闭与不封闭均可。如不作封闭时,地面要采用不怕水的防滑地砖,顶棚和墙壁采用外墙涂料。为了方便储物,次阳台上可以安置几个储物柜,以便存放杂物。

3)材料要内外相融。阳台的装修既要与家居室内装修相协调,又要与户外的环境融为一体,可以考虑用纯天然材料(包括毛石板岩、火烧石、鹅卵石、石米等未磨光的天然石)。天然石用于墙身和地面都是适合的。为了不使阳台装修感觉太生硬,还可以适当使用一些原木,最好是选择材质较硬的原木板或木方,有条件的话可以用原

图 2-96　有别于居室的户外空间

木做地面，能有很舒适的效果，但原木地面要求架空排水。宽敞的阳台可以用原木做条形长凳和墙身，使阳台成为理想的休息场所，如图 2-97 所示。

4)阳台的灯。灯光是营造气氛的重要元素，过去很多家庭在阳台上装一盏吸顶灯。其实阳台可以安装吊灯、地灯、草坪灯、壁灯，甚至可以用活动的仿煤油灯或蜡烛灯，但要注意灯的防水功能。

2. 阳台的绿化和美化

(1)阳台绿化的作用　对于讲究生活质量、注重家居整体风貌的都市居民来说，阳台的绿化和美化已成为家居的重要内容。阳台的绿化除了能美化环境外，还可缓解夏季阳光的照射强度，降温增湿、净化空气、降低噪声，营造健康优美的环境。在对阳台进行绿化的同时，享受田园乐趣，陶冶性情，丰富业余生活。

图 2-97 用天然石材做的墙身不仅能摆放花盆还能作为休息之用的靠椅

不同的阳台类型与不同的动植物材料，能形成风格各异的景色。比如，为突出装修效果，形成鲜明的色彩对比，可用暖色调的植物花卉来装修冷色调的阳台，或者相反，使阳台花卉更加鲜艳夺目。而向阳、光照较好的阳台应以观花、花叶兼美的喜光植物来装饰。而背阴，光照较差的阳台则以耐阴喜好凉爽的观叶植物装饰为宜。

(2)阳台绿化的几种形式

1)悬垂式。悬垂式种植花卉是一种极好的立体装饰。有两种方法，一是悬挂于阳台顶板上，用小巧的容器栽种吊兰、蟹爪莲、彩叶草等，美化立体空间；二是在阳台围栏沿上悬挂小型容器，栽植藤蔓或披散型植物，使它的枝叶悬挂于阳台之外，美化围栏和街景。采用悬挂式可选用垂盆草、小叶常春藤、旱金莲等。

2)花箱式。花箱一般为长方形,摆放或悬挂都比较节省阳台的面积和空间。培育好的盆花摆进花箱,将花箱用挂钩悬挂于阳台的外侧或平放在阳台围墙的上沿。采用花箱式可选用一些喜阳、分枝多、花朵繁、花期长的耐干旱花卉,如天竺葵、四季菊、大丽花、长春花等。

3)藤棚式。在阳台的四角立竖竿,上方置横竿,使其固定住形成棚架;或在阳台的外边角立竖竿,并在竖竿间缚竿或牵绳,形成类似的棚栏。将葡萄、瓜果等蔓生植物的枝叶牵引至架上,形成荫棚或荫篱,如图 2-98 所示。

图 2-98　鸟语花香的藤棚式露台

4)藤壁式。在围栏内、外侧放置爬山虎、凌霄等木本藤植物,绿化围栏及附近墙壁,如图 2-99 所示。

5)花架式。是普遍采用的方法,在较小的阳台上,为了扩大种植面积,可利用阶梯式或其他形式的盆架,将各种盆栽花卉按大小高低顺序排放,在阳台上形成立体盆花布置。也可将盆架搭出阳台之外,向户外延展空间,从而加大绿化面积也美化了街景。但应注意种植的种类不宜太多太杂,要层次分明,格调统一,可选用菊花、月季、仙客来、文竹、彩叶草等。

6)综合式。将以上几种形式合理搭配,综合使用,也能收到很好的美化效果,在现实生活中多应用于面积较大的露台,如图 2-100～图 2-103 所示。

在阳台上种植花草也要适量,切不可超过阳台的负荷形成不安全的隐患。

图 2-99　藤壁式阳台

图 2-100　综合式布置露台之一

图 2-101　综合式布置露台之二

图 2-102　综合式布置露台之三

图 2-103 综合式布置露台之四

第三章　新农村住宅室内装修施工图的识读

住宅室内装修施工前，应认真阅读住宅室内装修施工图的各项要求。

一、平面布置图的识读

1. 识读顺序和要点

识读装修平面布置图应抓住面积、功能、装饰面、设施以及与结构的关系等五个要点，具体顺序如下。

1)识读住宅室内装修平面图要先看图名、比例、标题栏，认定该图是什么平面图。再看建筑平面基本结构及其尺寸，待到把各房间名称、面积，以及门窗、走廊、楼梯等的主要位置和尺寸了解清楚后，再阅读建筑平面结构内的装修结构和装修设置的平面布置内容。

2)通过对各房间和其他空间主要功能的了解，明确为满足功能要求所配置的设备与设施种类、规格和数量，以便制订相关的购买计划。

3)要注意区分建筑尺寸和装饰尺寸。在装饰尺寸中，要分清其中的定位尺寸、外形尺寸和结构尺寸。

4)由于为了避免在平面布置图上重复，同样的尺寸往往只代表性地标注一个，识读图时要注意将相同的构件或部位归类。

5)通过平面布置图上的投影符号，明确投影面编号和投影方向，并进一步查出各投影方向的立面图。

6)通过阅读文字说明，了解设计对材料规格、品种、色彩和工艺制作的要求，明确各装修面的结构材料与饰面材料的关系与固定方式，并结合面积做材料计划和施工安排计划。

7)通过平面布置图上的剖切符号，明确剖切位置及其剖视方向，进一步查阅相应的剖面图。

8)通过平面布置图上的索引符号，明确被索引部位及详图所在位置。

9)了解以建筑平面为基准的定位尺寸是确定装修面或装饰物在平面布置图上位置的尺寸。在平面图上必须找到需两个定位尺寸才能确定一个装饰物的平面位置。

10)熟悉装修面或装饰物的平面形状与大小、外形尺寸、装修面或装饰物的外轮廓尺寸。

2. 识读举例

现以图 3-1 为例，该图为某商品房平面布置图。

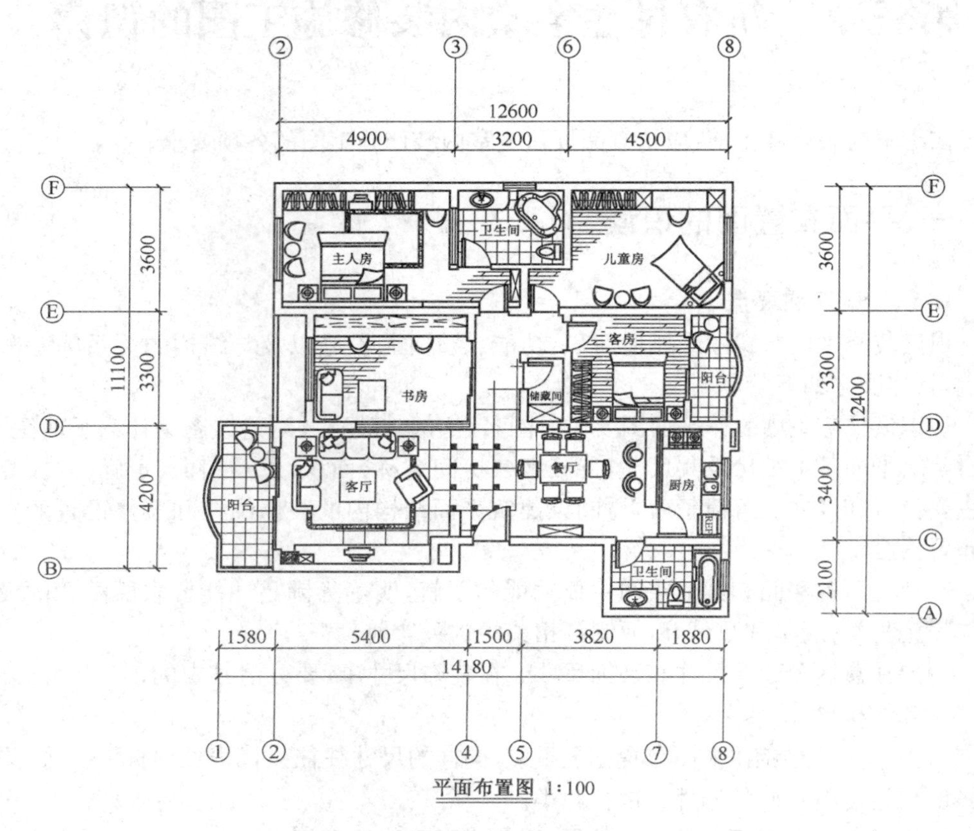

图 3-1　平面布置图

图中轴线④～⑤之间为该户型的入户门，入门后左侧是客厅，位于轴线②～④之间，进深为 5.4m，开间为 4.2m；右侧是餐厅，位于轴线⑤～⑦之间，进深为 3.82m，开间为 3.4m；位于轴线④～⑤与轴线Ⓓ～Ⓔ为客厅和餐厅通往书房及卧室的过道，宽度为 1.5m，长度为 3.0m。以上三个空间为公共空间。也是室内装饰的重点空间。地面瓷砖设有拼花。

位于轴线Ⓓ～Ⓔ之间、紧邻客厅的空间是书房。进深为 4.5m；开间为 3.3m；位于轴线②～③之间、与书房相邻的空间是主人房，进深为 4.9m，开间为 3.6m。

位于轴线Ⓓ～Ⓔ之间、与餐厅相邻的是客房，进深为 3.34m，开间为 3.3m。位于轴线⑥～⑧之间、与客房相邻是儿童房，进深为 4.5m，开间为 3.6m。

以上四个空间为私密空间，地面材料为木地板。

其余空间为厨房、卫生间与阳台，从图上可以看出其地面瓷砖规格明显小于公共空间，应铺设防滑材料。

二、顶棚平面图的识读

1. 识读顺序和要点

1)应先看清楚顶棚平面图与装修平面图各部分的对应关系,核对顶棚平面图与装修平面图在基本结构和尺寸上是否相符。

2)如有逐级变化的顶棚,要分清它的标高尺寸和线型尺寸,并结合造型平面分区线,在平面上建立起三维空间的尺度概念。

3)通过顶棚平面图上的索引符号,找出详图对照着识读,弄清楚顶棚的详细构造。

4)通过顶棚平面图上的文字标注,了解顶棚所用材料的规格、品种及其施工要求。

5)通过顶棚平面图,了解顶棚灯具和设备设施的规格、品种与数量。

2. 识读举例

从图 3-2 中可以看到几个不同的标高,按顺序分别是 2.8m、2.55m、2.65m、2.6m、2.5m。

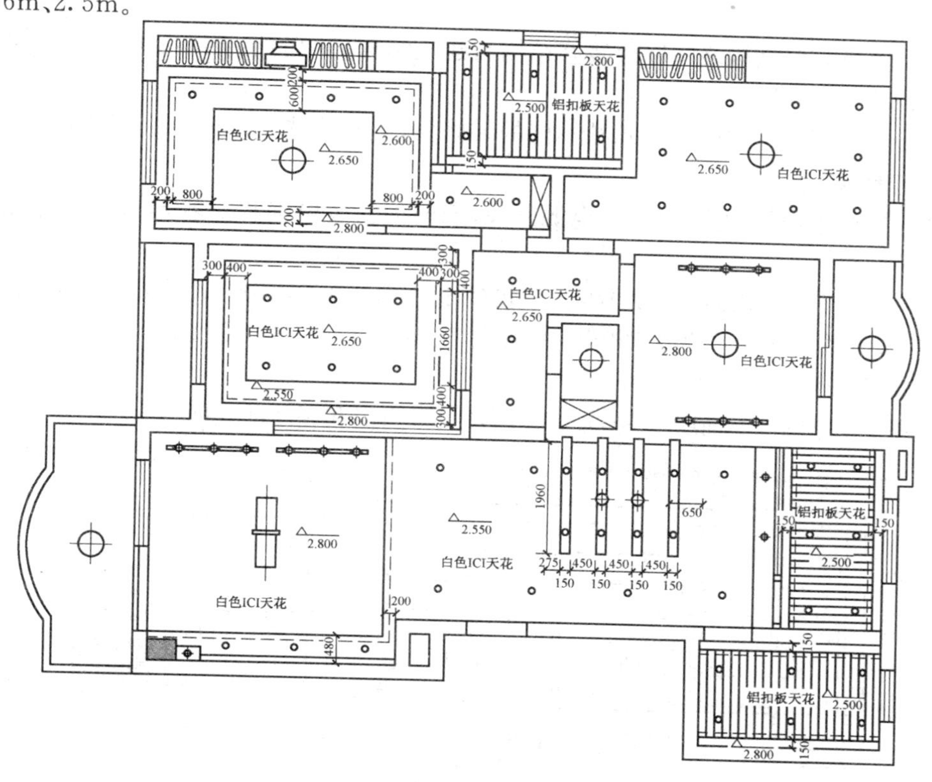

顶棚平面图 1:100

图 3-2　顶棚平面图

在客厅的顶棚上有一个层级内藏灯带(用虚线表示),正中间布置一盏造型吊灯。餐厅设计有两个标高,分别是 2.55m 和餐桌上方的四个凹槽标高 2.65m,图纸上凹槽标有尺寸大小与间隔距离。在每个凹槽中各有两个 40W 筒灯,在第二条与第三条凹槽的正中间多了两盏吊灯。卧室、书房的读图方法与之相同。

有关顶棚的剖面详图即标明在施工图上。

在顶棚平面图上还标明了所用材料和颜色要求。

三、立面图的识读

1. 识读顺序和要点

1)首先应看清楚住宅室内装修立面图上与该工程有关的各部尺寸和标高。

2)阅读住宅室内装修立面图时,要结合平面图、顶棚平面图和该住宅室内其他立面图对照阅读,明确该室内的整体做法与要求。

3)通过图中不同线型的含义,搞清楚立面上各种装修造型的凹凸起伏变化和转折关系。

4)熟悉装修结构之间以及装修结构与建筑结构之间的连接固定方式,以便提前准备预埋件和紧固件。

5)弄清楚每个立面上有几种不同的装修面,以及这些装修面所选用的材料与施工工艺要求。

6)要注意设施的安装位置,电源开关、插座的安装位置和安装方式,以便在施工中留位。

7)立面上各装修面之间的衔接收口较多,这些内容在立面图上表示得比较笼统,多在节点详图中详细表明。要注意找出这些详图,明确它们的收口方式、工艺和所用材料。

2. 识读举例

图 3-3 是图 3-1 轴线②～⑦之间的客厅、入户门和餐厅的立面图。

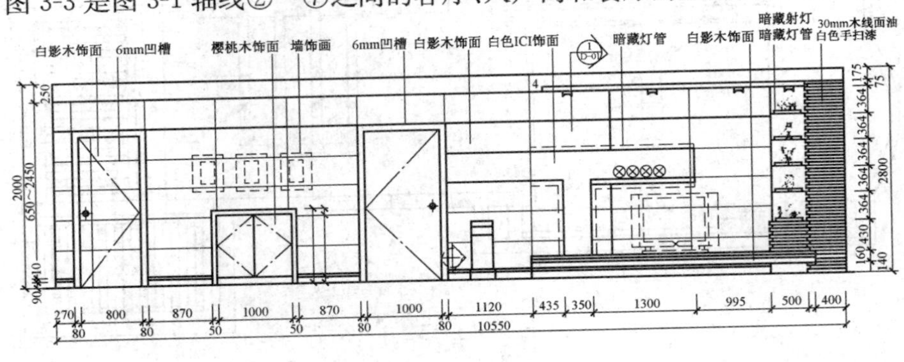

立面图 1:50

图 3-3 立面图

从图 3-1 中可以看到轴线②～⑦之间的平面形状和尺寸，墙面所使用的材料、颜色、尺寸规格和部分家具高度。同时也标明了踢脚线高度和用料。

在图 3-2 中还可以看到顶棚的剖面形式、尺寸和用料。

四、剖面图的识读

1. 识读顺序和要点

1)识读住宅室内装修剖面图时，首先要对照平面布置图，观察剖切面的编号是否相同，了解该剖面的剖切位置和剖视方向。

2)阅读住宅室内装修剖面图要结合平面布置图和顶棚平面图进行，才能全方位地理解剖面图所示内容。

3)要分清建筑主体结构的图像、尺寸和装修结构的图像、尺寸。当装修结构与建筑结构所用材料相同时，它们的剖断面表示方法应该是一致的。要注意区分，以便进一步了解它们之间的关系。

4)通过对剖面图中所示内容的识读，明确装修工程各部位的构造方法、构造尺寸、材料要求与工艺要求。

5)住宅室内装修造型变化多，模式化的做法少。作为基本图的装修剖面图只能表明原则性的技术构成，具体细节还需要通过详图来补充表明。因此，在阅读住宅室内装修剖面图时，还要注意按图中索引符号所示方向，找出各部位节点详图，不断对照。掌握各连接点或装修面之间的关系，以及包边、盖缝、收口等细部的材料、尺寸和详细做法。

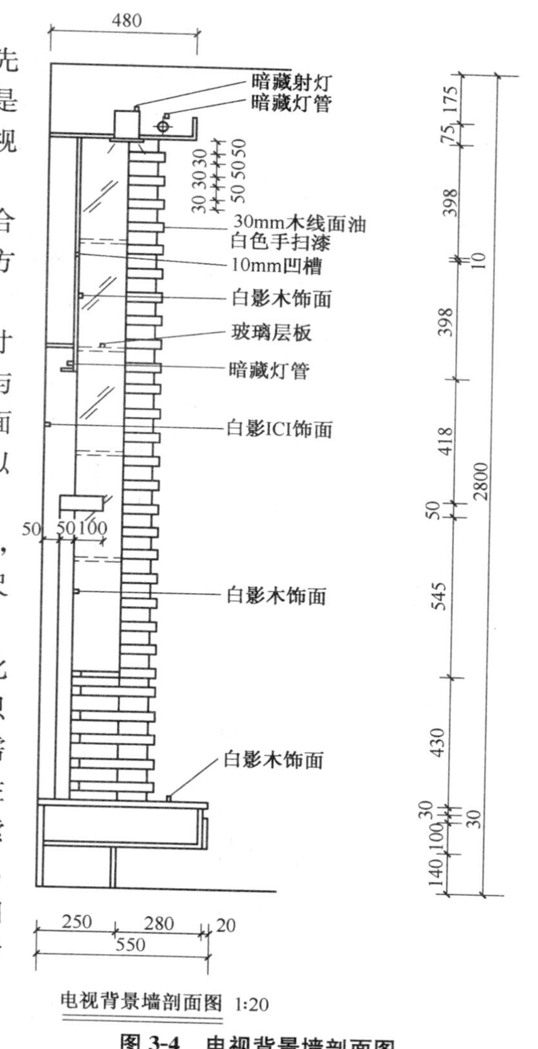

图 3-4　电视背景墙剖面图

2. 识读举例

图 3-4 是电视背景墙的剖面图，它是根据索引符号(1/D-01)所指，在平面图中位于轴线②～④之间，剖切后向左投影而得的剖面图，与电视背景墙立面图(图 3-3)相对应。阅读时应注意复核三图之间各个部位的

尺寸标注是否相同。

从图中可以了解电视背景墙各部位的构造方法、尺寸、材料、颜色和工艺要求。

五、详图的识读

1. 识读顺序和要点

识读装饰构配件详图时，应先看详图编号和图名，弄清楚该详图是从哪幅图中索引而来的。有的构配件详图单独有立面图和平面图，也有装修构配件图的立面形状或平面形状及其尺寸就在被索引图样上，不再另行画出。因此，阅读时要注意配合被索引图进行周密的核对，了解它们之间在尺寸和构造方法上的关系。通过阅读，弄清楚各部件的装配关系和内部结构，紧紧抓住尺寸、详细做法和工艺要求三个要点。

2. 识读举例

图 3-5 是书房推拉门的详图，由立面、节点剖面及技术说明等组成。从图中可以了解该图主要有构配件的形状、详细材料图例、构配件各部分所用的材料名、规格、颜色以及工艺做法等要求。

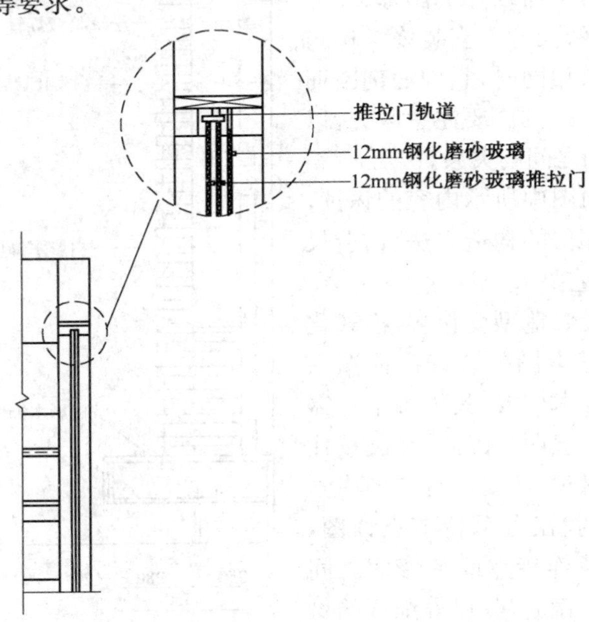

图 3-5 书房推拉门剖面详图

第四章 新农村住宅室内装修的预算编制

工程预算是住宅室内装修合同的重要组成部分。编制预算就是以业主所提出的施工内容、制作要求和所选用的材料、部品件等作为依据，来计算相关费用。

由于缺乏统一的规范标准，各家装修公司编制工程预算的做法也各不相同。比如，编制预算的内容、表述的方式往往不同，特别是材料损耗的计算系数和报价口径各异。以地板为例，有的按地板成品面积报总价，有的按地板龙骨、地板、涂料、地板钉、油漆分别计价。再以预算表述项目分类举例，有的按项目部位分，如按起居厅、餐厅、主卧室、书房、厨房、卫生间和阳台分别计算所需的材料和人工费；有的则打统账，仅仅计算木材多少、墙地砖多少、油漆多少等等。

预算是装修合同履约的重要内容，涉及合同双方的利益，不得马虎。因此，编制预算首先要做到尽量规范。目前行业内比较规范的做法是要求以设计内容为依据，按工程的部位，逐项分别列编材料（含辅料）、人工、部品件的名称、品牌、规格型号、等级、单价、数量（含损耗率）、金额等。人工费要明确工种、单价、工程量、金额等。这样既方便双方洽谈、核对费用，也可以加快个别项目调整的商谈确认速度。

其次，业主在确认预算前，应该做到心中有数。应该在事先对装修市场进行一定的了解，如果业主无暇细察，则可以选取主要的材料进行了解。

一、预算编制的步骤

编制装修工程预算一般按以下步骤进行：

1）编写说明。说明内容包括工程概况、预算编制依据及有关事项等。

2）确定分项工程名称。根据业主提供的装修工程设计图纸或装修要求、装修现场情况等，参照《全国统一建筑工程基础定额》及《设备安装工程预算定额》确定装修工程所施工的分项工程名称。

3）计算工程量。按《建筑工程量计算规则》及《设备安装工程量计算规则》，逐个计算各分项工程的工程量。

4）计算人工费。将分项工程名称及相应工程量填入人工费计算表中，查取定额得出各分项工程的综合工日定额，计算出各分项工程的工日数，确定工日单价，计算出各分项工程的人工费。

5）计算材料费。将分项工程名称及相应工程量填入材料费计算表中，查取定额得出各分项工程的材料定额，计算出各分项工程的材料用量，确定材料单价，计算出各分项工程的材料费。业主自购材料不列入计算表中。

6)计算机械费。将分项工程名称及相应工程量填入机械费计算表中,查取定额得出各项工程机械台班定额,计算出各分项工程的机械台班数,确定机械台班单价,计算出各分项工程机械费。

7)计算各种费用。将人工费、材料费与机械费相加得出直接费;将人工费乘以其他直接费费率得出其他直接费;将人工费乘以间接费费率得出间接费;将人工费乘以计划利润率得出计划利润;将不含税工程造价(直接费、其他直接费与计划利润之和)乘以税率得出税金。将直接费、其他直接费、计划利润与税金相加即为装修工程总费用。

8)预算审核。装修工程预算编制完成后装订成册,先送装修公司签字同意后,再送业主审核。

二、住宅室内装修的预算

1. 住宅室内装修中的总造价

装修中的总费用=主材费+辅助材料费+人工费+设计费+管理费+税金

其中:主材费是指在装修施工中按施工面积或单项工程涉及的成品和半成品的材料费;辅助材料费是指装修装饰施工中所消耗的难以明确计算的材料费;人工费是指整个工程中所耗的工人工资等;设计费是指工程的测量费、方案设计费和施工图纸设计费;管理费是指装修企业在管理中所发生的费用;税金是指企业在承接工程业务的经营中向国家所交纳的法定税金。

2. 住宅室内装修预算方法

住宅室内装修一般分为包工包料和包清工两种形式。

住宅室内装修造价的估算一般有两种方法:

直接费用+(直接费用×综合系数)=总造价

其中:直接费用包括材料、设备辅料、运费和人工费。市内运费一般为1.5%,人工费一般1工日约为50~80元。综合系数包括利润、各种施工收费、税金,一般为20%左右。其中税金约3.8%,管理费约7%~10%。假如:直接费用为5万元,综合系数为20%,则总造价=50000+(50000×20%)=60000元。

上述的计算方法属于装修公司惯用的“透明报价”,即每一样材料的单价不超过市场指导价。这对于那些要求高档装修的人士很重要,假如100万元的装修总费用,相差一两个百分点就是上万元的价差。但较多数的装修公司是采用比较简单的方法,即总造价=材料费+人工费。

Σ单项工程包工包料造价=总造价

假如:乳胶漆的材料费加人工费为18元/m^2,所要涂刷的面积为150m^2,那墙面工程的单项工程价就等于2700元,将各项工程的单项造价逐一算出,然后相加,其总和就是总造价。

如果由业主自己提供材料或设备，则应扣除相应的材料款或设备款。住宅室内装修造价估算，一般采用包工包料的方法比较多，特殊装修的价格另议。

价格经双方协商同意后就可以签订装修合同书，在合同中要注明总造价，如发生变更，则另做增、减账处理。

3. 细读装修报价

对于装修，人们最关心的除了质量，就是价格了。签订装修合同时，装修公司都要附上一份装修预算单。一项装修工程涉及的工程项目及材料很多，有些装修公司只简单列出大项，内容不够详尽，而日后发生的纠纷往往就因这不详尽的报价而产生。另外，不详细的报价也为一些不规范的装修公司留下了可乘之机。

一般来说，装修预算单中有伸缩余地的，或者说易掺水分的主要在以下几个方面。

(1)材料规格　一份详细的装修工程预算单，应将使用材料的品牌、规格、单位、单价、数量、合计金额全部列入预算单内。但装修市场上有些装修公司只把品牌、单价及合计金额列出，规格和数量忽略不计。不写清规格这种情况，是预算单中最常出现的问题之一。有些材料规格不同，价格差异很大。

如包门套一项工程，所使用的门套木线的宽窄、造型都有很大区别。如果装修公司交给你的预算单只写门套木线单价多少、用多少米、总计多少金额，是不全面的，应写清其宽度、何种造型、用什么底板和面板。才能算得上是一项完整的预算。

(2)施工工艺　有些施工项目有几种或更多施工做法。做法不同，价格自然也有很大差异。只写贴瓷砖多少钱、刷涂料多少钱，便不够清楚。不同的施工工艺所涉及的主料、辅料的种类和数量会有所不同。不写清楚，一方面价格有伸缩余地，一些不正规的装修公司有可能按这种施工工艺收费，实际却用了另一种简单做法；另一方面，在施工过程中，业主也没有了监督施工的依据。

如涂刷工程，墙面漆涂刷工程的施工做法很多。墙面裂缝的处理就有绷带、白布、牛皮纸、报纸等材料可以适用，不同用材效果自然也不一样，当然价格也是有差异的了。用什么品牌的腻子，腻子刮几遍，用料量及效果也不一样。是否刷纯酸清漆防返碱，有无此道工序效果自然不同。

每项工艺做法都会使成本发生变化，水分往往就是掺在这里的。所以一个完整的预算单应写清楚基础如何处理，是否套底漆、是否套胶，刷不刷纯酸清漆、腻子刮几遍、漆刷几遍，而不能只简单写，比如仅写“立邦漆美得丽 18 元/m^2”。

(3)损耗量计算　施工中材料是会发生损耗的，所以购料时要在实际用量中加入损耗部分。体现在报价中，这部分数量是含在单价中的。而有些预算单中，材料总额后又另加上 10%损耗费，实际上是重复计费了。业主应对此有所警惕。

另外，任何工程基本损耗不会超过 10%，如果发现超过此比例，应请装修公司给予合理解释。

(4)装修预算单越详细越好　一份填写详尽的预算单对装修公司和业主都有好

处。对于业主来讲，详细的预算单里，不仅有价格的来龙去脉，而且明确写出的施工做法，使对装修完全是外行的业主在施工时也能自己监督施工。

对于装修公司来说，省去了日后施工中业主对某个项目反悔或不认可的麻烦，有事前写清的预算单，装修公司也会省去很多麻烦。

各种档次装修常用的装修材料见表 4-1。

表 4-1 各种档次装修常用的装修材料

材料	经济型	普通型	豪华型
家具	仿木纹防火板贴面或贴木纹纸	贴木纹防火板或贴木薄皮夹板	名贵木材或高档花式夹板贴面
石材	水磨石、人造大理石、碎拼大理石	大理石	高档大理石、玉石、水晶石、玛瑙石、花岗石
地面	瓷砖、马赛克拼木地板、水磨石、涂料等	普通天然石材和木材、石英砖、瓷砖、地毯等	名贵石材和木材、高档地毯
天花	通常不吊顶	部分吊顶或吊假顶	通常吊二级顶、造型讲究
线条	普通木线材、刷乳胶漆或手扫漆	PV 或石膏花线以及高档木线	通常用原木电脑刻花线条、刷清漆
灯具	普通灯具	名牌灯具或普通灯具	水晶吊灯、名牌灯具、最新款式灯具
木线做法	在木板上线	在板面钉凸木线	用做“凹池”方法
窗帘	竹帘、纸帘、塑料百叶帘	贵族帘、罗马帘	纤维帘

4. 装修报价应注意事项

报价要能表示出每个项目的尺寸、做法、用料(包括品牌、型号或规格)、单价及总价。必须提供详细的做法、材料及样板。

要留意业主所要求的装修项目是否漏报。

业主的住房状况，对装修施工报价也影响甚大，这主要包括：

1)地面。无论是水泥抹灰还是地砖的地面，都须注意其平整度，包括单间房屋的以及各个房间地面的平整度。平整度的优劣对于铺地砖或铺地板等装修施工单价有很大影响。

2)墙面。墙面平整度要从三个方面来度量，两面墙与地面或顶面所形成的立体角应顺直，两面墙之间的夹角要垂直，单面墙要平整、无起伏、无弯曲。这三方面与地面铺装以及墙面装修的施工单价有关。

3)顶面。其平整度可参照地面要求。可用灯光试验来查看是否有较大阴影，以明确其平整度。

4)门窗。主要查看门窗扇与柜之间横竖缝是否均匀及密实。

5)厨卫。注意地面是否向地漏方向倾斜;地面防水状况如何;地面管道(上下水及煤、暖水管)周围的防水;墙体或顶面是否有局部裂缝、水迹及霉变;洁具上下水有无滴漏,下水是否通畅;现有洗脸池、坐便器、浴池、洗菜池、灶台等位置是否合理。

5. 如何核定装修公司的预算书

详细的预算,是与图纸相对应的。应在审核预算前审核图纸是否准确。图纸如果不准确,预算也肯定不准确。

图纸上所绘制的每项将要发生的工程,都会在预算书上体现。

主要材料的品牌及型号、种类也会在图纸及预算书上标识。

一些未在图纸上出现的工程,如线路改造,灯具、洁具的拆除及安装也会在预算书上体现。业主可根据图纸上的具体尺寸核定预算。

业主要核定一下预算中所有的工程项目是否齐全。

图纸与预算尺寸应一致,业主需参照图纸核对预算书中各工程项目的具体数量。

材料和工艺说明要具体。特殊情况应有特别预算。

大面积的墙面裂缝处理是要另行收费的。

地砖拼花的费用通常也是结算时才提出来的。

预算中关于水路、电路的改造费用通常是先预收一小部分,竣工时再按实际发生的数量进行结算。

6. 常用建材价格分析

(1)地面装修材料

1)陶瓷地砖的价格分析。釉面砖单价约合 30 元/m²,通体砖约合 50 元/m²。目前国产地砖,价格最高的可达每平米 300 多元。陶瓷地砖的铺装辅助材料费及人工费较低,大约为 30 元/m²。铺装陶瓷地砖前应留出 10%～15%的耗费量。

2)地面涂料的价格分析。地面涂料是非常经济的地面装修材料,如价格较高的环氧树脂类涂刷两遍的价格为 13 元/m²,加上基层处理及人工费用等,总造价在 30 元/m²。

3)地毯的价格分析。地毯的品种多,价格差异极大,其中纯毛地毯最贵,混纺地毯和化纤地毯在 30～200 元/m² 之间。

4)复合木地板的价格分析。复合木地板国产产品的价格约在 90～120 元/m² 之间,进口的品牌价格在 130～300 元/m² 之间。复合木地板的安装方法简便,经销商的价格中都含有辅助材料费及施工人工费,因此可以让其免费安装。如不能让经销商免费安装,请施工单位安装的费用为 10～20 元/m²。

5)实木地板的价格分析。实木地板的价格主要是由三个因素决定:首先是树种,再就是规格大小,最后是产品的质量。目前市场中樱桃木 900mm×90mm×18mm 素板价格在 140 元/m² 左右,漆板价格在 180 元/m²左右。实木地板的工价,还取决于铺装方法。实铺方法辅料及人工费为70元/m^2左右，而空铺方法辅料及人工费在110元/m^2左右。现在市场上有许多新型的产品，可以直接铺装在找平的水泥地板上。这种地板铺设的工价可参照复合木地板，一般在10～20元/m^2之间。

6)石材板材的价格分析。石材板材的价格差异很大，国产的400mm×400mm花岗岩板材，价格为200元/m^2左右，规格越小，价格越低。石材板材的颜色也对价格有很大影响，颜色深而纯正的红、黑品种价格大大高于一般品种。大理石板材的价格大约为花岗岩板材的70%左右。

7)塑料地板的价格分析。塑料地板一般在20～30元/m^2。

(2)顶面装修材料

1) PVC吊顶型材的价格分析。PVC吊顶型材是非常经济的吊顶材料，板材价格在20～30元/m^2。PVC型材的安装费、辅助材料及人工费大约为30元/m^2。

2)纸面石膏板的价格分析。一张标准规格1200mm×2400mm×9mm纸面石膏板，普通型的价格在25～30元。

3)装修灯具的价格分析。吸顶灯的价格从几十元到数百元不等，选择300元左右的就能满足装修要求，家庭经济条件优越的可适当提高档次。

(3)墙面装修材料

1)壁布的价格分析。国产壁布每延长1m的价格在30～110元之间，进口壁布每延长1m高出20～30元。辅助材料和人工费，每延长1m的价格在20元左右。

2)壁纸的价格分析。壁纸的价格差异很大，进口壁纸同国产壁纸相差1.5～3倍，国产壁纸每卷实际数量为5.3m^2，国产壁纸每卷价格在30～70元之间。在实际粘贴中，壁纸存在10%～17%的合理损耗。壁纸的辅料及人工费在20元/m^2左右。

3)玻璃材料的价格分析。平板普通玻璃产品质量及玻璃厚度不同则价格不同。5mm优质平板玻璃价格在40元/m^2左右。玻璃加工制品的价格差距较大。玻璃砖价格随规格及花色图案的不同而不同，一般在200～300元/m^2之间。辅助材料及人工费用根据墙体面积及安装施工方法不同而有区别，一般在60～200元/m^2之间。

4)护墙装修板的价格分析。进口护墙板约为100～140元/m^2，木质企口条状装修板价格在150～180元/m^2之间。国产的护墙板价格比进口的同类产品低40～70元/m^2。护墙板安装的辅助材料及人工费用大约10～20元/m^2，绝大部分经销商都可免费安装。

5)木材的价格分析。大芯板由于质量不同，所以价格差异很大。手工板的价格在每张40～60元，机制板价格在每张80～150元，贴面芯板根据面层材料不同而不同，价格一般在每张180～250元之间。大芯板为统一规格，均为2440mm×1220mm×18mm，价格差异主要体现在内部材质及密实程度。贴面板的规格一般为2440mm×1220mm×3mm，目前市场批量价格为水曲柳每张在50～70元，榉木三夹板每张在80～110元。

6)轻钢龙骨隔断墙的价格分析。轻钢龙骨隔断墙是一种比较经济的墙体隔断。

龙骨的长度规格一般为 3m，有 75mm、100mm 等宽度规格。每根价格在 12～20 元。纸面石膏板每标准张(2400mm×1200mm)价格在 22～30 元。加上辅助材料费用及人工费用，一般轻钢龙骨隔断墙的装修价格在 290～150 元/m^2。

7)乳胶漆的价格分析。涂料价格(以涂刷两次计算)为人民币 3～15 元/m^2，加上腻子、底漆等材料费和人工费，完工价格在 16～30 元/m^2。

8)陶瓷墙砖的价格分析。一般国产釉面墙砖，一等品价格在 40 元/m^2 左右，加上辅助材料及人工费用等，造价在 80 元/m^2 左右。进口的彩釉墙面砖价格比国产的高 1～3 倍，价格在 80～170 元/m^2。通体砖的价格略高于彩袖砖，一般价格高出5～10 元/m^2。

(4)装饰线

1)挂镜线的价格分析。木质及塑料的每延长 1m 价格在 10～30 元。人工费在每延长 1m 为 2 元左右。

2)踢脚板的价格分析。商店购买的工厂已加工制作好的实木踢脚板，水曲柳材料高度 100mm，每延长 1m 价格在 25 元左右。辅助材料及人工费每延长 1m 为 8 元左右。石材、陶瓷踢脚板的价格基本同石材板材及陶瓷墙地砖，如果没有装饰造型线的，价格略低于地砖。

3)装饰角线的价格分析。木角线的基本价格如优质水曲柳线条，规格为10mm×10mm，每延长 1m 的价格为 1.5 元左右，如果宽度增加到 20mm，则价格也相应提高一倍。木角线安装的辅助材料及人工费用，每延长 1m 为 7 元左右。石膏装饰角线是一种价格低廉的装修材料，价格随角线宽度、花型复杂程度及质量不同而不同，一般每延长 1m 价格在 10 元左右。石膏角线安装时，原料费加上辅助材料费、人工费，每延长 1m 在 15～18 元。

7. 住宅室内装修工程验收

(1)工程验收三大阶段　对于不大了解住宅室内装修工程的业主来说，有的人可能会认为只要在工程竣工的时候验收工程质量就可以了，或者认为目前住宅室内装修存在着很大问题，所以在施工的时候，自己盯在工地上一步不敢离开，可是最后发现工程质量也不能让自己满意。因此，合同文本考虑到目前住宅室内装修行业的现状以及业主的要求规定了分阶段验收的条款。而住宅室内装修工程的验收基本上是按照三个阶段来完成，即“隐蔽工程完工”、“木工项目完工”、“竣工”。这三个阶段的约定主要是考虑到那些完工以后就发现不了问题的隐蔽工程项目(如防水工程、配电工程以及暗藏给排水工程)需要提前验收；随时发现问题随时就能解决的饰面工程(如木工贴面、墙地砖的粘贴)，发现以后随时能够维修；工程在竣工阶段就应该对整体的每个项目进行详细的检查验收。

(2)违约责任　在住宅室内装修施工过程中合约双方发生违约责任主要反映在合同甲方(业主)延误工程款的支付，以及合同乙方工程期限的延误。以笔者曾处理过的两个投诉为例，当检查两个业主送来的与装修公司签订的住宅室内装修合同时，笔者发现，两份合同都没有填写“违约责任”的相关条款。具体到这两个投诉上，工程都出现严重的工程延误工期现象，一个工程工期延误了整整一个月，另一个工程从2000年的11月“完工”，直到现在还没有达到业主能够安全入住的条件。但是，由于在两份合同里关于工程延误的问题都没有提出约定，所以出现问题以后业主都很难使用合同来保护自身的权益。

(3)质量验收标准　目前住宅室内装修当中工程质量的争议很多，其中，最为主要的是施工中运用哪个施工质量标准的问题。例如，由于住宅室内装修施工预算过低的原因，造成一些工程的施工方不得不采用尽可能低的施工成本来保证自己起码的收益。但是对于业主来说，什么才是监督以及验收相应工程的依据呢？其实只有一个，就是合同双方在合同里对施工质量标准进行的约定。对于大多数普通住宅室内装修来说，目前大多依照北京市通用的《家庭居室装修工程质量验收标准》，而对于那些投资比较多、预算比较高的工程来说，就应该使用《高级装修工程质量验收标准》，否则对业主来说，最后可能就会感觉自己得到的工程结果并不能让自己满意。

8. 签订住宅室内装修合同需要注意的事项

住宅室内装修谈判时，有很多的文件需要讨论，这里所说的文件，有的是进行前期洽谈需要的，比如一些解释性的草图；有的是在合同签订时需要添加在合同内作为合同的一部分。下面介绍的是需要加在合同里的文件。

(1)项目预算书要详细　每一位家里准备居室装修的业主都知道，住宅室内装修工程的预算是必不可少的。但是，一个能够保护自己合法利益的住宅室内装修预算是什么样的呢？首先，这份报价应该包括项目名称、计量单位、数量、单价、合计金额，同时应该标注必要的材料品牌、型号、规格以及材料的等级。如果可能，工艺做法在预算单的备注栏里也应做出标注。

(2)设计图纸应齐全　在一些住宅室内装修过程中会出现由于设计师必要的图纸准备不齐全，口头承诺在施工过程中逐步备齐。但是，施工开始以后，由于设计师与业主和施工人员的沟通问题，使得由于口头承诺很难表述清楚(如颜色、造型、尺寸等)，存在着不同的理解，造成施工中与业主发生严重的分歧。因此，必须提醒业主，在签订合同时最好把相关的图纸准备好，即使事后对图纸有所变更，也应在签订合同所附图纸的基础上进行修改，并附书面记录，这样做的结果对合同的双方都是比较有利的。图纸应该包括以下内容：

图纸的比例。业主经常看到这样的图纸，设计师画的可能是一个造型很漂亮的吊顶，可是现场制作出来以后，与设计相差甚远。检查发现，就是设计师没有按照施工图纸的比例来做效果图，而是把效果图按照美丽的图画来制作的。因此，所有的设计图纸必须按照严格的比例来制作。

详细的尺寸。有些设计图纸由于设计师没有在准备施工的现场做认真细致的测量，所以很多尺寸在设计时有遗漏，尤其是一些关键尺寸如果在设计时没有掌握，会造成在施工时产生设计与施工脱节的情况。

项目选择的材料。住宅室内装修预算应该以工程的做法以及使用的材料为依据，所以，在设计图纸上应该标注出主要材料的名称以及材料的品牌，才能保证施工人员依照图纸施工。

简单的制作工艺。在施工图纸中标注必要的制作工艺可以避免施工人员在施工过程中偷工减料。

9. 材料验收

住宅室内装修过程中目前比较常见的材料采购方式主要是业主自己采购一部分主材，施工单位采购一部分主材及部分辅材。但是，材料采购的过程是一个比较容易出现问题的过程。例如，合同中本来约定使用某个品牌的大芯板，但是业主在施工时发现，施工单位采购了其他品牌的；又如，工地本来需要明天使用墙砖，但是业主还没有决定到哪里去买。所以由于甲、乙双方自身的原因，采购材料出现问题的情况很突出。因此，在合同当中，首先应该约定采购材料的种类；第二，应该约定材料的品牌；第三，对材料的规格进行约定；第四，应该约定材料的参考数量；第五，应该约定材料的参考价格；第六，应该约定材料的供应时间（这一点非常重要，而现在的很多合同都没有做必要的约定。由于牵扯到材料供应必须与施工进度相衔接以及必要的材料验收，所以绝对不要忽视这个供应时间的约定）；第七，应该约定材料验收的要求。材料验收人的签署也是目前很多合同双方容易忽视的问题。目前住宅室内装修关于材料的纠纷很多，其中有一个问题就是材料进场没有验收；还有的就是参与验收的人太多，结果实际效果与没有验收也差不了多少，所以，合同中应该制定一个明确的能够做主的验收人，以免事后出现纠纷。

第五章　新农村住宅室内装修施工

随着城镇化进程的加快，作为近几年发展和壮大的住宅室内装修，无论是在设计、施工或管理上都处在摸索和寻求创新之中。住宅室内装修施工，直接关系到整个住宅室内的装修效果。因此要做好住宅室内装修施工，就必须熟悉施工工艺，了解施工中的各个环节。

住宅室内装修施工是在住宅室内空间内进行的多门类、多工种的综合工艺操作，是采用适当的材料和结构，以科学的技术工艺方法，对住宅室内各功能空间固定表面的装修和可移动设备的制作，进而塑造一个安全、健康、实用、美观、舒适，并具有整体效果的住宅室内环境。

一、主要特点

1. 住宅室内装修是一种个人消费行为

随着市场经济的发展，极大地提升了房地产市场的急剧发展，从而带动了整个住宅室内装修市场的发展速度。目前住宅室内装修已从简单的饰面装修提升到一定的人性艺术氛围。在“衣”、“食”、“住”、“行”中，“住”也是等同于“食”一样的消费品，因此它属于一种个人消费行为，随着住宅室内装修的发展，这种行为已经从盲目地跟从发展到现如今理性地消费。每个人在考虑住宅室内装修时都会同购买普通商品一样，不仅要“物美价廉”，还必须“货比三家”，方才选择适合自已的装修方案、适合自己的装修公司等。

2. 住宅室内装修具有自我参与的特点

住宅室内装修不等同于普通的消费品，它必须与住宅室内空间使用的主体（业主）密切地联系在一起，需要根据业主的实际情况，例如业主自身的素质、个人的喜好、色调的喜好、家庭成员的结构以及个人经济能力所能承受的支出等作为住宅室内装修中所必须考虑的主要问题。因此它有很强的自我参与性。

3. 住宅室内装修有明显的差异性

不同的空间使用主体、不同的设计师、不同的经济投入、不同的地域文化、不同的风俗习惯，决定了住宅室内装修风格的千差万别。但住宅室内装修发展到今天，大家在住宅室内装修中所崇尚的大多还是简约不失品味、豪华不失流畅、个性不失温馨的装修效果。

4. 住宅室内装修具有私密性

住宅室内装修不同于公共空间，所涉及的面较窄，使用空间的主体单一，决定了装修有很强的个人空间感,形成的总体的住宅室内装修千变万化、繁简不一的总体效果。正因为其较为不同的特征,其装修的效果有很强的私密性。同时住宅室内装修也是使用主体个性及品味的综合体现,因此住宅室内装修要体现强烈的个人意识及私密性。

5. 住宅室内装修施工虽有制度但监督管理不足

住宅室内装修在中国属于新兴行业。住宅室内装修的行业标准近几年才陆续颁布,但从目前从事住宅室内装修的施工队伍而言,大多为农民工,也就是我们日常所说的"游击队",而大部分的装修公司所雇佣的施工人员也是如此。住宅室内装修设计、施工水平参差不齐,而大多数业主都缺乏住宅室内装修的基本知识,不能对设计、施工的质量进行监督、检查,而主管部门又监督不力,所以在住宅室内装修过程中经常由于偷工减料、以次充好等发生纠纷。不少业主花了很多的财力及精力,希望能营造一个温馨的家居环境,结果却不尽人意,还留下许多隐患。因此从整体而言,目前住宅室内施工虽有制度但还是不近人意,有待于长足的进步。

6. 住宅室内装修施工因没有原始建筑结构图导致施工隐患

住宅室内住宅工程按结构类型分为砖混结构和钢筋混凝土结构(剪力墙结构、框架结构、框架-剪力墙结构)两大类。大部分六层住宅均为砖混结构,在这种结构形式中,房屋由砖墙承重。预制楼板搁置处的那堵墙即为承重墙。一般在房间中,长边的墙多为承重墙。高层住宅一般均为钢筋混凝土结构,由混凝土剪力墙、混凝土框架柱承重。框架结构中,一般砖墙均为非承重填充墙。厨房间、厕所间的分隔墙一般多为非承重。而混凝土墙面一般为承重墙。

结构是建筑的"骨架",结构的质量,直接关系到建筑的抗震等级和使用的安全。住宅室内装修必须保证房屋原有主体结构的整体性、抗震性、安全性。但有许多开发商在提供房屋时并没有提供原始建筑结构图纸,有些装修企业为了一己之私或迎合业主的心意,做出随意拆除阳台与室内之间墙体以及在阳台砌墙等破坏建筑结构的行为,这样做结构被破坏,将有可能发生房屋倒塌事故。如果在混凝土剪力墙(承重墙)上凿门、窗洞口,或者在施工中将钢筋割断等,将有可能留下严重结构安全隐患。砖墙承重墙上也不得凿门、窗洞口,万不得已一定要开洞口时,必须经过计算,在洞口上增加钢筋混凝土过梁。

还有不能任意在预制楼板上钻孔。因为如果在楼板或有肋多孔板上穿凿或钻孔,易将预应力钢丝钻断,破坏楼板的受力,使得楼板断裂塌落,造成更大的危险。

因此如果在装修过程中没有建筑原始结构图,或者有原始结构图仍破坏其承重结构,将给装修后的住宅留下严重的安全隐患。

7. 住宅室内装修施工的多变性

住宅室内装修施工同社会的任何产物一样,一直在不断地更新。设计风格、装修材料、施工机械的不断更新,使得住宅室内装修施工也发生着翻天覆地的变化,住宅室内装修施工从20世纪80年代的简陋装修,到现代的整体厨房、整体卫生间、整体衣柜等，随着社会的发展，住宅室内装修施工的技术手段不断更新，施工的方式也趋于多样化。

8. 住宅室内装修与相关部分的关系复杂

随着人民生活水平的提高，住宅室内装修日益成为一个新的消费热点。人们对生活环境的要求不断地提高，对住宅室内装修的要求也不断提高。随着住宅室内装修项目的不断增多，其施工中各道工序的联系也越紧密。如水电的施工一直延续到施工完成，一些木作项目必须在工程基本完工后才可安装。木作工程的一些不足可以用油漆来进一步修饰。在装修过程中还必须同设备提供商相互配合。如液晶电视入墙，必须同电视销售服务中心配合，了解安装尺寸，避免无法安装等。因此住宅室内装修过程相对复杂，要想能够按时、保质、保量地完成施工任务，塑造属于自己的家居空间，必须协商好各个相关部分的关系，做好各个工序的工作才能营造一个温馨、舒适的家居环境。

二、基本要求

住宅室内装修是采用对人体无害装修材料，按照能体现实用、安全、经济、美观原则的装修设计要求，以科学的技术工艺方法，对住宅居室内部固定的六面体进行装修，塑造出一个美观实用、具有整体舒适效果的室内环境。

1. 施工前应进行设计交底工作，并应对施工现场进行核查，了解物业管理的有关规定

(1)*在施工前应针对现场进行技术交底* 由业主、设计师、工程监理、施工负责人四方参与，由设计师向施工负责人详细讲解图纸、特殊工艺，材料、颜色、图案等，并对施工现场进行复查，对照图纸尺寸有异时应及时进行调整。

(2)*住宅室内装修时应当遵守物业管理的有关规定并办理“家庭住宅装修许可证”* 在进行住宅室内装修时，业主和施工方必须遵守《建筑装饰装修管理规定》《家庭居室装修管理试行办法》等规定。具体体现在以下方面：

1)住宅室内装修应不擅自改动房屋主体承重结构。不得随意在承重墙上穿洞，不得随意增加楼地面静荷载，在室内砌墙或者超负荷吊顶、安装大型灯具及吊扇。

2)凡涉及拆改主体结构和明显加大荷载的，业主必须向房屋所在地的房地产行政主管部门提出申请，并由房屋安全鉴定单位对装修方案的使用安全进行审定；住宅室内装修申请人持批准书向城市规划主管部门办理报批手续，并领取施工许可证。

3)不得擅自移动排污或下水管道位置。不得破坏或拆改厨房、厕所的地面防水层以及水、暖、电、煤气配套设施。

4)不得违章搭建。不得拆除连接阳台门窗的墙体、扩大原有门窗尺寸或另建门窗。

5)不得影响外墙整体整洁美观。

6)不得大量使用易燃装饰材料。

7)住宅室内装修无论是自己进行还是委托他人进行,均应减轻或避免对相邻居民正常生活所造成的影响。

8)住宅室内装修所形成的各种废弃物,应当按照有关部门规定的位置、方式和时间进行堆放及清运。严禁从楼上向地面或下水道抛弃因住宅室内装修而产生的废弃物及其他物品。

9)因住宅室内装修而造成相邻居民住房的管道堵塞、渗漏水、停电、物品毁坏等,应由住宅室内装修的委托人负责修复和赔偿;如属被委托人的责任,由委托人找被委托人负责修复和赔偿。

2. 住宅室内装修各工序和各分项工程的自检、互检及交接检

1)在施工中,要严格控制质量关,各班组对各自的分项工程要详细进行自检,自检后会同现场管理人员进行复核,检查结果填入检查表,由双方签字确认。隐蔽工程未经签证,不能进行隐蔽。互检及交接检是上道工序完成后,在进入下道工序前必须进行的检验,并经监理签证。务必做到上道工序不合格,不准进入下道工序,以确保各道工序的工程质量。

2)施工中要坚持做到"五不施工"和"三不交接"。

①"五不施工":未进行技术交底不施工;图纸及技术要求不清楚不施工;施工测量桩未经复核不施工;材料无合格证或试验不合格者不施工;上道工序不经检查不施工。

②"三不交接":无自检记录不交接;未经专业技术人员验收合格不交接;施工记录不全不交接。

3)施工中,严禁损坏房屋原有绝热设施;严禁损坏受力钢筋;严禁超荷载集中堆放物品;严禁在预制混凝土空心楼板上打孔安装埋件。

4)施工中,严禁擅自改动建筑主体结构、承重结构及改变房间主要使用功能;严禁擅自拆改燃气、暖气、通信等配套设施。

5)管道、设备工程的安装及调试应在住宅室内装修施工前完成,必须同步进行的应在饰面层施工前完成。住宅室内装修不得影响管道、设备的使用和维修。涉及燃气管道的住宅室内装修作业必须符合有关安全管理的规定。

6)施工人员应遵守有关施工安全、劳动保护、防火、防毒的法律和法规。

7)施工现场用电应符合下列规定:施工现场用电应从户表以后设立临时施工用电系统;安装、维修或拆除临时施工用电系统,应由电工完成;临时施工供电开关箱中应装设漏电保护器。进入开关箱的电源线不得用插销连接;用电线路应避开易燃、易爆物品堆放地;暂停施工时应切断电源。

8)施工现场用水应符合下列规定:不得在未做防水的地面蓄水;临时用水管不得有破损、滴漏;暂停施工时应切断水源。

9)文明施工和现场环境应符合下列要求:施工人员应衣着整齐;施工人员应服从物业管理或治安保卫人员的监督、管理;应严格控制粉尘、污染物、噪声、震动等对相邻居民和居民区,以及城市环境的污染及危害;施工堆料不得占用楼道内的公共空间,封堵紧急出口;室外堆料应遵守物业管理规定,避开公共通道、绿化地、化粪池等市政公用设施;工程垃圾宜密封包装,并放在指定垃圾堆放地;不得堵塞、破坏上下水管道等公共设施,不得损坏楼内各种公共标识;工程验收前应将施工现场清理干净。

3. 住宅室内装修材料和设备的基本要求

1)住宅室内装修所用材料的品种、规格、性能应符合设计的要求及国家现行有关标准的规定。

2)严禁使用国家明令淘汰的材料。

3)住宅室内装修所用的材料应按设计要求进行防火、防腐和防蛀处理。

4)施工单位应对进场主要材料的品种、规格、性能进行验收。主要材料应有产品合格证书,有特殊要求的应有相应的性能检测报告和中文说明书。

5)现场配制的材料应按设计要求或产品说明书制作。

6)应配备满足施工要求的配套机具设备及检测仪器。

7)住宅室内装修应积极使用新材料、新技术、新工艺、新设备。

三、具体步骤

住宅室内装修施工的具体步骤:前期咨询—现场测量—预算评估—签订合同—现场交底—正式施工前的准备工作—材料验收—中期验收—后期验收—工程完工—家装保修。

1. 装修咨询

业主向设计师咨询住宅室内装修设计风格、费用、周期等。或者咨询已装修过且装修得不错的朋友。把装修各方面存在的问题、应该注意的事项、比较容易存在的问题了解清楚,避免盲目地投入施工造成不必要的损失。

(1)洽谈沟通　业主请装修公司装修(或专业的设计师),要把自己的要求及风格喜好、家庭结构等基本情况一一详尽地告诉装修公司或专业的设计师。

业主提出的要求最好事先经全家人详细讨论过,尽量一次性告诉装修公司。

装修公司会仔细聆听业主的意见并做记录。如果事后装修公司发觉有不清楚的地方,会与业主联络直到完全明了为止。

如果是自己装修则应该咨询有经验的朋友,多搜集一些有关的装修资料。把自己的各方面要求详尽地列成清单,一个问题一个问题地解决。

(2)委托设计　装修公司收到业主的平面图之后,会由设计师亲自到现场测量及观察现场环境,研究业主的要求是否可行,并且获取现场设计灵感。初步选出一些材料样品介绍给业主，如果业主表示同意，设计师会进一步提供详细的工程图和逐项分列的报价单，这时业主要向装修公司提供准备采用的家具、设备资料，以便配合设计。

装修公司最后提供的图纸和报价单，应表达清楚每个部位的尺寸、做法、用料（包括品牌、型号）、价钱。例如：不能用笼统一句“厨房组合柜一套”来概括详细项目，如果有些组合柜是由许多小组合柜组成的，业主应清楚这些小组合柜的型号、尺寸、相关配件等内容。

业主收到工程图和报价单后，一定要仔细阅读，查看自己所要求的装修项目，装修公司是否已全部提供，有没有漏掉项目。往往许多业主，关心的只是最后一个总报价。假若这总报价并不包括业主需要的项目，那将会受到经济损失。

如果不清楚这件家具做好后是什么样子，可要求装修公司提供该件家具的立体图。不明白要问、不合适要改，直到认为满意为止。由洽谈到设计完成，中小型住宅的设计时间通常需 1～2 周。

如果准备自行装修也应聘请专业设计公司（或设计师）为其设计方案，因为专业的设计公司（或设计师）能够为其提供一份完整的详细施工图纸且应该是“量身定做”的方案。从而避免因自身对装修不熟悉造成不必要的经济损失及时间花费。

2. 现场测量

由设计师到业主拟装修的住宅进行现场勘测，并进行综合地考察，以便更加科学、合理地进行住宅室内装修设计。

1）定量测量：主要测量室内的长、宽，计算出每个用途不同的房间的面积。

2）定位测量：主要标明门、窗、暖气的位置（窗户要标量数量）。

3）高度测量：主要测量各房间的高度。在测量后，按照比例绘制出室内各房间平面图，平面图中标明房间长、宽，并详细注明门、窗、暖气的位置，同时标明新增设的家具的摆放位置。

3. 预算评估

根据业主选择的设计图纸，设计师来进行住宅室内装修设计，并由业主反馈，最终确定设计方案、图纸及相关预算。常见的家居装修预算有“包工包料”和“包清工”两种。

“包工包料”是指将购买装修材料的工作委托给装修公司，由装修公司统一报出材料费和工费。而“包清工”是指业主自己来买材料，由工人来施工，工费付给装修公司，许多业主担心采用包工包料这种形式，会给装修公司提供以次充好、虚报冒领的机会，所以想采用包清工的形式，自己去购买装修材料。其实包清工这种做法存在着不少弊端：

1）一套 100m^2 的房子装修一般需 60 天左右，业主自己购买材料，要搭上很大的精力和很多时间，如果购买装修材料不及时，容易延误工期。

2）业主自己购买装修材料，材料的质量不好保证，因为最贵的并不是最好的；业主往往对如何挑选装修材料一知半解，对材料的质地、用途了解甚少，容易买质次价高的材料。

3)业主购买自家的材料,因为数量少,往往不是批发价格。

4)一旦工程质量出现问题,不易分清是工艺质量问题,还是材料质量问题。

5)业主自己买材料,极易造成浪费,因为不懂计算用量,一般都是工人让买多少就买多少。

6)业主自己要雇车来运料,往往不止一次,不仅运费高,而且车的利用率较低。

7)材料剩下后,自己没法处理,造成一定浪费。

既然包清工有这么多弊端,为什么还有不少业主愿意自己购买装修材料呢?因为许多业主往往对装修公司缺乏应有的信任,认为装修公司购买装修材料会用劣质材料来蒙骗自己,所以宁愿自己跑腿去买材料,这样做不仅省不了多少钱,而且还会费力不讨好,给施工留下不少隐患。

包工包料是装修公司采用的比较普遍的做法,这种做法可以省去业主很多麻烦。正规的装修公司透明度很高,施工采用的各种材料的质地、规格、等级、价格、收费、工艺都会给业主一一列举清楚。

另外,装修公司常与材料供应商打交道,都有自己固定的供货渠道、相应的检验手段,因此很少买到假冒伪劣的材料。供料商很清楚,在目前买方市场的形势下,能保住一个固定的大业主是相当不容易的,稍有不慎就会失掉一个业主。装修公司对于常用材料都会大批购买,能拿到很低的价格。

根据以上的分析,可得出的结论是:包工包料还是比包清工好。

4. 签订合同

在双方对设计方案及预算确认的前提下,签订由行业主管部门统一颁发的《家庭居室装饰装修工程施工合同》,明确双方的权利与义务。

在住宅室内装修时,变更项目即通常所说的增减项目,只是在原有的合同基础上,就增减的工程项目进行详细的说明,合同双方共同协商每一个增减项目,并且详细地说明每一个增减项目的做法、收费标准,直到双方确认共同签字认可方为有效。

签订变更合同应注意以下几点:

1)双方在增减项目时,不要以口头达成的协议为准,一定要及时签订书面变更合同;

2)签订变更合同及时通过市场监理认定,以避免日后纠纷的发生。

3)对于合同附件(预算)需审视仔细,避免预算中的一些必作项目漏报,主要项目数量少报、虚报。

4)对于合同附件(材料清单)需审视仔细,避免材料清单中的同一品牌的等级及型号有误,从而造成材料不合意等问题。

5. 现场交底

由业主、设计师、工程监理、施工负责人四方参与,在现场由设计师向施工负责人详细讲解预算项目、图纸、特殊工艺,并且协调办理相关手续。

(1)室内装修主要内容

1)地面装修。地面是住宅室内的重要部分,对它进行装修,主要在色彩、质地、图案等方面加以装修改观。

2)墙面装修。墙面装修即立面装修,它可以采用抹灰、粉刷、涂饰、镶贴、屏挂等多种方法进行装修施工。

3)顶棚装修。顶棚的装修是采用各种材料进行各种无吊顶顶棚或吊顶顶棚的施工。同时,还要设置必要的水暖、通风、照明、音响等设备。

4)家具及其他家居设备的设置。家具、各种家用电器、卫生设备等的设置也是住宅室内装修的一个重要内容。

5)其他物品的设置。它主要包括家居摆设、字画、盆花等的设置。有时,这些物品对住宅室内装修能起到很好的装饰效果。

(2)住宅室内装修力求做到以下三个方面

1)弥补土建完工后的不足。考虑到生活条理化,将空间合理地分区,区别动静环境及其使用频率安排得井然有序,方便居住者生活。

2)增强舒适性、美观性。住宅室内装修应以美观、舒适、整洁、方便为原则,力求质朴优雅,富有情调。

3)表现自我个性。根据家庭成员的阅历、性格、爱好和文化素养选定居室的装修风格,充分体现业主的个性。

6. 正式施工前的准备工作

技术交底之后,将进入施工阶段,首先就是材料验收,由装修公司代购的各种材料运到现场后,必须由业主验收合格并签字认可后,方可进行施工,未验收的材料不得施工,未经验收擅自施工,造成损失由装修公司负责。备齐材料后就要开始施工了,虽然施工工作都是由装修公司来完成,但是,业主还是不可以置身事外。首先,业主要熟悉装修房屋时应严格遵守的有关规定,最好再了解一下装修公司在施工前的准备工作,然后还要在工人进屋干活前办理一些必要的手续,同时也要创造一定的施工条件方便工人工作,这样也会促进装修能按期或提前验收。

(1)住宅室内装修时应当遵守有关规定　业主装修住宅,是指住宅所有人对自己拥有所有权的房屋进行装修或修缮。业主在进行这类活动时,必须遵守《建筑装饰装修管理规定》《家庭居室装修管理试行办法》等规定。业主入住时应与物业管理单位签订装修合约。

(2)装修公司施工前应做技术、组织上的准备　应先了解政府部门制订的有关家居装修的文件,关于住宅室内装修防火、消防、环境保护的规定;关于治安、安全生产和劳动保护的规定;关于住宅室内装修工程质量的检验、评定规定。

了解施工状况不仅需要详细地了解业主家居装修本身的设计要求,而且要了解与之关联的结构、机电安装工程的设计要求及其施工情况。

住宅室内装修工程准备工作应覆盖装修施工管理的各个方面,包括技术、经济、材料、机具、人员组织、现场条件等；准备工作不仅要做在施工前，而且要贯穿装修施工的全过程。

组织设计各装修分项工程施工方法或工艺；拟订装修机具一览表；落实装修施工队伍；落实装修材料供应；落实施工用电、用水供应；落实现场消防器具和安全设施。

(3)施工前应办理的手续

1)根据国家建设部《家庭居室装饰装修管理试行办法》规定：住宅所有人、使用人对住宅进行装修之前，应当到房屋基层管理单位登记备案，到所在地街道办事处城管科办理开工审批。凡涉及拆改主体结构和明显加工荷载的要经房管人员与业主共同到房屋鉴定部门申办批准。

2)向物业管理部门提供以下手续：装修申请、施工图纸及所做工程项目的内容；公司的营业执照复印件、资质证明；施工人员的身份证、暂住证、务工证；交纳一定的管理费及押金，办理施工人员出入证。

3)业主应提供必要的施工条件：如果是自己购买材料，告诉装修公司准备用什么样的材料；到房管部门、物业管理部门办理有关的施工审批手续，说明拆除非承重墙，改煤气管道(按规定不允许改动)等；业主应提供人口、性别、年龄，有条件的应绘制房间草图，计划好房间或区域的使用功能，标明开间进深尺寸和选用的材料、颜色等；业主应提供家用电器的型号、规格，使用厨房主妇的高度，所喜欢的装修风格在生活上有什么特别的要求；腾空房屋，准备好向施工单位提供的房间钥匙。

7. 材料验收

住宅室内装修材料进场后，经业主进行验收后，方可进行施工。主要包括以下材料。

1)水电装修，包括给水管、排水管及相应的配件接头等，电线、电线穿管、电线暗盒。

2)土建(泥水)装修，水泥、沙、机砖、红土、瓷砖。

3)木作装修，包括各类夹板、胶水、五金及木线条。

4)涂料装修，包括家具聚酯漆、墙面漆及各类漆的辅助材料。

5)家具、各种家用电器、卫生设备等的设置也是家居装修的一个重要内容。

总之，住宅室内装修材料应力求做到以下两个方面：材料的规格、质量、性能达到国家有关标准；各类材料的环保指标达到国家有关标准。

8. 中期验收

由业主、设计师、工程监理、施工负责人参与，验收合格后在质量报告书上签字确认。

近年来因住宅室内装修引发的纠纷日益增多，为了使装修公司与业主双方都满意，业主就要懂得如何验收。业主可根据行业主管部门颁布的《家庭装修工程质量验收规定》去验收自己的居室装修是否合格。

验收除了鉴定住宅室内装修整体效果外，主要还是看施工质量是否令人满意。

验收可以从以下几个方面进行鉴定：

1)照明电路敷设要符合规程，插座、灯具开关、总闸、漏电开关等要有一定的高度，厨房、空调要专线敷设，电视天线和电话专线要安装在便于维修的位置。

2)排水要顺畅，无渗漏、回流和积水现象，高档水件无钳痕及擦花现象。

3)新砌墙体要垂直，砖体水平面一致，接缝均匀整齐，砖缝不超过 1mm，瓷片整体误差不超过 0.8cm。

4)平面天花板整体误差不超过 0.5mm，板与板夹缝不超过 0.3mm；塑料天花板误差不超过 0.5mm。

5)木封口线、角线、腰线饰面板碰口缝不超过 0.2mm，线与线夹口角缝不超出 0.3mm，饰面板与板碰口不超过 0.2mm，推拉门整面误差不超出 0.3mm。

6)油漆要光滑、手感好，无扫痕裂缝，一米内无色差和钉眼。

7)墙身面平线直，一米内无明显的凸感和色差，用手摸抹无甩灰。施工质量既与施工队伍素质有关，又与施工项目单价有关。最好的办法就是动工前双方签订合同，明确装修要求和验收标准。

9. 后期验收

由业主、设计师、工程监理、施工负责人参与，验收合格后在质量报告书上签字确认。

10. 工程竣工

住宅室内装修工程全部完工后，施工现场进行清洁、整理。

业主在使用过程中如发现质量问题，先同装修公司取得联系，把发生的质量问题向装修公司说明，凡是由装修公司所做的装修，都可以进行保修，法定保修期为两年。具体下列问题可进行保修：非人为因素下由于季节温差造成的开裂、变形(包括饰面板、墙地砖、木材、成品等)；由施工质量造成的问题，如水管漏水、电路短路等。

四、合同中应写入关于使用材料的约定

住宅室内装修过程中目前比较常见的材料采购方式主要是业主自己采购一部分主材，施工单位采购一部分主材及部分辅材。但是，材料采购的过程是一个比较容易出现问题的过程。例如，合同中本来约定使用某个品牌的大芯板，但是业主在施工时发现，施工单位采购了其他品牌的；又如，工地本来需要明天使用墙砖，但是业主还没有决定到哪里去买。所以由于甲乙双方自身的原因，采购材料出现问题的情况很突出。因此，在合同当中应该明确以下几点。

1)约定采购材料的种类；

2)约定材料的品牌；

3)约定材料的规格；

4)约定材料的参考数量；

5)约定材料的参考价格;

6)约定材料的供应时间(这一点非常重要,而现在的很多合同都没有作必要的约定。由于牵扯到材料供应必须与施工进度相衔接并进行必要的材料验收,所以绝对不要忽视这个供应时间的约定)。

7)应该约定材料验收的要求。材料验收人的签署也是目前很多合同双方容易忽视的问题。目前住宅室内装修关于材料的纠纷很多,其中有一个问题就是材料进场没有验收;另一个问题是参与验收的人太多,结果验收效果很差,所以,合同中应该确定一个明确的能够做主的验收人,以免事后出现纠纷。

五、项目变更

1. 项目变更原因

对大多数业主来说,住宅室内装修施工过程中,出现项目变更是极其常见的。这里面可能有以下几点原因。

1)业主在与设计师洽谈装修项目的时候,脑子里的空间感并不像专业人员那样清晰,所以有可能某个项目制作完成时才发现和自己想象的有很大差别。

2)从其他人的装修中得到了某些启发而需要更改某些项目。

3)在装修过程中有朋友提出更好的建议。

4)装修过程中手里的资金数量发生了变化。

2. 装修有变更定要办理手续

甲乙双方一旦签订了住宅室内装修的合作协议以后,附在合同里的所有资料(无论是图纸还是文字性的)就都成为合同的一部分。如图纸类:平面图、立面图、水电线路图、顶棚布置图、效果图等;文字性的资料:工程预算、施工工艺说明、甲乙双方材料采购清单、施工计划等。这些书面材料在甲乙双方进行变更谈判时作为参考依据,甲乙双方超出上述范围的要求都可以说是工程变更的项目,就应该办理变更手续,这样在竣工验收的结算时有了依据也就不会出现争议。

3. 如何进行项目变更

1)业主如果想就工程项目进行变更,必须心里清楚这样做的目的,慎重考虑变更是否有必要,项目变更最好还是多听听设计师的意见。

2)向施工现场的负责人询问,变更以后成本的变化。因为大多数项目变更以后的费用都会上升,应看是否能够承受。

3)办理变更手续:一般应该是由设计师做出相关的施工图纸,做出变更费用的清单。在手续办理完毕,业主希望变更的项目就可以开始了。

4. 变更时要明确的事项

1)如果需要变更的装修项目已经进入施工阶段,明确前期已经发生的费用如何给付。

2)施工项目发生变更往往会延长施工工期。至于原因,有的是由于相关手续办理需要时间,有的是由于材料采购需要时间,有的就是因为变更之后的返工需要更多的时间。

3)因项目变更增加费用的给付问题,明确这笔费用在竣工结算时一次结清,还是在变更手续办理的同时一次付给。

第六章　水 电 作 业

一、主要材料的质量要求

市场上，给排水工程材料种类繁多。当前的市场上主要有镀锌钢管、PAP(铝塑复合管)、PPR(聚丙烯酯复合管)、UPVC(聚氯乙烯复合管)，还有一些质量和性能都较好的铜水管和衬塑薄壁不锈钢管。由于镀锌钢管不耐蚀、不抗菌，内壁抗结垢性差，在水与管道内壁长时间接触后极易锈蚀入水，引起饮用水的直接污染，同时由于它的连接方式采用螺纹连接，时间久了就容易松动，出现漏水现象。因此我国 2000 年就已经明令禁止使用冷镀锌钢管，热镀锌钢管也已限期使用。因此在装修时，一定要注意管材的选择，要多方咨询，千万不能掉以轻心。

1. 管材指标分类及选用

由于新型建筑给水管材大多采用热塑性塑料材料制成，因此在考察和选用新型管材的时候，应注意从耐温耐压能力、线膨胀系数、膨胀力、热传导系数，以及保温、抗水锤能力、壁厚、重量、水力条件、安装连接方式、价格、管材尺寸范围、寿命、原材料来源、卫生指标、耐腐蚀性、施工难易程度几个方面进行比较：

(1)耐温耐压能力　热塑性塑料给水管路系统的设计工作压力，一般是指输送介质温度为 20℃时塑料管材的承压能力。

(2)线膨胀系数、膨胀力和敷设方式

1)塑料管的线膨胀系数比金属的线膨胀系数大得多，其线性变形主要表现在管道轴向方向上的膨胀延长和水平方向上的弯曲，其膨胀量与温差成正比，因此对于明装或非埋设型暗装，当直线距离大于 20m 时，应考虑采用伸缩节或折角自然补偿方式，这是塑料管与金属管的一个最重要的差异。在设计及施工安装时应予以充分重视。

2)考虑到塑料管的线膨胀系数是金属管的几倍至十几倍，但其膨胀力却只有金属管的几十分之一，同时有良好的抗蠕变性能。故对于卫生间或是室内地板内暗埋敷设的支管，由于受水泥砂浆的摩擦阻力，塑料管线性膨胀会受约束而蠕变，而不至于使外敷水泥崩裂，故配置给排水时支管可采用传统方式埋设或适当预留一定管槽空间。

3)复合管由于材料的膨胀受到金属的约束，线膨胀系数大大降低，但如果金属部分和塑料材料之间接合不紧密，会由于热胀冷缩不均而产生剥落和分层现象，从而影响复合管的整体性能，降低其强度和承压能力，这也是复合管制造工艺需要注意的问题。

(3)导热性能 塑料管自身有极好的隔热保温性能,塑料管的热导率约是钢的1/100,是铜的1/1000。在条件有限的情况下甚至可以不做保温处理,但现行的塑料热水管规程仍对保温作了一定的规定,如对于主配水干管及回水管、屋面及室外可能结冻的管仍需保温,而对于埋墙地板敷设的配水支管不需考虑。保温塑料管一般采用PVC/NBR闭孔型橡塑海绵保温管、高发泡聚乙烯(PE)闭孔型保温管、硬聚氨酯泡沫塑料管,也可现场喷聚氨基多元脂发泡剂等为塑料管保温。

(4)抗水锤能力[弹性模量(N/cm^2)]、壁厚 给水系统中由于阀门启闭,系统压力突然变化而造成水锤现象,严重的水锤现象可导致管材的爆裂和变形。水锤压力的大小与水锤波速有关,水锤波速又与管材的弹性模量和管径、壁厚有关。管材的弹性模量越小、管径越大,壁厚越薄则可使水锤越小。一般塑料管的抗水锤能力均低于钢管的抗水锤能力。

(5)壁厚、重量、流量、管径范围 由于各种管道材料的不同,其在满足同样抗压、耐温和强度条件下,管道壁厚会产生差异,从而引起抗水锤能力、管内径及水力条件不同,一般情况下,壁薄的管材节省材料,管内径大,水力条件好,重量轻,施工安装容易。另外,不同管材因生产工艺、制造成本、使用范围有所不同而管径范围各不相同,在选择管材时应加以注意。

(6)安装连接方式

1)夹紧式安装。采用管箍,另附用生丝带和白素麻丝、扩管器、扳手等工具连接管材与管件,这种方式因受人力因素影响较大,安装时需要反复调试。夹紧式安装方法当用于材质不同的管材和管件时,还会由于各自的热膨胀系数不同,在冷热水交替使用时可能产生渗漏。

2)热熔式安装。利用热塑性管材的性质进行管道连接,热熔时采用专门的加热设备(一般采用电热式),使同种材料的管材与管件的连接面达到熔融状态,用手工或机械将其压合在一起。这种方式结合紧密,安全耐用,避免了金属管件接头处水的跑、冒、滴、漏等现象。

3)电熔合连接。管件出厂时将电阻丝埋在管件中,做成电热熔管件,施工现场只需将专用焊接仪的插头和管件的插口连接,利用管件内部发热体将管件外层塑料与管件内层塑料熔融,形成可靠连接,并结合专用数码计时器和安装指示孔等计时方式。热熔效果可靠,把人为因素降到最低,确保施工质量稳定。另外,安装时仅用电缆插头,还可克服操作空间狭小导致安装困难的问题。

(7)价格 综合性的价格因素与许多方面有关,如材料获取的便宜程度、国产还是进口、管壁厚度、重量和运输费用、管道接头及配件、安装人力费用以及储藏费用等。

(8)管材尺寸范围 由于管材的种类很多,各种给水管材因其在性能、尺寸范围及安装施工工艺等方面有其相应的特点,有各自的适用范围,同时还由于给水系统中管道所处部位不同，在施工安装中有不同特点，一般将其分为三种。

1)室内给水分区主干管。是给水系统的主要部分，这一部分管道大都敷设在屋面保温夹层、吊顶、管道井、管窿内，采用支架固定，无须埋设。管径一般在25～80mm范围内，要求有高品质的耐久性、外观持久性，无腐蚀、无结垢、无泄漏、低噪声、卫生、寿命长、安装方便的管材。一般对工作压力要求：冷水20℃、1.0MPa；热水70℃、1.0MPa，考虑到管道承压能力随温度升高而下降这一特点，热水管一般应采用公称压力1.6～2.0MPa的管材和管件。这种管材在施工中一次性安装，用量大，是给水管道的主干管，适合用的塑料管材有：硬聚氯乙烯(UPVC)，交联聚乙烯(PEX)，聚丙烯(PP-R、PP-C)，聚丁烯(PB)，丙烯腈-丁二烯-苯乙烯(ABS)；复合管材有涂塑钢管、钢塑复合管、孔网钢带塑料复合管。

聚氯乙烯复合管(UPVC)，安装施工方便，但由于使用中有UPVC单体和添加剂渗出，故应注意其铅含量要达到生活饮用水规定的小于0.05mg标准，PB管(聚丁烯)有较好的高温耐久性，性质稳定，同时低温条件抗弯曲性能、抗脆裂性能和抗冲击能力较强，重量轻，壁薄，水力条件最好，伸缩性和抗蠕变性好，有一定抗紫外线能力，安装连接方式多样，适用不同环境，同时能够再生，是一种好的管材，但目前国内还没有PB树脂原料，需依靠进口，价格较高。

PP-R管耐温性能好，重量轻，强度好，耐腐蚀，无毒，可回收。采用热熔连接，但其管壁较厚。

PEX管耐温性能好，抗蠕变好，重量轻，强度好，耐腐蚀，无毒。但施工中没有同材质管件，需与金属管件连接，应有较好的施工质量作保障。

ABS管强度大，低温环境不破裂，耐冲击，不含任何添加剂，色彩不会改变，但应注意管件和管材必须采用同种ABS材料，粘接固化时间较长。涂塑钢管相对于钢塑复合管，在卫生条件、安装难易、价格上均具有一定的优越性。

以上各种管材，可同时用于冷、热水的管材有PP-R、PB、PEX，铝塑复合管，只能用于冷水管材的是UPVC、ABS、钢塑复合管、孔网钢带塑料复合管。

2)卫生间等给水支管。这部分管材管径在16～25mm，一般为埋墙或埋地暗装，接点多。由于管道大多暗敷，对管材、管件、安装连接要求较高，但长期以来受市场管材质量的困扰以及安装施工人员素质良莠不齐等因素影响，这部分管材出现的问题最严重，影响人们的生活质量。适合这一部分管材的塑料管有：高密度聚乙烯(HDPE)、交联聚乙烯(PEX)、聚丙烯(PP-R、PP-C)、聚丁烯(PB)等；复合管材有铝塑复合管、覆塑铜管、涂塑钢管等。

高密度聚乙烯管(HDPE)。这种管材可采用电熔、热熔焊、胶圈柔性连接。它的优点是无毒，耐腐蚀，张力大，不干裂，小口径可绕在卷盘上，安装迅速，接口量少；缺点是刚度差、抗老化性能差，埋于地下易被老鼠咬破。

交联聚乙烯管(HPEX)。在普通聚乙烯原料中加入硅烷接枝料，使其由线性分子结构改性成三维交联网状结构，它具有耐温(－70℃～110℃)、耐压、稳定性和持久性好，而且无毒、无味的特点，一般采用机械连接，是小口径室内冷热水常用的管材。

聚乙烯夹铝复合管(HAH)。这种复合管材的结构是在薄铝管与内、外层高密度聚乙烯管之间，采用含高分子胶合层胶合而成，它既保持了聚乙烯管和铝管的优点，又避免了各自的缺点。可弯曲(弯曲半径=5D)，耐温差强(+110℃～-100℃)，耐高压(1.0MPa 以上)。它用铜管件机械挤压连接，通常产品规格 DN≤25mm，它是建设部近年在室内冷热水供水管道上推荐使用的一种新型管材。

聚丙烯管(PP-R)。这种管材无毒，耐热，耐寒，耐老化，有较高强度，价格比镀锌钢管便宜一半，但易龟裂。

聚丁烯管(PB)。聚丁烯是一种高分子惰性聚合物，聚丁烯管具有耐高温、耐寒冻的特点，化学稳定性好，可塑性强，无味、无毒，有多种连接方式(热粘接式接头焊接、热螺旋式现场焊接、机械夹紧式连接)，是理想的小口径供水管道新型管材，已在欧盟、美洲、亚洲的部分国家得到广泛采用。

根据表 6-1 的比较，PB、PP-R 管性能不错，但用在卫生间管道时，由于用户分散购买，施工难以形成规模，加上施工人员未能进行有效培训，因此对这类需专用热熔、电熔工具的管材，使用受到一定的限制。PEX 管和铝塑复合管因可弯曲、不反弹，切割方便，安装工具简单，目前在卫生间内使用较多，但安装中需注意两个问题：一是管材与管件采用夹紧安装方式，受人力因素影响较大，紧固性难以保障，同时对于热塑性管材和金属管件接头热膨胀系数差异大，容易松动，为解决这一问题，部分厂家已生产专利管件，出现配套使用或采用分水器配管法(保证管道中间无管件)，仅在管道两端与分水器和用水器具连接处安装管件；二是面管材强度比较弱，在施工中要特别注意受压变形而影响管道流量和水力条件。最近市场上出现一种新的复合管材——覆塑铜管，即在铜管上外覆塑料，既有铜管的优良品质，又有较好的保温性能，不愧为一种安全耐用的卫生管材，但价格偏贵。涂塑钢管具有钢管的优点，又保证了给水水质，但不太适宜用作热水管材。

表 6-1　给水管材性能比较表

管材 性能	U-PVC	PEX	PAP	PP-R	PB	ABS
长期使用温度/℃	≤40	≤90	≤60	≤60	≤90	≤60
短期使用温度/℃	—	≤95	≤90	≤90	≤95	≤80
维卡软化温度/℃	90	133	133	140	124	90
耐压力性能/MPa	1.6	1.0/95℃ 1.6/常温	1.0	1.0/70℃ 1.6/常温	1.6～2.5/冷水 1.0/热水	1.0
导热系数 /[W/(m·K)](20℃)	0.16	0.35	0.45	0.24	0.38	0.26
抗拉强度 /[N/mm²](20℃)	—	19～26	—	20	33	41

续表 6-1

性能＼管材	U-PVC	PEX	PAP	PP-R	PB	ABS
线膨胀系数/[mm/(m·℃)]	0.07	0.15	0.025	0.16	0.13	0.10
卫生性能	差	好	好	好	好	好
常用连接方式	粘接	机械连接	机械连接	热熔连接	热熔连接	粘接
主要布管方式	明设	暗设	明暗设	明暗设	明暗设	明设

3)给水引入管,室外给水、输水管。这类管材管径大,要求强度高、耐压好、密封性好、耐腐蚀、水力条件好、抗水锤能力强、安装简易、重量轻、寿命长。管径范围在50～200mm以上。适用的管材有:孔网钢带塑料复合管、ABS、UPVC、涂塑复合管、钢塑复合管。这类管材由于强度及耐压要求高,全塑料的管材为达到要求势必以增加壁厚的方式来达到目的。因此在耗材、内径、水力条件、重量等方面受到影响。相对来说,复合管在这方面有一定的优势。孔网钢带塑料复合管以冷轧钢带和热塑性塑料为原料,以氩孤对接焊成型的多孔薄壁钢管为增强体,是外层和内层双面复合热塑料的一种新型复合压力管材,由于多孔薄壁钢管增强体被包覆在热塑性塑料的连续相中,因此这种复合管具有钢管和塑料管各自的优点,又克服了一般复合管二者结合不紧的不足,具有刚性好、强度大、承压高、重量轻、膨胀量小、导热小和价格低廉的优点,适用于给水引入管、室外给水管和大中型给水输入管道。同时调整钢带塑料复合管中钢带的厚度和塑料的耐温等级,还可生产出广泛使用的耐温耐压管材,其连接方式采用电热熔。不足之处在于,因超压或外力损伤时快速修复较难,弯曲度比钢管小,须用25°、30°等多角度的管件作为弥补。涂塑钢管具有塑料和钢的优点,但其材料主要以钢管为主,价格比孔网钢带复合管偏贵。

2. 建筑装修中常用的给水管

(1)铝塑管　铝塑复合管是市面上较为流行的一种管材,目前比较有名的有“日丰”和“金德”等品牌,由于其质轻、耐用、可弯曲性好而且施工方便,更适合在一般的家装中使用。但其主要缺点是在用作热水管时,在长期的热胀冷缩作用下会造成管壁错位导致渗漏。现在很多住宅小区使用的是铝塑管,但随着装修理念的更新,铝塑管将渐渐地失去市场。

(2)铜管　铜管具有耐腐蚀、灭菌等优点,是水管中的上等品,铜管接口的方式有卡套和焊接两种,卡套跟铝塑管一样,长时间使用存在老化漏水的问题,所以安装铜管的用户大部分采用焊接式。焊接就是接口处通过氧焊连接到一起,这样就能够跟PPR水管一样,永不渗漏,铜管的主要缺点是导热快,一些有名铜管厂商生产的热水管外面都覆有防止热量散发的塑料和发泡剂,铜管的另一个缺点就是价格贵,极少有住宅小区的供水系统是铜管的。

(3)PP-R 管　作为一种新型的水管材料，PP-R 管具有很多的优势，它既可以用作冷水管，也可以用作热水管，同时其无毒、质轻、耐压、耐腐蚀的特点，使其正在成为一种大量推广的材料。PP-R 管的接口采用热熔技术，管子之间完全融合在一起，所以一旦安装打压测试通过后，长期使用也不存在老化漏水生锈和结垢等现象，是一种安全卫生的高级给水管材料。

1)PP-R 管材工程应用特点。

一是良好的卫生性能和保温性能。管材原料属聚烯烃，其分子仅由 C、H 元素组成，原、辅料完全达到卫生标准，耐腐蚀性好，对水中所有离子不起化学作用，不会锈蚀，不仅可用于冷热水系统，而且可用于直饮水系统。PP-R 管材导热系数为 0.21W/(m·K)，仅为钢管的 1/200，一般情况下不需保温，用作热水管道时保温节能效果明显，在温度变化时产生的膨胀也较小，适合于嵌入墙和地坪面层内的直埋暗敷。

二是较好的耐热性能，使用寿命长。管材最高工作温度可达 95℃，在 1.0MPa 压力下长期使用温度为 70℃，满足热水供应的上限温度。常温下使用寿命可达 100 年以上。

三是安装方便、连接可靠。管材不仅生产过程简单、设备投资少，而且重量轻，(重量仅为钢管的 1/9，纯铜管的 1/10)，减轻了工人的劳动强度。管料采用同种原料加工制作，具有良好的热熔性能，安装方便可靠，连接部位的强度大于管材本体，管件结构不影响流量，并且管道阻力小，直管内壁平滑，不会结垢，沿程摩擦阻力比铜管道小，管配件连接时断面积不变。

四是管材、管件的废料可回收利用，废料经清洁、破碎后可直接用于生产管材、管件。在生产、施工过程中对环境无污染。PP-R 管材主要应用于冷热水系统、直饮水系统、采暖系统(包括地板辐射采暖)。民用市场占有率较高，而其他各类塑料管道按市场定用量由大至小统况为：交联聚乙烯管(PEX)17Mm、聚丁烯(PB)3Mm、铝塑复合管为 2Mm，仅为 PP-R 管材的 1/15。PP-R 管材不足之处主要是其刚性和抗冲击性能比金属管道差，在储运、施工过程中要注意文明施工；线膨胀系数较大，为 0.14～0.16mm/(m·K)，在设计和施工中要特别重视支架的设置、合适地选用伸缩器、正确地敷设管道；抗紫外线性能差，在阳光的长期直接照射下易老化；材料许可应力低，管壁厚，直接影响管材成本；在相同外径下，有效流通截面比其他管材小；原材料价格居高不下。国内生产 PP-R 原料的企业较多。但由于过去国内对 PP-R 原料没有市场的需求，开发研制较晚，目前国内生产 PP-R 管材的原料基本上从欧洲进口。

2)PP-R 管的选用原则。正确区分管材用途，合理选择冷、热水管。冷、热水管壁厚不同，耐压不同，价格也不同，设计时要特别注明是采用冷水管还是热水管，并按规定标注管道规格。并根据输送水温、工作压力、使用寿命等因素进行选用，PP-R 管材的壁厚按压力等级分为 PN1.0、PN1.25、PN1.6、PN2.0、PN2.5、PN3.2 等六个系列。

冷水管材及管件压力等级最小为 PN1.0MPa，热水管材及管件最小压力等级为 PN2.0MPa。

PP-R 管材承压具有两个显著特点：一是随着管内水的温度上升，其允许压力会急剧下降；二是承压时间增长，其允许压力也明显下降。考虑管道长期使用寿命以及施工和实际使用中的非正常因素，为安全需要，冷水管选用的公称压力等级为系统最大工作压力乘以 1.5 倍安全系数，热水管则乘以 3.0 倍安全系数。试验数据显示：当管道使用水温从 20 ℃上升到 60 ℃时，同一压力等级管道允许压力下降 50%；水温 70℃ 时，下降 2/3。以 PN2.0 管材为例，20℃水温时允许压力为 2.0 MPa，70℃ 水温时最大允许压力仅为 0.66 MPa。选用管材压力等级必须满足工作水温时的承压能力。

现行建筑给水排水设计与施工验收规范以及所有塑料管材生产企业，对塑料管径规格的表示均为公称外径，符号为 D_e，单位为 mm。PP-R 管材用 $D_e \times t$ 表示，t 代表壁厚。塑料管材管径规格表示方法已不同于《给水排水制图标准》中所述公称直径 DN(mm)。

3)PP-R 管的布置与敷设。PP-R 管的布置原则应遵照现行《建筑给水排水设计规范》，敷设则宜采用暗敷。直接嵌墙或在建筑面层内敷设，可利用其摩擦力，克服管道因温差引起的膨胀力。也还有利于保温，避免老化。暗敷方式有直埋暗敷方式(包括嵌墙敷设，地坪面层敷设)和非直埋暗敷方式(包括管道井、吊顶内、装修板后、地坪架空层敷设)。管道嵌墙暗敷时，要求土建配合预留凹槽，尺寸的深度为 D_e+20mm，宽度为 D_e+(40～60)mm。管道试压合格后，墙槽用 M7.5 级水泥砂浆填塞补实。

管道暗敷在地面层内应严格按设计要求施工，如需变更，应通过设计认可，且经过用户同意，有文字记载清楚其位置，以避免地面装修时导致破坏。

4)管道的安装连接、试压及穿墙、板、基础时的做法。

管道的安装连接。同种材质的 PP-R 管件之间采用热熔连接，暗敷部分不得出现丝扣、法兰连接。热熔连接分为对接式热熔连接、承插式热熔连接和电熔连接。建筑给水管材应采用后两种方式。

管材的试压。冷水管试验压力为管道系统工作压力的 1.5 倍，但不得小于 1.0MPa；热水管试验压力为管道系统工作压力的 2 倍，但不得小于 1.5MPa。

管材穿墙、板、基础时的做法。热水管道穿墙时，应配合土建设置钢套管，冷水管穿墙可预留洞，洞口尺寸较外径大 50mm；管道穿楼板或屋面时，应设置钢套管，套管应高出地面 50mm，并采取严格的防水措施；管道穿基础墙时，应设置金属套管，基础墙预留孔洞上方距套管净距不得小于 100mm。

3. 怎样防止给水管渗漏

“隐蔽工程”中给水管的选择和安装在建筑室内装修过程中是一个十分重要的问题。为使室内美观和在日常生活中使用方便，人们在装修时给水管一般都采用嵌墙式施工。但是，一旦出现给水管渗漏和爆裂将带来难以弥补的后果。因此为避免和防止它的发生，可以从以下几方面入手：

1)不得使用不合格的产品。使用的塑料管本身不是合格产品，是导致给水管渗漏的主要原因。市场上存在一些质量差、偷工减料的劣质产品，比如抗压性、冷热膨胀系数达不到要求，加上施工不规范，被一些利欲熏心的施工队用在工程上肯定会出问题。

2)要注意采用合理的连接方法和拐弯处理。塑料管材本身的物理和化学特性决定了管材的连接和拐弯处理方法。因塑料管在拐弯处使用金属连接，塑料管材与金属之间不是电焊也不是螺口扣死，而是靠特殊的胶粘合。在温差较大的情况下，塑料和金属之间的热膨胀系数不同，胶容易开裂，从而引发水管爆裂。

3)要重视塑料水管的老化问题。塑料中含有“增塑剂”，它会随时间逸出而导致塑料的硬化和脆化，老化的塑料管在水压的震动冲击、水锤作用下容易产生爆裂。

4. 电路改造中的材料选择

建筑室内装修少不了电线，电线质量优劣与日后安全使用有重大关系。好多火灾都是因为电线线路老化，配置不合理，或者使用质量低劣的电线造成的。因此，在建筑室内装修中，选择电线时一定要仔细鉴别，防患于未然。国家已明令在新建建筑中应使用铜导线。但同样是铜导线，也有劣质的铜导线，其铜芯采用再生铜，含有许多杂质。有的劣质铜导线导电性能甚至不如铁丝，极易引发电气事故。目前，市场上的电线品种多、规格多、价格乱，挑选时难度很大。怎样去分辨电线质量的优劣和长度是否达标呢？

就电线来说，一般常用电线规格（导线的截面积）为 1.5mm^2、2.5mm^2、4mm^2、6mm^2、10mm^{2}等，而每一种规格又有很多品种，如 BVT（双塑保护）、BV（单塑保护）、2R-BW（阻燃双塑）、2R-BV（阻燃单塑），而且等级也有所不同，有国际标准、国家标准，甚至还有些是不达标的，其价格相差 1～2 倍，甚至 3～4 倍，所以，千万不要贪图小便宜，给自己带来麻烦。造成电线价格差异的原因有很多，其中有一种是因为生产过程中所用原材料不同造成的。生产电线的主要原材料是电解铜、绝缘材料和护套料。据调查，目前原材料市场上电解铜每吨在两万元左右，而回收的杂铜每吨只有 1.5 万元左右，绝缘材料和护套料的优质产品价格每吨在 8000～8500 元，而残次品的价格每吨只需 4000 元左右；另外，长度不足、绝缘体含胶量不够，也是造成价格差异的重量原因。每盘线长度，优等品是 100m，而次品只有 90m 左右；绝缘体含胶量优等品占 35% ～40%，而残次品只有 15%。那么，购买电线时怎样鉴别它的优劣呢？

1)首先看成卷的电线包装牌上，有无中国电工产品认证委员会的“长城标志”和生产许可证号，看有无质量体系认证书；看合格证是否规范；看有无厂名、厂址、检验章、生产日期；看电线上是否印有商标、规格、电压等。还要看电线铜芯的横断面，优等品纯铜颜色光亮、色泽柔和，铜芯黄中偏红，表明所用的铜材质量较好，而黄中发白则是低质铜材。

2)可取一根电线头用手反复弯曲，凡是手感柔软、抗疲劳强度好、塑料或橡胶手感弹性大且电线绝缘体上无龟裂的就是优等品。电线外层塑料皮应色泽鲜亮、质地细密,用打火机点燃应无明火。

3)截取一段绝缘层,看其线芯是否位于绝缘层的正中。不居中的是由于生产工艺差而造成的偏芯现象,在使用时一旦用电量大,较薄一面很可能会被电流击穿。

4)看其长度与线芯粗细。在相关标准中规定,电线长度的误差不能超过5%,截面线径不能超过0.02%。但市场上存在着大量在长度上“短斤少两”、在截面上弄虚作假(如标明截面为2.5mm²的线,实则仅有2mm²粗)的现象。

二、线路改造

1. 给水线路改造

依据用水量,创造一个个性化的用水环境,给水已延伸到日常生活用水、饮用水和观赏用水。那么就要求在水路改造中,要根据家中需要进行整体规划,更要特别强调给水线路设计的整体性、系统性、高端性以及专业性。因此,当给水线路需要改造时,不能一概而论,而要从整体上出发,局部考虑到位,不能出现漏布和少布的现象。给水线路改造应注意处理好下面的几个问题:

1)给水线路布置要考虑到与水有关的所有设备(比如净水器、热水器、厨宝、马桶和洗手盆等)位置、安装方式以及是否需要热水。

2)要提前选好所用设备的类型,是燃气还是电热水器,或是空气能热水器等,避免临时更换热水器种类,导致给水线路位置不同而需要改造。

3)厨房、阳台、卫生间除了留一些主要出水口外,是否还有预留备用水龙头。

4)露台如功能需要新增设洗衣池,要考虑进水和排水的问题和管道走向,还应到实地观察,尽量不要破坏原防水构造。

2. 电路改造

电路改造时要注意如下问题:

1)照明线路。各房间和客厅插座、空调插座、厨房卫生间插座都应分开布线,以确保各自支路出现故障时不会互相影响,也有利于故障原因的分析和检修。

2)照明线路可采用1.5mm²的线。

3)房间的插座应采用2.5mm²的线。

4)空调、厨房、卫生间的线应采用4mm²的线。

5)照明支路最大负荷电流应不超过15A,各支路的出线口(一个灯头、一个插座都算一个出线口)最好应在16个以内。

6)在住宅电路改造时,应在每户进线处设一个总控制盒,其布线应为:

总电源线进入控制盒后应设置一个总控制开关(采用双极不带漏电保护的“PVC空气开关”)。

然后再根据户内电路的需要,从总控制开关接线到各分路再到各个分路开关上,从各个分路开关输出的电线再接到户内的空调插座、厨房和卫生间插座、客厅和卧室等插座以及各照明线路上。

各个控制开关的设置。凡是插座,电源控制盒里接的控制开关应该是带漏电保护的空气开关,照明线路的控制开关则可以用单极控制的空气开关。

3. 住宅室内装修水电布线施工要求

在住宅室内装修中,一些隐蔽工程是必不可缺的,而管线的铺设预埋则是隐蔽工程的重点。

管线铺设预埋工程包括:电线有电源线、电视线、电视信号传输线,对讲系统、保安防盗系统导线,音响环绕系统导线等;管线有上水管、下水管、暖气管、煤气管、热水器连接管等。在专业化的施工中,对选用材料、施工步骤等均有严格要求,只有掌握了这些具体的施工要求,才能对隐蔽工程质量进行有效的监督。

(1)水路施工应注意事项　管线类施工时上水管、暖气管的改造要有最佳的布管路线,尽量减少弯头和三通的使用。管线改造常用的方法如下。

1)明管改暗管。考虑装修效果,房间应干脆利落,节省空间,水管暗埋已是水管改造的发展趋势。

2)管材的选择。铸铁管改塑管(铝塑管或是PP-R管),或者干脆换成铜管(由于传统的铸铁水管存在管道易锈蚀等缺陷,已经不推荐使用了,PP-R或铜管是目前推荐使用的水管管材)。

3)加装热水管。设有热水器装置的住宅,需安装热水管。但应注意,PP-R管有冷热水管,相应的管壁和耐压程度是不同的,热水管是管壁厚2.8mm、允许压力2.0MPa、外径20mm的4分管,而PP-R冷水管是管壁厚2.3mm、允许压力1.6MPa、外径20mm的4分管 。

4)更改阀门和水表的位置。应尽量将给水总阀门放在一个比较开放的位置以方便日后维护,如台面上、阀门后的管道可再做低位处理;水表高位改低位,以便靠墙安装节省空间。

5)加装净水设备。预留净化设备分支接口,待装修基本结束,橱柜安装到位后,再由净水器、软水器厂家负责加装净化处理设备。一般是将净水设备安装在洗菜盆下面的空间里。

6)装有太阳能热水器或空气源热水器的用户,生产厂家应指导预留管线,以及现场安装。

7)安装分水龙头等预留的冷、热水给水管。保证冷热分水管的间距(一般大部分电热水器、分水龙头冷热水给水管的间距都是15cm);冷、热水给水管口高度应一致;当冷、热水给水管口垂直墙面时,墙面贴墙砖时应保护,避免把管线移位。冷、热水给水管口应该突出墙面2～2.5cm,贴墙砖时,还应确保墙砖贴完后与给水管管口在同一水平。

8)水路改造完毕应做管道压力实验,实验压力应不小于0.8MPa。

9)做防水。水路改造完毕应检查原来的防水是否受到破坏,如有破损,应及时补做防水。

(2)电路施工应注意事项　一是电路的走向要合理、安全、实用,有保护措施。电路改造原则是能不动就不动,不要轻易改;能暗则暗,不允许有明线。二是材料要合格。三是施工要规范。所有电线必须穿管,接头处要用弯头,地线要按规定处理。具体事项如下。

1)开槽、打眼时不要把原电线管路或水暖管路破坏。电气线路敷设时务必加穿线管,不能把电线直接埋到地面或墙里。穿线管在敷好后一定要用卡槽支架固定好,以确保安全和便于维修。

2)电线布置要求。照明线和插座线要分开控制,电线采用 2.5mm^2 线,厨房用电、空调用电以及按摩浴缸等一定要用 4mm^2 专线。电路布线一定要上下竖直、左右平直,电线一定要套 PVC 线管及配件,遇到不能破坏的剪力墙或承重墙等,其线路一定要套防蜡管绝缘材料,不能把电线直接埋在水泥墙内。在线路安装时,一定要严格遵守“火线进开关,零线进灯头,左零右火,接地在上”的规定。

3)穿线,所有电路都必须为活线。把线管按管横平竖直固定好后,在确保电线导管畅通后再穿线,否则易造成墙面开裂。配线时应稍加用力来回收动,以保证所穿的电线能被抽动,以便于日后更换受损的电线。直径 16mm 的线管最多穿 3 根电线,强弱电线要距离 50cm 以上,避免信号干扰。

4)埋暗管必须用 PVC 管,有接头的地方必须留面板,以备检测用。

5)接电线时要注意,不得随便到处引线。插座和照明也不得乱接乱串。

6)验收要严谨。电路施工工艺要到位,应严格按施工规范验收。

4. 室内装修电气设备的安装

(1)合理确定开关插座的位置

1)必须在家具位置与尺寸确定后,才能决定开关与插座的位置。

2)顶灯开关高度在 1.25～1.40m 之间(指面板的下沿),具体高度可根据家人的平均身高确定。

3)厨房插座应布置在台面上,床头插座一般应在床头柜上方,书房插座、电视柜插座一般在台面下,距楼地面高度为 30cm。插座应有较好的隐蔽性。

4)卧室顶灯的开关应采用双控开关。确保门边和床边都可以控制。

5)空调插座。要先确定空调安装的位置,然后把插座布置在机身可以挡住的位置。由于空调插座不宜经常活动,故安装高度可以适当高一些。

6)门的开启不要影响到开关的使用。

7)防盗门应安装一个带指示灯的开关,便于晚上回家时用。卫生间的门最好也要带指示灯。

8)定好开关插座后,买个空白面板(或剪个一样大的纸板),然后用标尺在墙上划好,便于按定好的位置开槽埋置暗盒。

9)对于所用的电器设备功率比较大的支路,要单独设回路。比如:厨房插座一定要设单独回路,因为电磁炉、电饭煲等都是大功率的。

10)常用家用电器的耗电量参数见表6-2。

表6-2　常用家用电器的耗电参数表

家用电器名称	功率/W	额定电流/A	功率因数
彩电电视机(74)	100～168	0.65～1.09	0.7～0.9
电冰箱	135～200	2.04～3.03	0.3～0.4
洗衣机	350～420	2.65～3.82	0.5～0.6
电磁灶	1900	0.64	1
电熨斗	500～1000	2.27～4.54	1
电热毯	20～100	0.09～0.45	1
电吹风机	350～550	1.59～2.5	1
电水壶	1500～1950	6.82～8.86	1
电热杯	300	1.36	1
电暖器	1500	6.8	1
消毒柜	290	1.32	1
电烤箱	600～1200	2.73～5.25	1
微波炉	950～1400	4.32～6.36	1
电饭煲	300～500	1.36～2.27	1
电砂锅	1000～1500	4.55～6.36	1
电热水器	75	9.1～13.64	1
音响设备	150～200	0.85～11.4	0.7～0.9
吸尘器	400～800	2.1～3.9	0.94
浴霸	1185	5.39	1
抽油烟机	120～200	0.6～1.0	0.9
排风扇	40	0.2	0.9
空调	900～1280	5.1～6.5	0.7～0.9

5. 卫生洁具的安装工艺

(1)施工工艺流程　卫浴洁具工艺流程:镶贴墙砖→吊顶→铺设地砖→安装坐便器、洗脸盆、浴盆→安装连接给排水管→安装灯具、插座、镜子→安装毛巾杆等五金配件。

1)安装坐便器的工艺流程。安装坐便器的地面必须坚硬平整,不能铺有地砖或其他装饰材料,砂石杂物要清理干净。

坐便器固定前要使其水平,并用水平尺校准。

固定坐便器有拉爆螺栓固定法和水泥黏结法两种方法。

拉爆螺栓固定法:将坐便器放在安装位置,在地面画出坐便器底脚轮廓线,按照安装孔画出螺栓孔位置;打好孔后,插入拉爆螺栓,在坐便器排出口与地面排污口结合处铺放弹性胶泥,将坐便器平稳放好,紧固拉爆螺栓,最后用玻璃胶密封坐便器底脚。

水泥黏结法：在地面上画出坐便器底脚轮廓线，沿轮廓线向内铺设一圈宽30mm、高15mm的1∶3水泥砂浆，在坐便器排出口与地面排污口结合处铺放黏合剂，抹干净坐便器底脚，将其平稳地安放在安装位置，使之黏结牢固，抹干净溢出的水泥砂浆。

施工时所粘附的水泥砂浆，应在水泥砂浆硬结前清除，以免硬结后难以清除。

连接进水管并确保不漏水。

约1h后试冲水数次，保证排污管畅通。

坐便器安装完毕3天内不得使用，以免影响其稳固。

2)安装洗脸盆的工艺流程。膨胀螺栓插入→捻牢→盆管架挂好→把脸盆放在架上找平→下水连接脸盆→调直→上水连接。

3)安装浴盆的工艺流程。浴盆安装→下水安装→油灰封闭严密→上水安装→试平找正。

4)安装淋浴器的工艺流程。冷、热水管口用试管找平→量出短节尺寸→装在管口上→淋浴器铜进水口抹铅油、缠麻丝→螺母拧紧→固定在墙上→上部铜管安装在三通口→木螺丝固定在墙上。

5)安装净身器的工艺流程。混合开关、冷热水门的门盖和螺母调平正→水门装好→喷嘴转芯门装好，冷热水门出口螺母拧紧→混合开关上螺母拧紧→装好三个水门门盖→瓷盆安装好→安装喷嘴→安装下水口→安装手提拉杆→调正定位。

(2)施工要领

1)洗涤盆安装施工要领。洗涤盆产品应平整无损裂。排水栓应有不小于8mm直径的溢流孔。

排水栓与洗涤盆连接时，排水栓溢流孔应尽量对准洗涤盆溢流孔以保证溢流部位畅通，镶接后排水栓上端面应低于洗涤盆底。

托架固定螺栓可采用不小于6mm的镀锌开脚螺栓或镀锌金属膨胀螺栓(如墙体是多孔砖则严禁使用膨胀螺栓)。

洗涤盆与排水管连接后应牢固密实且便于拆卸，连接处不得敞口。洗涤盆与墙面接触部分应用硅膏嵌缝。

如洗涤盆排水存水弯和水龙头是镀铬产品，在安装时不得损坏镀层。

2)浴盆的安装要领。在安装裙板浴盆时，其裙板底部应紧贴地面，楼板在排水处应预留250～300mm洞孔以便于排水安装，在浴盆排水端部墙体设置检修孔。

其他各类浴盆可根据有关标准或用户需求确定浴盆上平面高度，然后砌两条砖基础后安装浴盆；如浴盆侧边砌裙墙，应在浴盆排水处设置检修孔或在排水端部墙上开设检修孔。

各种浴盆冷、热水龙头或混合龙头，其高度应高出浴盆上平面150mm。安装时应不损坏镀铬层。镀铬罩与墙面应紧贴。

固定式淋浴器、软管淋浴器，其高度可按有关标准或按用户需求安装。

浴盆安装上平面必须用水平尺校验平整，不得倾斜。浴盆上口侧边与墙面结合处应用密封膏填嵌密实。

浴盆排水与排水管连接应牢固密实且便于拆卸，连接处不得敞口。

3)坐便器的安装要点。给水管安装角阀高度一般为地面至角阀中心250mm，如安装连体坐便器应根据坐便器进水口离地高度而定，但不小于100mm，给水管角阀中心一般在污水管中心左侧150mm或根据坐便器实际尺寸定位。

低水箱坐便器，其水箱应用镀锌开脚螺栓或用镀锌金属膨胀螺栓固定。如墙体是多孔砖则严禁使用膨胀螺栓，水箱与螺母间应采用软性垫片，严禁使用金属硬垫片。

带水箱及连体坐便器，其水箱后背部离墙应不大于20mm。

坐便器安装应用不小于6mm镀锌膨胀螺栓固定，坐便器与螺母间应用软性垫片固定，污水管应露出地面10mm。

坐便器安装时应先在底部排水口周围涂满油灰，然后将坐便器排出口对准污水管口慢慢地往下压挤密实填平整，再将垫片螺母拧紧，消除被挤出的油灰，在底座周边用油灰填嵌密实后立即用回丝或抹布揩擦清洁。

冲水箱内溢水管高度应低于扳手孔30～40mm，以防进水阀门损坏时水从扳手孔溢出。

(3)注意事项

1)不得破坏防水层。已经破坏或没有防水层的，要先做好防水，并经12h积水渗漏试验。

2)卫生洁具固定牢固，管道接口严密。

3)注意成品保护，防止磕碰卫生洁具。

三、防水处理

在住宅室内装修施工时，卫生间往往会增加了洗浴设施，多处管线重新布局、移动，室内的原有防水层很容易被破坏，而新增设洗浴设施的用水量经常会超过原设计防水层的保护范围。如果防水措施未加处理，日后容易发生渗漏，如上下水管根部的渗漏、墙体内埋水管的渗漏、卫生间隔壁墙对顶角潮湿霉变等，会带来很多的麻烦。为此，水路、电路改造完成之后，最好紧接着把卫生间和厨房的防水措施认真加以处理。

1. 施工准备

(1)作业条件和要求

1)卫生间楼地面垫层已做完，穿过卫生间地面及楼面的所有立管、套管已做完，并已固定牢固，经过验收。管周围缝隙用1：2：4细石混凝土填塞密实。

2)卫生间楼地面找平层已做完，标高符合要求，表面应抹平压光、坚实、平整，无空鼓、裂缝、起砂等缺陷，含水率不大于9%。

3)找平层的泛水坡度应大约2%(即1∶50)，不得局部积水，与墙交接处及转角处、管根部位，均应用专用抹子抹成半径为10mm均匀一致的平整光滑小圆角。凡是靠墙的管根处均要抹出5%(1∶20)坡度，以避免积水。

4)涂刷防水层的基层表面，应将尘土、杂物清扫干净，表面残留灰浆硬块及高出部分应刮平、扫净。对管根周围不易清扫的部位，应用毛刷将灰尘等清除干净，坑洼不平处或阴阳角未抹成圆弧处，可用众霸胶∶水泥∶砂=1∶1.5∶2.5砂浆修补。

5)防水层施工之前，应先在突出地面和墙面的管根、地漏、排水口、阴阳角等易发生渗漏的部位，增设防水附加层。

6)卫生间墙面应按设计要求及施工规定，四周至少向上卷铺300mm高。不是采用淋浴房的淋浴区，卫生间墙面防水应该做到180cm高。完成防水施工后一定要做24h闭水试验，试验合格后方能铺墙砖、地砖。

7)墙面基层抹灰要求压光、平整，以及无空鼓、裂缝、起砂等缺陷。穿过防水层的管道及固定卡具应提前安装，并在距管50mm范围内凹进表层5mm，管根做成半径为10mm的圆弧。

8)在墙上划定+0.5m水平控制线，突出墙地面防水层的管道及固定卡具应提前安装，并把防水层做到水平控制线。

9)卫生间做防水之前必须设置足够的照明设备(安全低压灯等)和通风设备。

10)防水材料一般为易燃有毒物品，储存、保管和使用时远离火源，施工现场要备有足够的灭火器等消防器材，施工人员要着工作服，穿软底鞋，并设专业工长负责监管。

11)施工环境温度应保持在+5℃以上。

12)操作人员应经过专业培训考核合格后持证上岗。先做样板间，经检查验收合格后，方可全面施工。

(2)质量要求

1)主体控制质量要求。防水材料应符合设计要求和现行有关标准的规定；排水坡度、预埋管道、设备安装、固定螺栓的密封应符合设计要求；地漏及地漏顶面应为地面最低处，以便于排水。

2)局部质量控制。排水坡度和地漏排水设备周边节点应密封严密，不得有渗漏；密封材料应使用柔性材料，并嵌填密实，黏结牢固；防水涂层应均匀，不得有龟裂和鼓泡现象；防水层厚度应符合设计要求。

2. 施工工艺

以德高K11防水涂料为例：德高K11防水浆料是双组分高聚物改性的水泥基防水材料。由优质水泥、级配骨料和精选助剂的粉料和液态高聚物添加剂组成。

1)材料性能。

德高K11防水浆料性能指标见表6-3。

表 6-3 德高 K11 防水浆料性能指标

项目		指标	
		一等品	合格品
干燥时间(h)	表干	<6	
	实干	<12	
7 天的抗震压力(MPa)	迎水面	≥1.2	≥0.8
	背水面	≥1.0	≥0.6
透水压力比(%)		≮300	≮150
黏结强度(MPa)	7 天	≥1.2	≥0.8
	28 天	≥1.5	≥1.2
抗折强度(MPa)	7 天	≥4.0	≥3.0
	28 天	≥8.0	≥5.0
抗压强度(MPa)	7 天	≥18.0	≥12.0
	28 天	≥28.0	≥20.0

2)德高 K11 防水浆料施工工艺流程。

基层清理—增强层施工—接点密封—湿润基层—涂刷第一遍—养护—涂刷第二遍—养护—闭水试验。

3)操作工艺。

基层处理。检查基层合格后,对其表面浮灰、灰砂及沙砾疙瘩清理干净,润湿后再进行下一工序。

增强层和接点密封。针对容易造成渗漏的施工薄弱部位,采取加强措施,设置增强层,以提高防水安全性能,确保防水质量。具体做法是在管口位置、阴角等需增强的部位,先刷柔韧性 KII 防水浆料 1~2 遍。

刷防水浆料。注意以下几点:当涂膜厚度在 1.5mm 以内时,应分 2 遍施工;在 2~3mm 以内即应分 3 遍施工。涂刷第 1 遍后,应待其初步干固以后(大约在 2~4h)方可涂刷第 2 遍。在涂刮的过程中,毛刷应按由下而上,然后由左到右的顺序,相互垂直操作。如果在阴角处的地方有浆料堆积,要及时刮走、刮平,避免因堆积过厚引起的开裂。防水浆料涂刷应不间断,厚度均匀一致,封闭严密,涂层达到设计要求。并应做到表面光滑,无起鼓、脱落、开裂和翘边等缺陷。

养护。注意在第 1 遍涂刷完后、涂刷第 2 遍之前,应对其涂刷质量进行细致的检查,如发现有沙砾和漏刷的现象,应及时清理补刷;待其初步干涸后,应采用喷雾状的形式进行淋水养护,以确保质量要求。

闭水试验。已完成的防水层,必须进行 24h 的闭水试验,检查是否有渗漏。

4)防水层的验收。

根据防水涂层施工工艺流程,必须对每道工序进行认真检查,做好记录,检查合格后方可进行下道工序施工。防水层施工完成并完全干透后，对涂层质量进行全面验收。经检查验收合格方可进行闭水试验，闭水试验的蓄水深度应高出地面20mm，达到24h无渗漏方为合格，最后方可进行保护层施工。

5)成品保护。

在防水层操作过程中，操作人员要穿软底鞋作业。对穿过地面及墙面等处的管件和套管、地漏、固定卡具等应严加保护，不得碰损或造成变位。涂刷防水浆料时，不得污染其他部位的墙地面、门窗、电气线盒、暖卫管道和卫生器具等。

每层防水层施工后，要严格加以保护，在设置防水层的房间门口要设醒目的禁入标志。保护层做完之前，严禁非施工人员进入，更不得在上面堆放杂物，确保防水层免遭损坏。

地漏和排水在防水施工之前，应采取保护措施，以防止杂物堵塞，确保排水畅通，闭水试验合格后，应将地漏清理干净。

四、施工自查及验收

1. 施工自查

1)PVC电线穿管和给水管均应顺着墙的走向布置，并应遵照横平竖直的布线原则，不能斜穿地面。

2)护套管与各种规格电线的关系。

照明电线规格为BV-2.5的导线，导线根数为3根以下时穿PC16管，6根以下时穿PC20管；

强电插座回路均为三线(即火线L，零线N，地线PE)；

电话用户线(-H-)采用HPV-2×0.6型平行线穿PC16管暗设；电脑用户线(-T-)采用五类线PC16管暗设；电视用户线(-V-)采用SYKV-75-5-1型穿PC20管暗设；导线接线均应在接线盒内进行，导线不允许外露；

所有电气导线套管都必须施工到位不能出现“死线”现象(特殊情况例外)。

3)线管接头护套要刷胶接口。

4)每项工程只允许用三种颜色的电线：红线为火线，双色线为接地线，黑线或黄线为零线。插座接线方式为左零右火。布线隐蔽前，要预先确定好用电点的线路并进行线路绝缘，经测试电阻后进行全面的通电试验。

5)护套线不允许直接设在水泥地面或吊顶里面，应用胶管保护。

6)开关与插座下沿离地高度。

照明开关离地高度除特殊注明外，均距地面1.4m暗装；

二三孔双联暗插座(包括电话、电视和电脑插座)，除特殊注明外，均距地面0.3m暗装；厨房插座距地面高度1.2m暗装；洗衣机插座一般采用带开关及指示灯加防溅盖板三孔暗插座距地1.6m暗装；热水器插座采用三孔暗插座距地2.3m暗装；卫生间安全剃须插座距地 1.6m 暗装；抽油烟机插座距吊顶低面 0.2m 暗装；空调、热水器插座应采用 16A 三孔暗插座，除客厅距地面 0.3m 暗装外，其余均距地 2.2m 暗装。

7)墙地面开槽一律应先用切割机割槽，以免出现墙面粉刷成片脱落或造成空鼓。

8)给水管安装应走向明确。管道接通后要灌水测试，以不渗漏为标准。卫生洁具位置应准确并支撑牢固，管道口封闭严密。给水部分要进行系统试压，排水要进行通水性能试压。

9)施工现场临时用电线路应采用防水电缆线，严禁使用花线、护套线和单芯线。

10)配电箱必须贴上清晰完整的更改线路后的各开关回路标志，并把其功能、型号、容量按顺序标明。在隐蔽工序验收时，必须按比例绘制施工更改电气及给排水平面图送交质检部门备查。

2. 验收要求

1)给水管排列合理，水嘴安装平整(水嘴前应安装装饰盖)。

2)给排水系统应确保出水通畅，水表运转正常，管道及连接处无渗漏。

3)给水暗管敷设后，应经试压，确定无渗漏后，方可隐蔽。

4)电气开关与开关、插座与插座应保持在同一水平线。面板应整洁无痕迹，两面板并列时，应控制好间距。

5)电气暗线埋入墙体后，应确保墙面平整，开关插座固定牢靠。

6)电气线路施工合理，接地装置完好。

7)顶棚布线局部移位无穿管时，必须使用护套线。

8)两管相交及所有穿线管埋地时，均应铺设在地面基层表面的水平线以下。

9)吊顶照明线路分接时，应用橡胶高压胶带缠缚或用接线盒。

10)暗埋的电气线管，管内要留一定空隙，确保管内电线可以抽动。

3. 水电分项工程验收评定(见表 6-4)

表 6-4　水电分项工程验收评定表

工程名称：　　部位：　　项目经理：

<table>
<tr><td rowspan="5">保证项目</td><td colspan="3">项　目</td><td colspan="6">质量安全情况</td></tr>
<tr><td colspan="2">1</td><td>水电原材料符合设计要求和国家规范的规定</td><td colspan="6"></td></tr>
<tr><td colspan="2">2</td><td>用水管件无渗漏现象，安装规范、合理</td><td colspan="6"></td></tr>
<tr><td colspan="2">3</td><td>无漏电、短路、断路等隐患现象</td><td colspan="6"></td></tr>
<tr><td colspan="2">4</td><td>电线分色符合要求，电线套管无死弯、套接严密</td><td colspan="6"></td></tr>
<tr><td rowspan="5">基本项目</td><td colspan="2" rowspan="2">项目</td><td rowspan="2">质　量　要　求</td><td colspan="5">质量情况</td><td rowspan="2">等级</td></tr>
<tr><td>1</td><td>2</td><td>3</td><td>4</td><td>5</td></tr>
<tr><td rowspan="3">水</td><td>1</td><td>给排水管安装牢固，接头紧密</td><td></td><td></td><td></td><td></td><td></td><td></td></tr>
<tr><td>2</td><td>水管配件齐全，且有保护措施</td><td></td><td></td><td></td><td></td><td></td><td></td></tr>
<tr><td>3</td><td>排水管坡度适当，流水畅通</td><td></td><td></td><td></td><td></td><td></td><td></td></tr>
</table>

续表 6-4

项目			质量要求	质量情况 1	2	3	4	5	等级
基本项目	电	4	导线连接紧密，管口光滑，护口齐全，间距适宜						
		5	护线管严禁损坏、断裂，且有隔热、防水措施						
		6	电线无扭绞、曲结死弯、不受拉，在盒内留有适当余量						
		7	电器、插座、开关位置高低合理						
		8	设有短路、过载、接地保护措施						
		9	插座接地线与工作零线分开设置						

		项目	允许范围	实测值
允许偏差项目	1	导线与燃气管间距	同一平面≥100mm	
			不同一平面≥50mm	
	2	电气开关接头与燃气管间距	≥150mm	
	3	电气管与热水管间距	>500mm	
	4	电气管与其他管间距	>100mm	
	5	热水管与冷水管间距	>50mm	
	6	插座、开关离地面高度	≥200mm	
	7	导线无绝缘距离	≤3mm	
	8	吊顶设管线距顶棚面间距	>50mm	

检查结果	保证项目				
	基本项目	检查　项，其中优良　项，优良率　%			
	允许偏差项目	实测　点，其中合格　点，合格率　%			
	分项工程总得分	保证、基本项目占50%＋允许偏差项目占50%			
评定等级	合格		备注	质检员	
	优良				

年　月　日

五、确保用电安全的措施

1. 造成触电的原因

(1)电气设备不合格

1)家用电器内部接线松动脱落，导体碰壳。

2)使用绝缘不良的导线,导线连接头未包缠绝缘胶带或用非绝缘材料包缠。

3)开关、插座、灯座及熔电器等缺损。

4)电器本身绝缘性能差。

(2)使用不当

1)电气设备受潮,严重降低电气设备的绝缘性能。

2)家用电器距离热源太近,绝缘被烫烤而损坏。

3)用湿布擦拭带电的电器。

(3)安装不规范

1)新购的家用电器使用前未按照说明书安装调试和使用。

2)停电检修电气设备前,没有检验设备是否有带电或进行短路放电(个别设备本身停电后,由于其他线路窜电、开关装在零线上及电解电容器的蓄电作用、彩色电视机高压嘴积聚静电等,设备内部仍然带电)。

3)停电检修电气设备时没有采取防止突然来电的措施。如拔去熔断器插头后没有将它放在安全的位置,造成非检修人员将插头插入而导致检修者触电;拉断断路器后没有通知其他相关人员或未挂上“有人检修,禁止合闸”的警告牌,造成相关人员合上断路器而导致检修者触电。

4)带电检修电气设备时安全用具不合格,如使用绝缘把柄破损的电工钳等。

5)带电检修时双手同时触及导线操作;人体没有站在干燥的木板或绝缘物上作业;操作时人体裸露在砖墙、金属管道上;无人监护。

6)用自耦变压器降压代替安全电压。

7)未将闸刀开关拉闸就在闸刀下桩头接线。

(4)缺乏电气安全知识

1)在电气设备上乱堆杂物,造成电气设备过载,导致绝缘加速老化。

2)电视机室外天线、广播线距离架空导线过近,被风吹落搭在导线上引起带电,或直接把它固定在避雷针上,当雷击避雷针时,将电流引入室内造成触电。

3)认为电不可怕,触摸漏电的设备或用金属物去触碰带电体。

4)雷雨天使用电话、手机容易遭雷击。

2. 预防触电的措施

1)不可购买质量伪劣的电气设备。

2)选用的导线及电气设备必须与负容量相匹配,以免造成导线和设备过载,加速绝缘老化,引发事故。

3)临时用电所使用的导线要用绝缘电线,禁止使用裸导线。临时线要悬挂牢固,不得随意乱拉,用完后应及时拆除。

4)开关应接在相线上,插座安装要符合标准。

5)应采取保护接地措施,将用电设备的金属外壳进行可靠接地。

6)当没条件采用接地措施时,应采用漏电保护装置,这样,即使人触电,保护器也能在 0.1s 内切断电源，从而保护人身安全。

7)在用电过程中，若需要调换灯泡或清洁灯具时，应先关灯，人站在干燥的椅子上，人体不得接触地面和墙体。

8)在检修电气设备前应先用试电笔测试是否带电，经确认无电后方可进行。检修电气设备时，应尽可能不要带电操作，以防电路突然来电。应拔下熔断器插头并放在安全的位置(切断断路器时应通知相关人员或挂上警告牌)。

六、常见问题及预防措施

1. 给水路管道有接头

图 6-1 是卫生间增改冷热水管路，给水线路安装不规范，增加了很多接头，势必为日后漏水留下隐患。

图 6-1 安装不规范的给水线管

预防措施：给水管路布置时应注意以下事项。

1)埋在墙体内的管道不能有接头；

2)墙上暗埋管路道槽必须经找平后做防水处理；

3)管路的固定应使用专用管卡或用水泥固定牢。

2. 厨房水管道铺设时必须横平竖直

1)给水管路铺设不规范，未能做到横平竖直，很容易让后续工人操作时不小心把水管打漏。

2)预防措施。厨房给水管道铺设必须做到横平竖直，让后续工人在施工时能掌握管道的走向，避免为安装橱柜在墙上打孔时把水管打穿。图 6-2 是电线管和水管施工不规范的施工现场。

3)解决措施。电线与暖气、热水、煤气管之间的平行距离不应小于 300mm，交叉距离不应小于 100mm，铺设必须做到横平竖直。

3. 防水层空鼓、有气泡

1)主要是基层清理不干净，底胶涂刷不均匀或者找平层潮湿，含水率高于 9%，涂刷之前未进行含水率检验造成空鼓，严重者造成大面积鼓泡。

2)预防措施：在涂刷防水层之前，必须将基层清理干净，并做含水率试验。

4. 地面面层施工结束，进行闭水试验时，出现渗漏现象

1)主要原因。一是穿过地面和墙面的管件及地漏等松动、烟风道下沉，撕裂防水层；二是其他部位由于管根松动或黏结不牢、接触面清理不干净产生空隙，接槎、封口

图 6-2　电线管和水管施工不规范的施工现场

处搭接长度不够，粘贴不紧密；三是防水保护层施工时可能损坏防水层；四是第一次蓄水试验蓄水深度不够。

2）预防措施。一是要求在施工过程中，对相关工序应认真操作，加强责任心，严格按工艺标准和施工规范进行操作。二是涂膜防水层施工后，在进行第一次闭水试验时，蓄水深度必须高于地面 20mm，达到 24h 不渗漏为止，如出现渗漏现象，亦根据渗漏具体部位及时进行修补，甚至全部返工。地面面层施工后，再进行第二次闭水试验，达到 24h 无渗漏为最终合格，填写闭水检查记录。

5. 地面排水不畅

1）主要原因。地面面层及找平层施工时未按设计要求找坡，造成倒坡或凹凸不平而造成积水。

2）预防措施。在做涂膜防水层之前，先检查基层坡度是否符合要求，当出现与设计不符时，应及时进行处理后方可进行防水施工，面层施工时也要按设计要求找坡。

6. 地面二次闭水试验已验收合格，但在竣工使用后仍发现渗漏现象

1）主要原因。一是卫生器具排水口与管道承插口处未连接严密，连接后未用建筑密封膏密封严实；二是安装卫生器具的固定螺钉穿透防水层并未进行处理。

2）预防措施。一是在卫生器具安装后，必须仔细检查各接口处是否符合要求，方可再进行下道工序；二是要求卫生器具安装时注意防水层的保护。

7. 坐便器冲水时溢水

1）主要原因。安装坐便器时底座凹槽部位没有用油腻子密封，冲水时就会从底座与地面之间的缝隙溢出污水。

2）预防措施。安装坐便器时，在底座凹槽里填满油腻子，装好后周边再打圈玻璃胶。

8. 洗面盆下水返异味

1)主要原因。卫生间装修时,洗面器的位置有时会与下水入口相错位,使洗面器配带的下水管不能直接使用。安装工人为图省事,喜欢用洗衣机下水管做面盆下水,但一般又不做S弯,造成洗面器与下水管道直通,异味就从下水道返上来。

2)预防措施。洗面盆如果使用软管做下水,就一定要把软管弯成一个圆圈,用绳子系好,这样就能防止返味。

9. 电话穿线管安装质量常见问题、原因、预防及治理

1) 常见问题。接通电话时,对方声音断断续续,通话有严重的杂音。

2) 原因。电信部门线路有故障;户内线路有虚接;穿线管内导线质量不好,线路损坏;穿线管内长期积水导致绝缘层老化,线芯外露,使线间绝缘电阻降低甚至局部短路,这种情况在卫生间最常见。有的电话线不穿塑料管直接埋在墙体(尤其卫生间)内更会产生这种情况;周围环境有干扰源(强磁场及其他大功率电器干扰)。

3) 预防措施。应采用优质导线作线路。安装时,各接线点应接牢,绝缘良好。尤其是接线箱(盒)接点处端子螺钉应压实扭紧;穿线管敷设应尽量避开潮湿场所,保证穿线管内干燥;远离干扰源。尤其不能把导线不穿塑料管就直接埋在墙体内。

4) 治理方法。向电信部门申请排除户外线路故障;对户内线路进行检查,更换已破损线路或重新布线;对有接头的线路重接并做好绝缘;压紧接线箱、盒内的端子螺钉;调整家庭内其他对其有干扰的家用电器的位置。

10. 给水管路安装质量常见问题、原因、预防及治理

(1)管道螺纹接口渗漏

1)问题。通入介质后,管道螺纹连接处有返潮、滴漏现象,严重影响使用。

2)原因。螺纹加工不符合规定,有断丝等现象,造成螺纹处渗漏;安装螺纹接头时,拧的松紧度不合适,有时由于使用的填料不符合规定或老化、脱落,也能造成螺纹处渗漏;管道安装后,没有认真进行严密性水压或气压试验,管子裂纹、零件上的砂眼以及接口处渗漏没有及时发现并处理。

3)预防措施。螺纹加工时,要求螺纹端正、光滑、无毛刺、不断丝、不乱扣等。

管螺纹加工后,可以用手拧2～3扣,再用管钳子继续上紧,最后螺纹留出距连接件处1～2扣。在进行管螺纹安装时,选用的管钳子要合适。用大规格的管钳上小口径的管件,会因用力过大使管件损坏;反之因用力不够而上不紧。上配件时,不仅要求上紧,还需考虑配件的位置和方向,不允许采用拧过头而倒扣的方法进行找正。

管螺纹和连接件要根据管道输送的介质采用各种相应的填料,以达到连接严密。常用的填料有麻丝、铅油、石墨聚四氟乙烯薄膜(生料带)等。安装时要根据要求正确选用。

管道安装完毕,要严格按照施工验收规范的要求进行严密性试验或强度试验(试压泵试压),认真检查管道及接头是否有裂纹等缺陷,丝头是否完好。

(2)室内给水管道水流不畅或管道堵塞

1)问题。给水管安装后不通,水流不畅、水质浑浊甚至堵塞。

2)原因。安装前未认真清理给水管内脏物,断口有毛刺或缩口;施工过程中管口未及时封堵或封堵不严,水箱未及时加盖,致使杂物落入,堵塞或污染管道;溢水管直接插入排水系统,造成水质污染;不按规定进行水压试验和通水试验。

3)防治措施。给水管安装前应清洗内部,特别是安装已用过的管道,必须用铁丝扎布反复清通几次,以清除管内锈蚀或杂物;使用割刀切断管道时,管口易产生缩口现象,一般应用管铣现扩口一次,以保证断面不缩小;管道在安装过程中应随时加管封堵,以防交叉施工作业时异物落入,给水系统安装的贮水箱应及时加以密封,防止杂物落入;水箱的上水溢流管不要通入排水管道,应隔开一定距离;

管道安装完毕,必须按设计或施工规范严格进行试水及排水试验。

4)治理方法。当发现管道流水不畅或有堵塞时,必须仔细观察,确定堵塞水点,然后拆开疏通。

11. 排水安装质量常见问题、原因、预防及治理

(1)管件使用不当,影响污物或臭气的正常排放

1)问题。干线管道垂直相交连接使用 T 形三通;立管与排出管连接使用弯曲半径较小的 90°弯头;检查口或清扫口设置数量不够,位置不当,朝向不对。

2)原因。对验收规范掌握和执行不严;有时由于材料供应品种不全。

3)防治措施。严格按验收规范要求选料施工,即排水管道的横管、横管与立管的连接应采用 45°三通或 45°四通及 90°斜三通或 90°斜四通。立管与排出管端部的连接,宜采用两个 45°弯头或弯曲半径不小于 4 倍管径的 90°弯头。

4)治理方法。剔开接口,更换或增设管件,使之符合有关规定。

(2) 排水不畅、堵塞

1)常见问题。排水系统使用后,排水管道及卫生用具排水不畅,甚至有堵塞现象。

2)原因。安装前没有对使用的排水管及零件进行清膛,特别是没有彻底清除铸铁件内壁在生产铸造时残留的砂土;施工中甩口不及时,封堵或保护不当,土建施工时存有杂物,特别是水泥砂浆进入管内,沉淀后堵塞管道;管道安装时坡度不均匀,甚至局部倒坡;支架间距过大,穿墙不符合要求,管子有"塌腰"现象;管道接口零件选用不当,造成管路局部阻力过大;不按规定进行通水试验或试验不符合要求。

3)防治措施。排水管道使用的管材和管件,在安装前应认真清理内部,特别是铸铁件,必须清除内壁上在生产铸造时残留的砂土,以免堵塞管道。

施工时及时堵死、封严管道甩口,防止杂物进入。

排水管道安装,一定要掌握好坡度,严防倒坡,这是防堵防漏的关键一环。

支、吊架间距要正确，安装要牢固，防止管子发生“塌腰”现象（塌腰处易积存杂物，造成管道堵塞或流水不畅）。排水管道固定间距，横管不得大于2m，立管不得大于3m。层高小于或等于4m，二者可安装一个固定件。

使用的管件应符合规范要求。

4）治理方式。查看施工图纸，确定堵塞位置，打开检查口或清扫口，疏通管道；必要时需要更换零件。

第七章　土建作业

一、材料

1. 水泥

市场上水泥的品种很多，有硅酸盐水泥、普通硅酸盐水泥、矿渣硅酸盐水泥等，装修常用的是硅酸盐水泥。为了保证水泥砂浆的质量，水泥在选购时一定要注意选择正规生产的硅酸盐水泥。

水泥的主要技术性能指标有如下几点：

1)比重与容重。普通水泥比重为3∶1，容重通常采用1300kg/m^3。

2)细度。指水泥颗粒的粗细程度。颗粒越细，硬化就越快，早期强度也越高。

3)凝结时间。水泥加水搅拌到开始凝结所需的时间称初凝时间。从加水搅拌到凝结完成所需的时间称终凝时间。硅酸盐水泥初凝时间不得早于45min，终凝时间不迟于12h。

4)强度。水泥强度应符合国家标准。

5)体积安定性。指水泥在硬化过程中体积变化的均匀性能。水泥中含杂质较多，会产生不均匀变形。

6)水化热。水泥与水作用会产生放热反应，在水泥硬化过程中，不断放出的热量称为水化热。

2. 砂子

1)粗砂。铺地砖时，需要把砂和水泥拌成砂浆，铺在地面上，再铺地砖，这样能保证砖的平整度，从而避免由于地面的不平整而造成砖的不平整。用于地面找平的砂浆可用粗砂。

2)细砂。主要用于墙砖的铺贴，铺墙砖应该使用细砂和水泥，这样可以把墙砖基层适当加厚，以便保证墙面的垂直度。因为有很多墙面的垂直度能差几厘米，如果光用素灰，铺得比较薄，很难保证墙面的垂直度和平整度。

3)海沙。海沙里存在很多海里的贝壳等生物。由于海沙的盐度比较高，所以禁止在建筑装饰装修中使用海沙。

3. 砌墙材料

墙体结构是由砖、石和砌块等材料用砂浆砌筑而成。可作为房屋的基础、承重墙、过梁，甚至屋顶楼盖等承重结构和非承重结构。

(1)墙体材料的种类

1)烧结普通砖。以黏土、页岩、煤矸石和粉煤灰为主要原料，经过焙烧而成的实心和孔洞率不大于规定值且外形尺寸符合规定的砖。我国烧结普通砖的规格为240mm×115mm×53mm，容重一般在16～19kN/m³。这种砖广泛用于一般建筑物的墙体结构中，其强度高，耐久性、保温隔热性能好，生产工艺简单，砌筑方便。

2)烧结多孔砖。以黏土、页岩、煤矸石和粉煤灰为主要原料，经过焙烧而成，孔洞率不小于25%，孔的尺寸小而数量多，主要用于承重部位，简称多孔砖。一般多孔砖的规格为190mm×190mm×90mm，240mm×115mm×90mm，240mm×180mm×115mm等。容重一般在11～14kN/m³。近年来多孔砖在我国已得到推广和应用。它具备比普通砖更多的优点。由于孔洞多，可节约黏土及制砖材料；节省烧砖燃料和提高烧成速度；在建筑使用上可以提高墙体隔热保温性能；在结构上可以减轻自重，减少墙体重量，减轻对基础的荷载。图7-1为常用多孔砖的形式和规格。

240mm×115mm×90mm

190mm×190mm×90mm

240mm×115mm×90mm

图7-1 常用多孔砖的形式和规格

3)非烧结砖。以石灰、粉煤灰、矿渣、石英及煤矸石等为主要原料，经配料制备、压制成型、高压蒸汽养护而成的实心砖。这种砖的外形尺寸同烧结普通砖，其容重为14～15kg/m³，可用于砌筑清水外墙和基础等砌体结构，但不宜砌筑处于高温环境下的砌体结构。由于它的生产工艺是压制生产的，其表面光滑，经高温蒸压养护后表面有一层粉末，用砂浆砌筑时粘结力较差，因此砌体抗震性能较低。

(2)强度等级 砖的强度根据其抗压强度和抗弯强度来确定。烧结普通砖、烧结多孔砖等的强度等级为：MU30、MU25、MU20、MU15、MU10。蒸压灰砂砖、蒸压粉煤灰砖的强度等级为：MU25、MU20、MU15、MU10。“MU”表示强度，单位为MPa。

4. 砌筑砂浆

(1)按其砂浆组成成分分类

1)水泥砂浆。由水泥和砂加水拌制而成，不加塑性掺合料，又称刚性砂浆。这种砂浆强度高、耐久性好，但和易性、保水性和流动性差，水泥用量大，适合于砌筑对强度要求较高的砌体。如外墙门窗洞口的外侧壁、屋檐、勒脚、压檐等。

2)混合砂浆。在水泥砂浆中加入适量塑性掺合料拌制而成，如水泥石灰砂浆、水泥黏土砂浆等。这种砂浆可减少水泥用量，虽然砂浆强度约降低10%～15%，但砂浆和易性、保水性好，砌筑方便，砌体强度可提高10%～15%，适用于一般墙、柱砌体的砌筑，但不宜用于潮湿环境中的砌体。

3)非水泥砂浆。即不含水泥的砂浆，如黏土砂浆、石灰砂浆和石膏砂浆。这一类的砂浆强度较低，耐久性差，常用于砌筑简易或临时性的建筑砌体。

(2)强度等级　砂浆的强度是以边长70.7mm的砂浆立方体试块，在标准条件下养护28天，经抗压实验所得的抗压强度平均值来确定。其等级强度为M15、M10、M7.5、M5、M2.5五个强度等级。“M”表示强度。

二、抹灰

1. 抹灰的部位与品种

(1)随部位选用不同的砂浆

1)外墙门窗洞口的外侧壁、屋檐、勒脚、压檐：水泥砂浆或水泥混合砂浆。

2)湿度较大的房间：水泥砂浆或水泥混合砂浆。

3)混凝土板和墙的底层抹灰：水泥混合砂浆、水泥砂浆或聚合物水泥砂浆。

4)硅酸盐砌块或加气混凝土块(板)的底层抹灰：麻刀石灰砂浆或纸筋石灰砂浆。

5)板条、金属网顶和墙的底层及中层抹灰：麻刀石灰砂浆或纸筋石灰砂浆。

(2)做暗护角、滴水槽　水泥暗护角高度不低于2m，采用1∶2水泥砂浆制作，每侧宽度不小于50mm。滴水槽深度和宽度均不小于10mm。

(3)一般抹灰的砂浆品种　有石灰砂浆、水泥混合砂浆、水泥砂浆、聚合物水泥砂浆、膨胀珍珠岩水泥砂浆和麻刀石灰、纸筋石灰、石膏等抹灰工程的施工。

1)家居装饰抹灰按质量要求分为普通、中级和高级三级，主要工序如下：普通抹灰分层赶平、修整，表面压光；中级抹灰阳角找方，设置标筋，分层赶平、修整，表面压光；高级抹灰阴阳角找方，设置标筋，分层赶平、修整、表面压光。

2)抹灰层的平均总厚度，不得大于下列规定。顶棚：板条、空心砖、现浇混凝土15mm，预制混凝土18mm，金属网20mm；内墙：普通抹灰18mm，中级抹灰20mm，高级抹灰25mm；外墙20mm，勒脚及突出墙面部分25mm。

3)涂抹水泥砂浆每遍厚度宜为5～7mm，涂抹石灰砂浆和水泥混合砂浆每遍厚度宜为7～9mm。

4)面层抹灰经赶平压实后的厚度，麻刀石灰不得大于3mm；纸筋石灰、石膏灰不得大于2mm。

5)水泥砂浆和水泥混合砂浆的抹灰层，应待前一层抹灰层凝结后方可涂抹后一层；石灰砂浆的抹灰层，应待前一层70%～90%干后方可涂抹后一层。

6)混凝土大板和大模板建筑的内墙面和楼板面，宜用腻子分遍刮平，各遍应黏结牢固，总厚度为2～3mm。如用聚合物水泥砂浆、水泥混合砂浆喷毛打底、纸筋石灰罩面以及用膨胀珍珠岩水泥砂浆抹面，总厚度为3～5mm。

7)加气混凝土表面抹灰前应清扫干净,并应做基层表面处理,随即分层抹灰,防止表面空鼓开裂。

8)板条、金属网顶棚和墙的抹灰,应符合下列规定:板条、金属网装钉完成,必须经检查合格后,方可抹灰;底层和中层宜用麻刀石灰砂浆或纸筋石灰砂浆,各层应分遍成活,每遍厚度为3～6mm;底层砂浆应压入板条缝或网眼内,形成转脚以使结合牢固;顶棚的高级抹灰,应加钉长350～450mm的麻束,间距为40mm并交错布置,分遍按放射状梳理抹进中层砂浆内;金属网抹灰砂浆中掺杂水泥时,其掺量应由试验确定。

9)灰线抹灰应符合下列规定:抹灰线用的抹子,其线型、棱角等应符合设计要求,并按墙面、柱面找平后的水平线确定灰线位置;简单的灰线抹灰,应待墙面、柱面、顶棚的中层砂浆抹完后进行,多线条的灰线抹灰应在墙面、柱面的中层砂浆抹完后,顶棚抹灰前进行;灰线抹灰应分遍成活,底层、中层砂浆中宜掺入少量麻刀石灰,罩面灰应分遍连续涂抹,表面应赶平、修整压光。

10)罩面石膏灰应掺入缓凝剂,其掺入量应由试验确定,宜控制在15～20min内凝结。涂抹应分两遍连续进行,一遍应涂抹在干燥的中层上。

11)水泥砂浆不得涂抹在石灰砂浆层上。

2. 主要工序

1)墙面抹灰工程按建筑标准、操作工序和质量要求可分为三级,即普通抹灰、中级抹灰和高级抹灰。

抹灰层的平均总厚度,不得大于表7-1中的规定。

表7-1 抹灰层厚度要求

部位	抹灰层类型	平均总厚度/mm
顶棚	板条、现浇混凝土	15
	预制混凝土顶棚	18
	金属网	20
内墙	普通抹灰	18
	中级抹灰	20
	高级抹灰	25
室外	外墙	20
	勒脚及突出墙面部分	25
	石墙	35

2)水泥砂浆抹灰每遍厚度宜为5～7mm,石灰砂浆抹灰和水泥混合砂浆抹灰每遍厚度宜为7～9mm。

3)抹灰面层经赶平压实后的厚度,麻刀石灰不得大于3mm,纸筋石灰、石膏灰不得大于 2mm。水泥砂浆和水泥混合砂浆的抹灰层，应待前一层抹灰层凝结后方可再涂抹后一层。石灰砂浆的抹灰层，应待前一层 70%～90%干燥后方可再涂抹下一层，抹灰层每遍抹灰的厚度要求见表 7-2。

表 7-2 抹灰层每遍抹灰的厚度

采用砂浆品种	水泥砂浆	石灰砂浆和水泥混合砂浆	麻刀石灰	纸筋石灰和石灰膏	装饰抹灰用砂浆
每遍厚度/mm	5～7	7～9	≤3	≤2	应符合设计要求

4)混凝土大型墙板和大模板建筑的内墙面和楼板面，宜用腻子分遍刮平，各遍应黏结牢固，总厚度为 2～3mm。如用聚合物水泥砂浆、水泥混合砂浆喷毛打底、纸筋石灰罩面以及用膨胀珍珠岩水泥砂浆抹面，总厚度为 3～5mm。

5)加气混凝土表面抹灰前应清扫干净，并应先做基层表面处理，分层抹灰，防止表面空鼓开裂。

6)罩面石膏灰应掺入缓凝剂，其掺入量由实验确定，宜控制在 15～20min 内凝结。抹灰应分两遍连续进行，第二遍应涂抹在第一遍干燥的基层上。

7)水泥砂浆不得涂抹在石灰砂浆上。

3. 水泥砂浆地面

其价格低，目前较少在室内采用，仅用于室外走廊和庭院等。

4. 墙面抹灰

1)抹灰基面清理。

2)抹灰前要找好规矩(即四角规方，横线找平，立线吊直，弹出基准线和踢脚线)。

3)室内墙面、柱面的阴阳角线等护角线的吊直找方。

5. 一般抹灰工程表面质量要求

1)普通抹灰表面应光滑、洁净、接槎平整，分格缝应清晰。

2)高级抹灰表面应光滑、洁净、颜色均匀、无抹纹，分格缝和灰线应清晰美观。

检验方法：观察及手摸检查。

3)护角、孔洞、槽、盒周围的抹灰表面应整齐、光滑；管路后面的抹灰表面应平整。

检验方法：观察。

4)抹灰层的总厚度应符合设计要求；水泥砂浆不得抹在石灰砂浆层上；罩面石膏灰不得抹在水泥砂浆层上。

检验方法：检查施工记录。

5)抹灰分格缝的设置应符合设计要求，宽度和深度应均匀，表面应光滑，棱角应整齐。

检验方法：观察及尺量检查。

6)有排水要求的部位应做滴水线(槽)。滴水线(槽)应整齐顺直，滴水线应内高外低,滴水槽的宽度和深度均不应小于10mm。

检验方法:观察及尺量检查。

7)一般抹灰工程质量的允许偏差和检验方法应符合表7-3的规定。

表7-3 一般抹灰的允许偏差和检验方法

项次	项目	允许偏差/mm		检验方法
		普通抹灰	高级抹灰	
1	立面垂直度	4	3	用2m垂直检测尺检查
2	表面平整度	4	3	用2m靠尺和塞尺检查
3	阴阳角方正	4	3	用直角检测尺检查
4	分格条(缝)直线度	4	3	拉5m线,不足5m拉通线,用钢直尺检查
5	墙裙、勒脚上口直线度	4	3	拉5m线,不足5m拉通线,用钢直尺检查

注:①普通抹灰,本表第3项阴角方正可不检查;
②顶棚抹灰,本表第2项表面平整度可不检查,但应平顺。

6. 抹灰工程质量控制

(1)一般规定

1)顶棚抹灰层与基层之间及各抹灰层之间必须黏结牢固,无脱层空鼓。

2)不同材料基层交接处表面的抹灰应采取加强措施防止开裂。

3)室内墙面、柱面和门洞口的阳角做法应符合设计要求。设计无要求时,应采用1∶2水泥砂浆做护角,其高度不应低于2m,每侧宽度不应小于50mm。

4)水泥砂浆抹灰层在抹灰24h后进行养护,抹灰层在凝结前,应防止快干、水冲、撞击和震动。

5)抹灰时的作业面温度不宜低于5℃。

(2)主要材料质量要求

1)水泥宜为硅酸盐水泥、普通硅酸盐水泥,其强度等级不应小于325。

2)不同品种、不同标号的水泥不得混合使用。

3)水泥应有产品合格证书。

4)抹灰用砂子宜选用中砂,砂子使用前应过筛,不得含有杂物。

5)抹灰用石灰膏的熟化期不应少于15天,罩面用磨细石灰粉的熟化期不应少于3天。

(3)施工要点

1)基层处理应符合下列规定:砖砌体应清除表面杂物、尘土,抹灰前应洒水湿润;混凝土表面应凿毛或在表面洒水润湿后涂刷1∶1水泥砂浆(加适量胶粘剂)。

2)抹灰层的平均总厚度应符合设计要求。

3)每遍厚度宜为7～9mm。抹灰总厚度超过35mm时,应采取加强措施。

4)用水泥砂浆和水泥混合砂浆抹灰时,应待前一抹灰层凝结后方可抹后一层。

5)底层的抹灰层强度不得低于面层的抹灰强度。

6)装饰抹灰工程的表面质量应符合下列规定:水刷石表面应石粒清晰、分布均匀、紧密平整、色泽一致,并无掉粒和接槎痕迹;斩假石表面剁纹应均匀顺直、深浅一致,并应无漏剁处;阳角处应横剁并留出宽窄一致的不剁边条,棱角应无损坏;干粘石表面应色泽一致、不露浆、不漏粘,石粒应粘结牢固、分布均匀,阳角处应无明显黑边贴面砖表面应平整、沟纹清晰、留缝整齐、色泽一致,并应无掉角、脱皮、起砂等缺陷。

(4)检验方法

1)观察、手摸检查:装饰抹灰分格条(缝)的设置应符合设计要求,宽度和深度应均匀,表面应平整光滑,棱角应整齐。

2)观察:有排水要求的部位应做滴水线(槽)。滴水线(槽)应整齐顺直,滴水线应内高外低,滴水槽的宽度和深度均不应小于10mm。

3)观察及尺量检查。

(5)装饰抹灰工程质量的允许偏差和检验方法(应符合表7-4的规定)

表7-4 装饰抹灰的允许偏差和检验方法

项次	项目	允许偏差/mm				检验方法
		水刷石	斩假石	干粘石	假面砖	
1	立面垂直度	5	4	5	5	用2m垂直检测尺检查
2	表面平整度	3	3	5	4	用2m靠尺和塞尺检查
3	阳角方正	3	3	4	4	用直角检测尺检查
4	分格条(缝)直线度	3	3	3	3	拉5m线,不足5m拉通线,用钢直尺检查
5	墙裙、勒脚上口直线度	3	3	—	—	拉5m线,不足5m拉通线,用钢直尺检查

三、面砖铺贴

1. 基层处理

(1)咬槎 在建筑室内装饰装修中,为了改造空间。往往需要拆除和增加部分非承重墙体,但却时常出现新旧墙体连接不善导致墙体出现裂痕。

为了保证房屋整体性,墙体转角部位和纵、横墙体交接处应咬槎砌筑。对不能砌筑又必须留置的临时间断处,应砌筑成斜槎,水平长度不小于高度的2/3;也可留直槎(马牙槎),但应加设拉结钢筋,其数量为每1/2砖长不少于一根直径为6mm的钢筋,间距沿墙高不超过500mm，埋入长度从墙的转角或交接处算起不得小于300mm。

(2)批荡　所有贴面砖的墙、地面在施工前应批荡，做到基层密实无空鼓。

(3)找平　地面做防水处理时，施工前必须将要处理的地面清扫干净，并用1∶2水泥砂浆找平后，方可进行施工。地面找平时，应先依照水平通线确定水平后，用2m靠尺铺筋定位，注意地面浇水养护，养护期为4天，每天养护4次。

(4)布线　应在水电管线布线完毕，并经检验测量合格后，方可进入泥水部分施工阶段，以免造成返工。做隐蔽排水管时，应该尽可能确保排水管外层阴阳角方正，与地面垂直。

(5)保护下水道　厨房卫生间贴墙、地砖时要采取妥当的防患措施，避免水泥砂浆流入下水道。

(6)土建　土建的工作包括改动浇注楼板、楼梯、门窗位置，厨房、卫生间的防水处理，包下水管，地面找平和墙地砖铺贴工程。通过吊线、打水平尺、塞尺等方法，确保墙体上门洞、窗洞两侧至地面的垂直度。

(7)假柱面的做法

1)用砖砌把立管包起来再做面层处理。特点是：隔音性能好，强度高，不易变形，贴完面砖后不易炸缝。缺点是：比较厚，占空间。

2)木龙骨加水泥压力板。这是以前常用的施工方法。施工简单、省事。缺点是：木龙骨在卫生间潮湿的环境下容易吸水、发霉、导致变形，易导致面砖炸缝。补救措施：可在面砖贴磁片前对立管根部做防水处理，防止地面的水流进立管，浸入木龙骨。

3)轻钢龙骨加水泥压力板。不正规方法：只用三根轻钢龙骨加两片水泥压力板制作。轻钢龙骨并没有做成框架，仅仅起连接作用。这种做法不够牢固，但省工省料。正规方法：采用轻钢龙骨做成框架，经甲方监理验收后，再封水泥压力板、挂钢丝网，最后再做面层处理。

4)塑料扣板、塑铝板制作。塑料扣板：采用木龙骨加阳角线，然后直接把扣板从下端向上安装进去。施工简便但不够美观。铝塑板：是在木龙骨上钉九厘板，再用玻璃胶把铝塑板粘上去，有多种颜色可供选择，具有饰面板的效果。但应注意，铝塑板的包角容易开裂，应该使用较厚的板材。

2. 面砖材料

现在市场上供装饰用的面砖，按照使用功能可分为地砖、墙砖和腰线砖等。地砖花色品种非常多。按生产工艺和材质可分为釉面砖、通体砖(防滑砖)、抛光砖、玻化砖、仿古砖等。墙砖按花色可分为玻化墙砖、印花墙砖等。

(1)釉面砖　釉面砖俗称瓷砖。以陶土、瓷土和石粉按比例混合为主要原料，经研磨、拌和、制坯、烘干、素烧、施釉、烧釉等工序加工制成，一般分为陶质或粗炻质品。根据光泽的不同分釉面砖和哑光釉面砖。根据原材料的不同分为陶质釉面砖和瓷质釉面砖。陶质釉面砖由陶土烧制而成，吸水率较高，一般强度相对较低，主要特征是背面为红色；瓷质釉面砖由瓷土烧制而成，吸水率较低，一般强度相对较高，主要特征是背面为灰白色。

釉面砖是装修中最常用的砖种，由于色彩图案丰富，而且防污能力强，因此被广泛使用于墙面和地面装修。

1)釉面砖的规格。随着装饰材料的不断更新，目前市场上釉面砖的规格趋向于大而薄。常见的墙面砖规格有 200mm×300mm×5mm、250mm×330mm×5mm、300mm×480mm×6mm 等。

常见的地面砖规格有 300mm × 300mm × 8mm、330mm × 330mm × 8mm、400mm × 440mm × 8mm、600mm × 600mm × 8mm、800mm × 800mm × 8mm、1000mm×1000mm×8mm 等。

2)釉面砖的种类和特点(表 7-5)。釉面砖色彩丰富，图案美观，装饰效果好，由于吸水率较大(18%以下)，抗压强度不高(2～4MPa)，一般用于厨房、卫生间、阳台等墙、地面的装饰。

表 7-5　釉面砖的种类和特点

种类		特点
白色釉面砖		纯白色，釉面光亮，简洁大方
彩色釉面砖	亮光彩色釉面砖	釉面光泽洁亮，色彩丰富
	哑光彩色釉面砖	釉面不晃眼，色调和谐，感觉上比较有档次
装饰釉面砖	结晶釉砖	晶花辉映，纹理多姿
	斑纹釉砖	斑纹釉面，丰富多彩
	花釉砖	在同一砖上施予各种图案经高温烧成，有良好的装饰效果
	大理石釉砖	具有天然大理石的纹路
图案砖	瓷砖画	根据各种画稿经高温烧成的釉面砖，图案多样永不褪色
	色釉陶瓷字	以各种色釉、瓷土烧制而成，光亮美观，色彩丰富，永不褪色
	白地图案砖	在白色釉面砖上装饰各种彩色图案，经高温烧成，纹路清晰、色彩明朗
	色地图案砖	在彩色釉面砖装饰各种图案，经高温烧成，产生浮雕、缎光、彩漆等效果，有很强的装饰性

3)釉面砖的质量标准和检验方法。釉面砖的技术质量指标主要由物理力学性能(表 7-6)、几何尺寸公差（表 7-7)及外观质量（表 7-8 和表 7-9)等部分组成。

表 7-6　釉面砖的物理力学性能指标

项　　目	指　　标
密度/(g/cm^3)	2.3～2.4

续表 7-6

项　目	指　标
吸水率/%	<18
抗冲击强度	用 30 重球，从 30cm 高度落下，3 次不碎
热稳定性（自 140℃至常温剧变次数）	3 次无裂缝
硬度	85～87
白度/%	>78

表 7-7　釉面砖的尺寸允许偏差

项　目	尺　寸	允许差值	项　目	尺　寸	允许差值
长度或宽度/mm	≤152	+0.5	厚度/mm	≤5	0.4
	>152	0.8			−0.3
	≤250	0.8		>5	±8
	>250	1.0			

表 7-8　釉面砖的变形允许值

名称	一级	二级	三级
上凸/mm	≤0.5	≤1.7	≤2.0
下凹/mm	≤0.5	≤1.0	≤1.5
扭斜/mm	≤0.5	≤1.0	≤1.2

表 7-9　釉面砖的外观质量要求

缺陷名称	优等品	一等品	合格品
开裂、夹层、釉裂	不允许		
背面磕碰	深度为砖厚的 1/2	不影响使用	
剥边、落脏、釉泡、斑点、坯粉、釉缕、桔釉、波纹、缺釉、棕眼裂纹、图案缺陷、正面磕碰	距离砖面 1m 处目测，无可见缺陷	距离砖面 2m 处目测，缺陷不明显	距离砖面 3m 处目测，缺陷不明显

（2）通体砖　通体砖的表面不上釉，是一种耐磨砖，具有很好的防滑性和耐磨性。通常所说的“防滑地砖”大部分都是通体砖。虽然现在还有渗花通体砖等品种，但相对来说，其花色比不上釉面砖。由于目前的室内设计越来越倾向于素色设计，因此通体砖越来越成为一种时尚，被广泛使用于厅堂、过道和室外走道等装修项目的地面；一般较少用于墙面。

（3）抛光砖　抛光砖就是通体砖坯体的表面经过打磨而成的一种光亮砖，属于通体砖的一种。抛光砖比通体砖的表面要光洁得多，但表面有凹凸气孔。

抛光砖坚硬耐磨，适合在除洗手间、厨房以外的多数室内空间中使用。通过渗花技术的运用，抛光砖可以做出各种仿石、仿木效果。

1）抛光砖的质量判定：在光线充足的位置，多角度观察砖面的外观质量，如尺寸、光泽度、砖底白度等；必要时用墨水滴于砖面，观察抹去后留下痕迹的深浅来判断防污性能；用水滴于背面，观察吸水快慢和多少，以判断吸水率；垂直立于光滑平面上让其自然倒下，倾听碰击声，以初步判断其内在物理力学性能的优劣。

2）抛光砖面上出现黑点的原因及其质量：造成抛光砖面上出现黑点的原因，如原料中带有杂质，从车间带入杂质和窑炉跌落杂质等，主要是原料含铁质。根据国家标准，要求优等品至少有95%的砖距0.8m远处垂直观察其表面无缺陷。

（4）*玻化砖*　为了解决抛光砖出现的易脏问题，又出现了一种玻化砖。玻化砖其实就是全瓷砖。其表面光洁又不需要抛光，所以不存在抛光气孔的问题。抛光砖和玻化砖的差异：吸水率低于0.5%的陶瓷砖都称为玻化砖，吸水率低于0.5%的抛光砖也属玻化砖，抛光砖只是将玻化砖进行了镜面抛光。市场上的玻化砖、玻化抛光砖，抛光砖实际是同类产品。吸水率越低，玻化程度越好，产品理化性能越好。

（5）*仿古砖*　仿古瓷砖按其款式分有单色砖和花砖两种，单色砖主要用于大面积铺装，而花砖则作为点缀用于局部装饰。一般花砖图案都是手工彩绘，其表为釉面，复古中带有时尚之感，简洁大方又不失细腻。此外，复古的气息通常也通过砂岩质地的砖饰来体现。图7-2为仿皮纹质地的仿古砖铺装效果。

图7-2　仿皮纹质地的仿古砖铺装效果

在铺装过程中，可以通过地砖的质感、色系的不同，或与木材等天然材料混合铺装，营造出虚拟空间感。例如在餐厅或客厅中，用花砖铺成波打边或者围出区域分割，在视觉上造成空间对比，往往达到出人意料的效果。有的设计中，特意要求铺设仿古砖时将缝留得很大，约为3mm～1cm，是为了突现它的沧桑感，这时可以选用专用勾缝剂，也可以在设计时将砖的缝隙留得很小，营造出不同的风格。

（6）*马赛克*　马赛克的体积是各种瓷砖中最小的，一般俗称“块砖”。马赛克可分为陶瓷马赛克、玻璃马赛克、熔融玻璃马赛克、烧结玻璃马赛克、金星玻璃马赛克等。马赛克除正方形外还有长方形和异形品种。

3. 地砖铺贴

1)原有地面必须充分打毛,然后刷一遍净水泥浆。严禁积水,防止通过板缝隙渗到楼下。

2)用水平尺找平,如地面基层表面高差超过 20mm 时,一定要做一遍砂浆找平层。

3)地砖铺设前必须全部开箱挑选,把尺寸误差大的单独处理,或是分房间分区使用,挑出有缺角或损坏的,选择地砖的颜色,色差小可分区使用,如色差过大则不得使用。

4)干铺砂浆使用体积比为 1∶2.5 的水泥砂浆,砂浆应是干性,手捏成团稍出浆即可,粘结层不得低于 12mm 厚,灰浆饱满,不得空鼓。

铺砖时,基层采用粗砂,水泥、粗砂按 1∶2.5 的比例加适量的水调和,达到既拧得紧又散得开的状态,然后抹灰找平,再在地砖背面上抹一层纯水泥灰进行粘贴拼板,用橡皮锤锤击,使其四周砖角平齐,并保证砂浆充实无空鼓(即找平、拼板、抹浆、贴平)。

5)地砖铺贴之前要在横竖方向拉十字线,横竖缝必须保证贯通 1mm,不得超过 2mm,如用户有特殊要求可采用均宽 2mm,但不得超 3mm。

6)要根据要求注意地砖是否需要拼花或是要按统一方向铺贴,切割地砖一定要严密,缝隙要均匀;地砖边与墙交接处缝隙不得超过 3mm。

7)地砖的平整度应用 1m 长的水平尺检查,误差不得超过 1mm,相邻地砖面层高差不得超过 1mm。地砖铺贴时其他施工工种不得污染,非施工人员不得随意踩踏,并应做到随做随清理,同时还应做好养护和成品保护。

8)进入现场的墙、地砖进行开箱检查时,应核实材料的品种规格是否符合设计要求。严格检查相同的材料是否有色差;仔细察看可有破损和裂纹,测量其宽窄、对角线是否在允许偏差范围(2mm);检查平整度,吸水率及是否做过防污处理。发现有质量问题,应及时进行退货或换货。

9)地砖铺贴前,应先检查各墙面的垂直度及表面平整度;检查阴阳角是否方正。如果超过允许值,必须把基层粉抹平整后再铺贴墙地砖。基层应清理干净,凸出部分应凿去,当楼地面基层较为光滑时,应大面积凿毛,并提前 10h 浇水湿润表面。

10)地砖铺贴前,应充分考虑砖在阴角处的压向,要求从进门的角度看不到砖缝,一般先贴进门正对面的,然后再贴侧面,先贴切整板墙,再贴上水管道处和阳角。

11)贴釉面砖之前,必须用水浸泡充分,以保持瓷砖镶贴牢固;同时在粘砖时,应在墙砖上抹一层厚度适宜的水泥砂浆,用橡皮锤敲打平整,使四角都有水泥,以防墙砖贴出空鼓现象。贴砖前应预排,并将试拼后的砖编号堆放。

12)厨房、卫生间、阳台地砖铺贴时,应适当放坡,保证地面残水从地漏流尽而不积水。

13)铺贴地砖时,应先考虑从哪里贴起,既美观又使砖的损耗最小,其次,拉纵横水平线时,应保证房间的最高处水泥砂浆有 20mm,同时,应清扫地面,并将地面浇湿后，再贴砖，以防地砖起壳。

14)地砖铺设后随时保持清洁，表面不得有铁钉、泥沙、水泥块等硬物，以防划伤地砖表面。木作工程施工需在地面铺设地毯后方可操作，并随时注意防止污染地砖表面。

15)地砖铺好后 24h 内严禁在上面走动。

4. 墙砖铺贴

(1)开箱检查

1)开箱检查瓷砖(长度、宽度、对角线、平整度)色差、品种以及每一件的色号。

2)要检查腰线砖尺寸是否与墙砖的尺寸相符协调，如尺寸不符应及时退换。

(2)基层清理

1)清理。清理表面的浮灰、砂浆。

2)找平。检查基层平整度和垂直度，当误差超过 20mm 时，必须先用 1∶2 水泥砂浆打底找平后方能进行下一工序。

3)打毛。如墙面原已刷过涂料，必须喷水后把涂料铲除干净，检查墙面是否有空鼓。打毛后方能施工。

(3)铺砖准备

1)刷浆。铺砖前要在墙面刷一遍纯水泥浆。

2)浸水。墙砖铺贴前，要将砖充分浸水润湿，阴干待用。

3)排砖。确定墙砖的排列，在同一墙面上的横竖排列，不宜有一行以上出现非整砖，非整砖行应排在次要部位或阴角处，阴角处不能同时出现两块非整砖(尤其注意花砖的位置，腰线的高度应控制在 800～1000mm 处)。

4)墙砖镶贴前必须找准水平及垂直控制线，垫好底尺，挂线铺贴，做到表面平整，铺贴应自下而上进行，整间或独立部分应在当天完成，或将接头留在转角处。

(4)贴砖工艺

1)砂浆。砂浆采用 1∶2 水泥砂浆或采用纯水泥浆，黏结厚度 6～10mm。

2)粘贴墙砖。墙砖粘贴时，横竖缝必须完全贯通，严禁错缝。当墙砖误差超过 1mm 时，砖缝宽调至 2mm(需经用户同意)。

3)墙砖粘贴时，用 2m 长靠尺检查。相邻砖之间的平整度误差应小于 2mm。墙砖铺贴过程中，砖缝之间的砂浆必须饱满，以防空鼓。

4)铺贴后应用同色水泥浆包缝，墙砖粘贴时必须牢固，不空鼓，无歪斜，且应避免出现缺楞掉角和裂缝等缺陷。

5)墙砖的铺贴阴阳角必须用角尺，检查墙砖粘贴阳角时，必须碰角严密，缝隙贯通。

6)墙砖的最下面一块，应留到地砖贴完后再补贴。

7)墙砖与开关插座暗盒开口切割应严密，不能有接缝。

8)墙砖镶贴时，应用切割机掏孔以保证孔的方圆适合需要。

9)墙砖镶贴时，门边线应能完全把缝隙盖住，并检查门洞垂直度。

10)铺贴后用湿白水泥或勾缝剂勾缝并清洁干净。

11)阳角处,必须采用面砖的原边磨45°角拼接粘贴,使两砖在交角处吻合且呈90°,并保证拐角处水泥砂浆铺贴饱满,避免出现楞角、空角以及锐利锋口。

12)铺墙、地砖时应注意压向,必须墙砖压地砖。

四、石材饰面

装饰石材有天然石材和人造石材两种:天然石材是指从天然岩体中开采出来,并经加工成块状或板状材料的总称。建筑装饰材料的饰面石材主要有大理石和花岗石两大类;人造石材是一种合成装饰材料。按所用黏结剂不同,可分为有机类和无机类人造石材两类。按其生产工艺可分为聚酯型人造大理石、复合型人造大理石、硅酸盐型人造大理石、烧结型人造大理石四种类型。

1. 大理石饰面的铺装

大理石是石灰岩、白云岩、方解石、蛇纹石等受接触变质或区域变质,经过地壳内高温、高压作用重新结晶而形成的变质岩,常是层状结构,有明显的结晶或斑状条纹。

(1)大理石饰面板的基本特征　大理石饰面板属中硬石材,容重2500～2600kg/m³,抗压强度较高,约47～140MPa,主要化学成分碳酸钙约占50%,其次为碳酸镁、氧化钙,还有微量氧化硅、氧化锰、氧化铁等。吸水率小于10%,耐磨、耐弱酸碱、不变形,花纹多样、色泽鲜艳。一般含有两种以上的颜色、形成独特的天然美。用于室内的墙面、柱身、门窗等装饰,高雅华贵,是一种高品位的装饰材料。

(2)大理石的种类及产地　大理石的种类及产地见表7-10。

表7-10　大理石的种类及产地

产地	名称	产地	名称
北京市	房山高庄汉白玉 房山艾叶青 房山白 房山黄山玉 房山次白玉 房山砖渣 房山桃红 房山螺纹转 房山芝麻白 房山青白石 房山银晶 房山石窝汉白玉 延庆晶白玉	辽宁省	丹东绿 铁岭红
		江苏省	宜兴咖啡 宜兴青奶油 宜兴红奶油
		浙江省	杭灰
		山东省	莱州雪花白
		湖北省	通山红筋红 通山中米黄 通山荷花绿 通山黑白根

续表 7-10

产　地	名　称
四川省	宝兴白 石棉白 宝兴青花麻 宝兴青花白 宝兴波浪花 宝兴银杉红 宝兴红 蜀金白 丹巴白 丹巴水晶白 丹巴青花 宝兴大花绿 彭州大花绿
贵州省	贵阳纹脂奶油 贵阳水桃红 遵义马蹄花 贵州木纹米黄 贵州平花米黄 贵州金丝米黄 紫云杨柳青 贵定红 贞丰木纹石 毕节晶墨玉 毕节残雪
湖南省	慈利虎皮黄 慈利荷花红 慈利荷花绿 隆回山水画 道县玛瑙红 芙蓉白 邵阳黑
云南省	河口雪花白 贡山白玉 元阳白晶玉河口白玉 云南白海棠 云南米黄

(3)**板材灌浆铺贴工艺**　墙面安装施工流程为:施工准备(钻孔、剔槽)→穿铜丝或镀锌铁丝与块材固定→绑扎、固定钢筋网→吊直、找位弹线→安装大理石→分层灌浆→擦缝。

施工要点如下。

1)钻孔、剔槽。安装前先将饰面板按照设计要求用台钻打眼,事先应钉木架使钻头直对板材上端面,在每块板的上、下两个面打眼,孔位打在距板宽的两端 1/4 处,每个面各打两个眼,孔径为 5mm,深度为 12mm,孔位距石板背面以 8mm 为宜(指钻孔中心)。大理石板材宽度较大时,可以增加孔数。钻孔后用金钢錾子把石板背面的孔壁轻轻剔一道槽,深 5mm 左右,连通孔洞形成象鼻眼,以备埋卧铜丝之用。

2)穿铜丝或镀锌铁丝。把备好的铜丝或镀锌铁丝剪成长 20cm 左右,一端用木楔粘环氧树脂将铜丝或镀锌铁丝楔进孔内固定牢固,另一端将铜丝或镀锌铁丝顺孔槽弯曲并卧入槽内,使大理石石板上、下端面没有铜丝或镀锌铁丝露出,以便和相邻石板接缝严密。

3)绑扎钢筋网。首先剔出墙上的预埋筋,把墙面铺贴大理石或预制水磨石的部位清扫干净。绑扎一道竖向 $\phi 6$ 钢筋,并把绑好的竖筋用预埋筋弯压于墙面。横向钢筋为绑扎大理石板材所用,如板材高度为 60cm 时,第一道横筋在地面以上 10cm 处与主筋绑牢，用作绑扎第一层板材的下口固定铜丝或镀锌铁丝。第二道横筋绑在50cm水平线上7～8cm，比石板上口低2～3cm处，用于绑扎第一层石板上口固定铜丝或镀锌铁丝，再往上每60cm绑一道横筋即可。

4)弹线。首先将大理石或预制水磨石、磨光花岗石的墙面、柱面和门窗套用大线坠从上至下找垂直(高层应用经纬仪找垂直)。应考虑大理石或预制水磨石、磨光花岗石板材厚度、灌注砂浆的空隙和钢筋网所占尺寸，一般大理石或预制水磨石、磨光花岗石外皮距结构面的厚度应以5～7cm为宜。找出垂直后，在地面上顺墙弹出大理石外廓尺寸线(柱面和门窗套等同)。此线即为第一层大理石的安装基准线。编好号的大理石在弹好的基准线上画出就位线，每块留1mm缝隙(如设计要求拉开缝，则按设计规定留出缝隙)。

5)安装大理石。按部位取石板并拉直铜丝或镀锌铁丝，将石板就位，石板上口外仰，右手伸入石板背面，把石板下口铜丝或镀锌铁丝绑扎在横筋上。绑时不要太紧可留适当余量，只要把铜丝或镀锌铁丝和横筋拴牢即可(灌浆后即可锚固)，把石板竖起，便可绑大理石石板上口铜丝或镀锌铁丝，并用木楔子垫稳，块材与基层间的缝隙(即灌浆厚度)一般为30～50mm。用靠尺板检查调整木楔，再拴紧铜丝或镀锌铁丝，依次向另一方向进行。柱面可按顺时针方向安装，一般先从正面开始。第一层安装完毕再用靠尺板找垂直，水平尺找平整，角尺找阴阳角方正，在安装石板时如发现石板规格不准确或石板之间的空隙不符，应用铅皮垫牢，使石板之间缝隙均匀一致，并保持第一层石板上口的平直。找完垂直、平整、方正后，把调成粥状的石膏贴在大理石石板上下之间，使这二层石板结成一整体，木楔处亦可粘贴石膏，再用靠尺板检查有无变形，待石膏硬化后便可灌浆(如设计有嵌缝塑料软管者，应在灌浆前塞放好)。

6)灌浆。把配合比为1∶2.5的水泥砂浆放入半截大桶加水调成粥状(稠度一般为8～12cm)，用铁簸箕舀浆徐徐倒入，注意不要碰大理石石板，边灌边用橡皮锤轻轻敲击石板面使灌入砂浆排气。第一层浇灌高度为15cm，不能超过石板高度的1/3。第一层灌浆很重要，它起着锚固石板的下口铜丝和固定石板的作用，所以要轻轻操作，防止碰撞和猛灌。如发生石板外移错动，应立即拆除重新安装。

第一次灌入15cm后停1～2h，待砂浆初凝后，应检查是否合格(位置是否偏移)，再进行第二层灌浆，灌浆高度一般为20～30cm，待初凝后再继续灌浆。第三层灌浆至低于板上口5～10cm处为止。

7)擦缝。全部石板安装完毕后，清除所有石膏和剩余砂浆痕迹，用麻布擦洗干净，并按石板颜色调制色浆嵌缝，边嵌边擦干净，使缝隙密实、均匀、干净、颜色一致。

(4)柱面安装

1)钻孔、绑钢筋和安装等工序与墙面安装方法相同。

2)弹线。先测量出柱中心线和柱与柱之间的水平通线，在地面顺墙弹出板边外廓尺寸线及最低基准线。

3)锯边。板材阳角背面大于45°角的斜面，应锯成10mm×10mm正方形(俗称

“海棠角”),如图 7-3 所示。

4)固定。方形柱面安装时,可用绳绑紧、卡具卡紧或石膏固定三种方法,其中以木卡子卡紧为佳。

5)灌浆。柱的板材每安装一层,必须横平竖直,先用聚酯砂浆固定板材四角,并填灌板材间隙,待聚酯砂浆固化后,再进行一般灌浆操作,一次灌浆量不应高于 15cm。待初凝后,再灌第二次且每层板上部应留 5cm 空口待上层板材灌浆时接合。

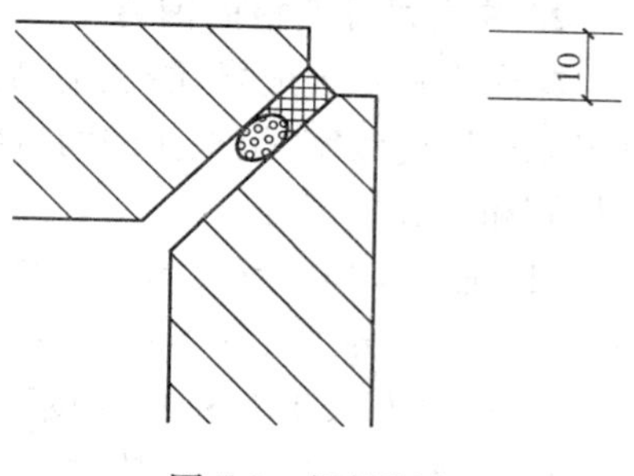

图 7-3 板材阳角

6)清理勾缝。灌浆后应及时清理板材基面污迹,并用面板同色水泥浆勾缝,最后清洗干净。

(5)大理石地面铺装

1)前期工作与墙、柱面相同。

2)先铺装若干条干线作为基准,由中央部分向四侧采取退步式铺装,凡有柱的地方宜先铺装柱与柱之间的部分,然后向两旁展开,最后收口。

3)石材铺装前应先泼水湿润,阴干后备用。

4)擦缝和养护。大理石铺装干硬后,再用白水泥稠浆填缝嵌实,用布擦拭干净,板材铺装 24h 后,应洒水养护 1～2 次,在养护期 3 天内禁止踩踏。

(6)大理石板材黏结铺贴施工

1)施工准备与大理石灌浆装贴相同。

2)施工要点。将墙面、柱面和门套用线坠从上至下找好垂直;在地面顺墙弹出板边外廓尺寸线(柱面相同),并弹出最低水平基准线;沿水平基准线放一长板作为托底板,防止石板粘贴后下滑;用锯齿形刮板把胶粘剂涂刮在石板底面上,轻轻将石板下沿与水平线对齐,然后黏合;石板厚薄不匀时,应先贴厚板后贴薄板;石材由下往上逐层粘贴,用手轻推拉定位,用橡皮锤轻敲平整,每层用水平尺靠平,每贴三层用尺靠垂直和水平;全部安装完毕后,用干净布将余胶擦净;最后用石板颜色相同的水泥浆勾缝;接缝不平整时,需用高标号金刚石磨平。

(7)质量要求

1)大理石饰面板应表面平整、边缘整齐,棱角不得损坏,并应具有产品合格证。

2)安装大理石饰面板用的铁制锚固件、连接件,应镀锌或经防锈处理。镜面和光面的天然石板、石饰面板,应采用铜或不锈钢制的连接件。

3)天然石装饰板的表面不得有隐伤、风化等缺陷,不宜采用易褪色的材料包装。

4)施工时所用胶结材料的品种、掺和比例应符合设计要求,并具有产品合格证。

5)大理石板材物理性能及外观质量应符合规定,其普通型板材的等级指标允许偏差应符合规定。

2. 花岗岩饰面板的铺装

花岗岩是从火成岩(酸性结晶深成岩)中开采出来的。由长石、石英及少量的云母组成。构造致密,呈整体的均粒状结晶结构。按结晶颗粒的大小可分为“微晶”、“粗晶”和“细晶”三种。

(1)花岗岩饰面板的基本特征　花岗岩一般为浅色,多为灰、灰白、浅灰、红、肉红等。其化学成分主要为SiO_2,约占65%～75%。属硬石材,质地硬,密实,密度一般为2700～2800kg/m^3;抗压强度高,约为120～250MPa;吸水率很低,一般小于1%。具有耐酸碱、耐腐蚀、耐高温、耐光照、耐冰冻、耐磨、耐久性等优点。

(2)花岗岩的种类及产地　见表7-11。

表7-11　花岗岩的种类及产地

产地	名称	产地	名称	产地	名称	产地	名称
北京市	白虎涧红	辽宁省	凤城杜鹃红	浙江省	仕阳芝麻白	福建省	海沧白
	密云桃花		建平黑		三门雪花		武夷红
	延庆青灰		绥中芝麻白		磐安紫檀香		武夷蓝冰花
	房山灰白		绥中白		嵊州东方红		晋江陈山白
	房山瑞雪		青山白		嵊州云花红		晋江内厝白
河北省	平山龟板玉		绥中虎皮花		嵊州墨玉		安溪红
	平山绿		绥中浅红		司前一品红		安海白
	平山柏坡黄	吉林省	吉林白		仁阳青		大洋青
	易县黑	黑龙江省	楚山灰		安吉芙蓉花		南平青
	涿鹿樱花红	安徽省	岳西黑	甘肃省	陇南芝麻白		东石白
	承德燕山绿		岳西绿豹		陇南清水红		漳浦红
山西省	北岳黑		岳西豹眼	河南省	淇县森林绿		南平黑
	灵丘贵妃红		皖西红		辉县金河花		长乐、屏南芝麻黑
	恒山青		金寨星彩蓝	贵州省	罗甸绿		
	广灵象牙黄		天堂玉	福建省	晋江巴厝白		同安白
	灵丘太白青		龙舒红		泉州白		南平闽江红
	灵丘山杏花	浙江省	安吉红		南安雪里梅		连城花
	代县金梦		龙川红		龙海黄玫瑰		罗源樱花红
内蒙古自治区	白塔沟丰镇黑		龙泉红		康美黑		罗源紫罗兰
	敖包黑		温州红		漳浦青		罗源红
	喀旗黑金刚		上虞菊花红		洪塘白		连城红
	诺尔红		上虞银花		晋江清透白		古田桃花红
	阴山红		嵊州樱花		肖厝白		宁德丁香紫
	凉城绿		嵊州红玉		福鼎黑		宁德金沙黄

续表 7-11

产地	名称	产地	名称	产地	名称	产地	名称
福建省	长乐红	山东省	平度白	广东省	信宜星云黑	四川省	雅州红
	华安九龙壁		莒南红		信宜童子黑		黎州红
	浦城百丈青		三元花		信宜海浪花		黎州冰花红
	浦城牡丹红		文登白		信宜细麻花		汉源三星红
	石井锈石		泽山红		广宁墨蓝星		石棉樱花红
	光泽红		莱州芝麻白		广宁红彩麻		宝兴红
	光泽高原红		莱州樱花红		广宁东方白麻		宝兴珍珠花
	光泽铁关红		乳山青		普宁大白花		芦山樱桃红
	漳浦马头花		荣成靖海红	新疆维吾尔自治区	天山蓝		芦山珍珠红
	光泽珍珠红		荣成海龙红		哈密星星蓝		宝兴翡翠绿
	永定红		荣成人和红		哈密芝麻翠		天全邮政绿
	邵武青		蒙山花		天山冰花		二郎山菊花绿
湖北省	麻城彩云花		蒙阴海浪花		新疆红		宝兴绿
	麻城鸽血红		蒙阴粉红花		托里菊花黄		宝兴墨晶
	麻城龙衣		招远珍珠花		托里雪花青		宝兴黑冰花
	麻城平靖红		荣成京润红		托里红		芦山墨冰花
	三峡红		荣成佳润红		天山红梅		宝兴莱花贵
	三峡绿		石岛红		鄯善红		石棉彩石花
	宜昌黑白花		龙须红	四川省	芦山红		喜德枣红
	宜昌芝麻绿		平邑孔雀绿		芦山忠华红		喜德玫瑰红
	西陵红	湖南省	衡阳黑白花		石棉红		冕宁红
	通山九吕青		怀化黑白花		三合红		喜德紫罗兰
广西壮族自治区	岑溪红		隆回大白花		天全玫瑰红		攀西蓝
	桂林红		新邵黑白花		汉源巨星红		航天青
	三堡红		郴县金银花		芦山樱花红		牦山黑
	林林浅红		华容出水芙蓉		二郎山红		冕宁黑冰花
江西省	贵溪仙人红		华容黑白花		新庙红		夹金花
山东省	济南溥		汨罗芝麻花		四川红		甘孜樱花白
	崂山灰		望城芝麻花		荥经红		甘孜芝麻黑
	崂山红		长沙黑白花		二郎山桂鹏红		丹巴芝麻花
	五莲豹皮花		桃江黑白花		二郎山冰花红		南江玛瑙红
	平邑将军红		平江黑白花		二郎山雪花红		天府红
	齐鲁红		宜章莽山红		二郎山川絮红		泸定长征红

续表 7-11

产地	名称	产地	名称	产地	名称	产地	名称
四川省	加郡红	四川省	泸定五彩石	新疆维吾尔自治区	天山冰花	疆维吾尔自治区	双井花
	二郎山孔雀绿		米易绿		天山绿		天山红
	旺苍隆丰红		米易豹皮花		双井红		和硕红

(3)花岗岩板材安装施工工艺

1)施工顺序。排样→挑选花岗岩板→清理结构表面→结构上弹出垂直线→大角挂两竖直钢丝 →石料打孔→背面刷胶 → 贴柔性加强材料→挂水平位置线→支底层板托架→放置底层板定位→调节与临时固定→灌 M20 水泥浆→设排水管→结构钻孔并插固定螺栓→镶不锈钢固定件→用胶粘剂灌下层墙板上孔→插入连接钢针→将胶粘剂灌入上层墙板的下孔内临时固定上层墙板→钻孔插入膨胀螺栓→镶不锈钢固定件→装顶层板材。

2)施工要点。

工地收货。由专人负责,发现有质量问题及时处理,并负责现场的石材堆放。

石材准备。用比色法对石材的颜色进行挑选分类,安装在同一面的石材颜色应一致,按设计图纸及分块顺序将石材编号。

基层准备。清理饰面石材的结构基层表面,同时进行结构基层找平、校对,弹出垂直线和水平线,并根据设计图纸和实际需要弹出安装板材的位置线和分块线。

挂线。根据设计图纸要求,板材安装前要事先用经纬仪测出大角两个面的竖向控制线,并弹在离大角 20cm 的位置上,以便随时检查垂直挂线的准确度,保证顺利安装,并在控制线的上下做出标记。

支底层板材托架,把预先安排好的支托根据水平位置支在将要安装的底层板材上面。支托要支承牢固,相互之间要连接好。支架安好后,顺支托方向钉铺通长的 50mm 厚木板,木板上口要在同一个水平面上,以保证板材上下面处在同一水平面上。

安连接铁件。按设计规定的不锈钢螺栓固定角钢与平钢板。调整平钢板的位置,使平钢板的小孔正好与板材的插入孔对上,固定平钢板,拧紧。

底层板材安装。把侧面的连接铁件安好,便可把底层板材靠角上的一块就位。

调整固定。板材临时固定后应调整水平度,如板材上口不平,可在板底的一端下口的连接平钢板上垫一相应的双股铜丝垫。调整垂直度,可调整板材上口的不锈钢连接件的距墙空隙,直至板材垂直。

顶部板材安装。顶部最后一层板材除了按一般板材铺装要求外,铺装调整好后,在结构与板材的缝隙里吊一通长的 20mm 厚木条,木条上面为板材上口,下为 250mm。吊点可设在连接铁件上。可采用铅丝吊木条,木条吊好后,在板材与墙面基层之间的空隙里放填充物，且填塞严实，以防止灌浆时漏浆。

清理花岗岩表面。将花岗岩表面的防污条掀掉，用棉丝把板材擦净。

3)质量要求。花岗岩饰面板应表面平整、边缘整齐、棱角不得损坏，并应具有产品合格证。

铺装花岗岩饰面板用的钢制锚固件、连接件，应镀锌或经防锈处理。镜面和光面的天然石板、石饰面板，应采用铜或不锈钢制的连接件。

天然石装饰板的表面不得有隐伤、风化等缺陷，不宜采用易褪色的材料包装。

施工时所用胶结材料的品种、掺和比例应符合设计要求，并具有产品合格证和性能检测报告。

4)背栓式干挂板材幕墙。随着技术的不断完善和进步，近几年来石材在内、外墙面的广泛运用，石板材铺装又有一种全新的安装技术叫背栓式干挂石材幕墙施工技术。背栓式干挂石材幕墙是在石材背面钻成燕尾孔，与凸形胀栓相结合，然后与钢龙骨固定，由钢支架组成的横竖龙骨通过埋件连接固定在外结构墙上，如图7-4所示。

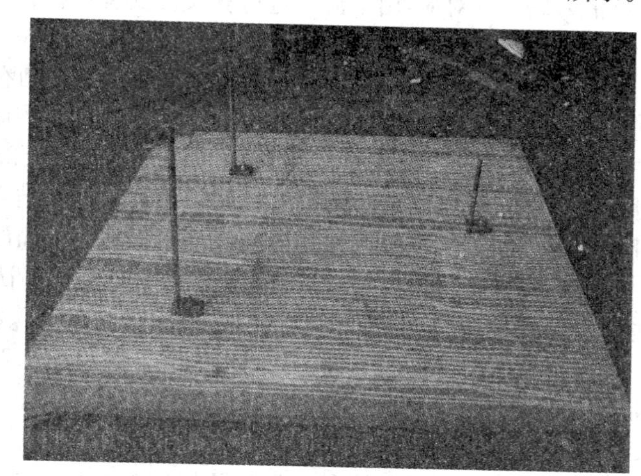

图7-4 背栓式外墙干挂石板材

背栓式外墙干挂石材与传统干挂石材相比，具有以下优点：

第一，背栓式干挂石板材，由于每块石板材均有四个背栓式挂件，每个挂件都均匀承受石板材重量，且石材挂件与龙骨挂件间接触面积大，相应的强度和稳定性好。因此它适用于高层和超高层外墙饰面。

第二，背栓式干挂石板材各个挂件均承载石板材重量，破裂后的石板材不易脱落且易于更换。

第三，背栓式干挂石板材表面清洁，不易受污染，而采用水泥砂浆黏结石板材的表面因受水泥浆侵蚀易变色形成色差。

背栓式干挂石板材幕墙的施工工艺如下：

龙骨安装。从结构上实现先立竖框(正 12 镀槽钢),后上横框(L50×5 镀锌角钢),竖框定位后再装横框,将能很好地保证横竖框的直线度和横框的伸缩缝,安装顺序是先下后上。龙骨安装完要进行全面检查,尤其是横、竖框中心线,必须用仪器对横、竖龙骨进行调整。

石板材挂件的安装。铝合金挂件的定位、安装是可更换背栓式石板材幕墙安装中至关重要的一环,它位置的准确与否直接关系到石板材幕墙的外观效果。铝合金挂件采用分段形式,通过螺栓与横龙骨角钢相连,石板材块上的胀栓与挂件间有一定的配合尺寸,可以保证石板材水平板块方向的调整。

层间防火封修。在每层楼的楼板顶标高处,沿外墙四周设一道层间防火封修,因外墙石板材内表面距剪力墙有 200mm 空隙,为防止火灾发生后,火势从此空隙处向上层蔓延,故此设层间防火隔离带,材料采用 1.2mm 厚镀锌钢板 50mm 厚防火保温矿棉板,镀锌钢板一端用射钉固定在剪力墙上,射钉间距 500mm,另一端搭在横向角钢龙骨上。

石板材安装。石材板块通过背栓与铝合金挂件相连,石材安装是按照板块布置图编好的号码一一对应,由下而上进行安装。安装时将石材板块通过挂钩挂在横向龙骨挂件上即可,安装简便易行。通过顶处的微调,保证外立面的垂直、水平和表面平整。

石板材准确度的控制。在安装石板材时注意控制石板材安装高程累计误差及控制基准石板材完成面。石板材高程累计误差的有效控制方法是在每个楼层弹 1m 水平基准线,以 1m 线校核施工误差,要求一般不超过±2mm,若超出此误差范围,则及时在上一层石板材安装时调整。控制每块石板材基准完成面的方法是通过精确地测量放线牙口结构的三维调整功能来保证石板材完成面的准确性。

石板材缝密封。石板材装好,调整完毕经检查确认合格后,即可进行注胶密封,注胶之前先把胶缝清理干净,并在胶缝的两侧贴上保护带,以免注胶时把石板材弄脏。注胶后再把保护胶带撕下来,注胶材料必须耐候、耐老化、耐火性能好,且不含硅油,以防对石板材造成污染。

质量要求如下:

石板材不得有缺边掉角和裂缝及划痕,颜色、质地均匀一致,无特殊纹理和明显色差。体积密度、吸水率、弯曲强度、抗剪强度等应满足有关规定。

总之,背栓式干挂石板材幕墙施工技术是近几年从国外引进的新工艺,此项新工艺的引进填补了我国在高层和超高层建筑外墙装饰花岗岩用传统旧工艺所不能达到水平的一项空白。同时它又克服了钢销式和槽式干挂石材幕墙的某些缺点,在安全性、耐久性、可更换性等方面具有较大的优势。

五、验收标准及常见问题

1. 土建工程施工质量验收标准

土建工程验收评定内容及要求见表 7-12。

表 7-12 土建工程验收评定表

工程名称： 部位： 项目经理：

保证项目	项目		质量安全情况
	1	墙面和地面无空鼓、歪斜、划痕、缺楞、掉角和裂缝等缺陷	
	2	用水房坡度合理，无积水、渗漏等现象	
	3	卫浴设备制作、安装、与管道连接合理规范	

基本项目	项目		质量情况					等级
			1	2	3	4	5	
	1	表面						
	2	接缝						
	3	套割						

允许偏差项目	项目			允许偏差/mm	实测值				
					1	2	3	4	5
	1	立面竖面		2					
	2	表面平整度	墙面	1/m					
			地面	2					
	3	接缝高低		0.5					
	4	接缝平直		2/5m					
	5	缝隙平直		0.5					
	6	阴阳角方正、垂直		1.5					
	7	踢脚线平直		2					
	8	墙裙上口平直		2					

观感项目	项目	1	2	3	4	8	平均分
	颜色、图案、窨处理、不整砖、腰线等细部操作情况						

检查结果	保证项目		
	基本项目	检查 项，其中优良 项，优良率 %	
	允许偏差项目	实测 点，其中合格 点，合格率 %	
	分项工程总得分	实量实测占70%+观感项目30%	

评定等级	合格		备注		质检员	
	优良					

年 月 日

2. 土建工程施工常见问题及注意事项

(1)墙面裂纹及其处理方法

1)墙面出现裂纹(缝)是一个经常出现的问题，除了结构裂痕外，作为室内装饰工程经常碰到的有如下情况:内保温的墙体,保温板与保温板接缝开裂所出现的裂纹;在墙面开槽铺设电线穿管和填补墙上凹洞以后出现的收缩裂纹;新砌的墙和原有的墙体及吊顶横梁之间的收缩裂纹;抹灰刮腻子不均匀出现的应力裂纹。

2)解决措施:

保温板裂纹的处理。用油灰刀把裂纹切开,尽量深一些,填入石膏。一定要填实、填均匀。然后用纱布、豆包布或白的确良布粘贴在裂纹处,干燥后再刮腻子或做其他工艺的处理。如果裂纹比较严重,也可以用牛皮纸补缝,效果更好。

线槽和凹洞补灰以后出现裂纹,可以用石膏粉嵌补刮平。

在砌墙之前应清楚地交代在新旧墙之间增加受拉结构钢筋(每 50cm 的高度加一条长度为 100cm、直径为 6mm 的钢筋),批荡时需要增加钢丝网。

墙面腻子一次刮得太厚,或整个墙面的厚度过于悬殊,也会出现裂纹。可多刮几遍,每遍薄一些,间隔时间也应该长一些。但要注意腻子刮的遍数多了,也容易脱落。

(2)天棚或墙面抹灰出现起鼓与裂缝的原因

1)基层没处理好,清扫不净,没有浇透水。

2)面层不平偏差太大,一次抹灰太厚。

3)没有分层抹灰。

4)各层抹灰砂浆配合比相差太大。

(3)不是面砖的质量问题,而墙砖又发生空鼓、脱落的原因

1)基层没处理好,墙面湿润不透,砂浆失水太快,造成砖与面层黏结不牢。

2)面砖浸水不足造成砂浆脱水,或浸泡后砖未干,浮水使砖浮动下坠。

3)砂浆不饱满、厚薄不均匀,用力不均。

4)在砂浆已经收水后,移动粘贴好的砖,造成铺装粘贴不牢固。

5)嵌缝不密实或漏嵌。

(4)饰面砖接缝不平整,缝宽不均匀

1)没有对瓷砖的材质进行挑选,其陶瓷砖外观质量必须符合《干压陶瓷砖》(GB/T 4100.5—1999)的规定。

2)粘贴前没有遵照要求用水平尺找平,没有弹出下一片砖的水平控制线。

3)铺贴好一片砖后,没有及时校正横竖缝平直,或砂浆已经收水再纠正移动粘贴好的砖,造成面砖粘贴不到位。

(5)墙面砖开裂、变色、墙面污染

1)面砖质量不好,材质疏松,吸水率大,其抗压、抗拉、抗折性能均相应下降。

2)面砖包装使用材料简陋,运输不慎,受雨水、纸箱等有色液体污染。

3)材质疏松,粘贴前没有浸透,或粘贴时粘贴砂浆的浆水从背面渗透到砖的坯内,并渗透到层面上造成变色。

(6)陶瓷面砖施工注意事项

1)基层必须处理合格,不得有浮土、浮灰。

2)陶瓷面砖必须浸泡阴干。经浸泡阴干以避免影响其凝结硬化，发生空鼓、起壳等现象。铺贴完成后，2～3h 内不得上人。陶瓷面砖应养护 4～5 天才可上人。

(7)*关于墙砖压地砖*　厨房、卫生间墙、地面铺装面砖一般要求施工时墙砖压地砖。这是因为有很多房子并不方正，地砖压墙砖的时候，经常会因为房间不方正而使墙面与地面之间出现一道缝，且因为地面面砖有切割砖，切割的毛边就会很明显。如果墙砖压住地砖，就可避免以上的缺陷。

第八章　木工与饰面作业

一、木作装饰工程材料及施工工艺

1. 木作装饰工程的常用材料

木材是一种环保材料，其加工方便，色泽和质感给人以温暖、亲切和接近自然的感觉，在室内装饰中被广泛采用。在建筑室内装饰中，木作工程中常用的木材料按材质可分为实木板和人造板两大类。目前除了部分地板和门扇会使用实木板外，通常所使用的板材都是由人力加工出来的人造板。

(1)细木工板　细木工板(俗称大芯板)是利用天然旋切单板与实木拼板，经涂胶、热压而成的板材。它是一种被广泛应用的装饰材料。细木工板按加工工艺可分为两类：

手工板。用人工将木条镶入夹层之中，这种板材钉力差、缝隙大，不能锯切加工，一般只能整张应用于室内装修的部分子项目中，如做实木地板的垫层毛板等。

机制板。用一定规格的木条进行排列，作为板芯，双面贴以胶合板的面板。具有规格统一、易于加工、不易变形以及可粘贴其他材料等特点，是室内装修中墙体、顶部装修和细木装修较为常用的木材制品。厚度有 15mm、18mm、20mm、22mm 等四种。机制板质量优于手工板，但内嵌材料的树种、加工的精细程度、面层的树种等区别仍然很大。一些较好的板材，质地密实，夹层树种持钉力强，可用做各种家具、门窗扇框等细木装修时使用。另外一种是较普通的机制板，板内空洞多，黏结不牢固，质量很差，一般不宜在细木工制作施工中使用。

细木工板的挑选方法如下：

1)优质的细木工板表面应光滑、无缺陷，如挖补、死结、漏胶等。面板厚度均匀，无重叠、离缝现象，芯板的品质紧密，特别是细木工板两端不能有干裂现象。

用手摸细木工板表面，优质的细木工板应手感干燥，平整光滑。

2)选材时，应要求锯开一张板检查。质量较好的大芯板，其中的小木条之间，都有锯齿形的榫口相衔接，其缝隙不超过 5mm。

3)抬起一张细木工板的一端，掂一下，优质的细木工板，应有一种整体感、厚重感。

4)要注意板材的甲醛含量。甲醛主要会对呼吸系统造成伤害，已被世界卫生组织确认为致癌物质。采用甲醛作为黏结剂的细木工板，甲醛会从细木工板中释放出来，危害人体健康。因此，选择时，应避免选用有刺激性气味的细木工板。细木工板气味越大，说明甲醛释放量越高，污染越严重，危害性也就越大。

(2)胶合板　胶合板，也称夹板，行内俗称细芯板。是由原木段，经旋(刨)切成单板，再经干燥、涂胶，由三层以上、每层1mm厚的单板按纹理交错重叠、热压而成，是目前手工制作家具最为常用的材料。夹板有3厘板(厚度为3mm)、5厘板(厚度为5mm)、9厘板(厚度为9mm)、12厘板(厚度为12mm)、15厘板(厚度为15mm)和18厘板(厚度为18mm)等规格。胶合板的木材利用率高，具有材质均匀、不翘曲、不开裂和装饰性强等优点。胶合板的特性和用途见表8-1。

表8-1　胶合板的特性和用途

种　类	名　称	胶　类	特性与用途
阔叶树材普通胶合板	NQF(耐气耐沸水胶合板)	酚醛树脂胶和其他性能相当的胶	耐久，耐煮沸或蒸汽，耐干热，抗菌，用于室外
	NS(耐水胶合板)	脲醛树脂胶或其他性能相当的胶	耐冷水及短时间热水浸泡，抗菌，用于室外
	NS(耐潮胶合板)	血胶，带有多量填料的脲醛树脂胶或其他性能相当的胶	耐短期冷水浸泡，用于室内(一般常态)
	BNC(不耐水胶合板)	豆胶或其他性能相当的胶	有一定胶合强度，不耐水用于室内(一般常态)
松木普通胶合板	Ⅰ类胶合板	酚醛树脂胶和其他性能相当的合成树脂胶	耐水，耐热，抗真菌，室外长期使用
	Ⅱ类胶合板	脱脂酚醛树脂胶，改性脲醛树脂或其他性能相当的合成树脂胶	耐水，抗真菌，在潮湿环境下使用
	Ⅲ类胶合板	血胶和加入少量填料的脲醛树脂胶	耐湿，用于室内
	Ⅳ类胶合板	豆胶和加多量填料的脲醛树脂胶	不耐水湿，用于室内(干燥环境)

胶合板的选择：

1)胶合板夹板有正反两面的区别。胶合板表面应木纹清晰，正面光洁平滑，不毛糙，手感平整。

2)胶合板应无脱胶现象。

3)胶合板不应有破损、碰伤、硬伤、疤节等瑕疵。

4)尽管有些胶合板是将两个不同纹路的单板贴在一起制成的，但夹板拼缝处应严密，没有高低不平的缺陷。

5)胶合板不应散胶。用手敲胶合板各部位时，声音发脆，则证明质量良好，若声音发闷，则表示夹板已出现散胶现象。

6)胶合板应颜色统一、纹理一致，木材色泽应与家具油漆颜色相协调。

(3)刨花板　刨花板也称碎料板，是将木材加工剩余物、小径木、木屑等切削成一定规格的碎片，经过干燥，拌以胶料、硬化剂、防水剂等，在一定的温度和压力下压制成的一种人造薄型板材。

刨花板的分类：

1)按压制方法分类：可分为挤压刨花板、平压刨花板两类。此类板材主要优点是价格极其便宜。在生产过程中可用添加剂改善板材尺寸的稳定性，具有阻燃性。通过改进板的密度和生产工艺制成的特种用途刨花板，密度均匀、表面平整光滑、尺寸稳定，耐冲击强度高、无节疤或空洞、握钉力佳、易于贴面和机械加工、成本较低。但缺点是强度差。不适宜制作较大型或者有力学要求的家具。

2)按刨花板装饰处理分类：可分为磨光刨花板、不磨光刨花板、浸渍纸饰面刨花板、PVC 饰面刨花板等。

3)按刨花板结构分类：可分为单层结构刨花板、三层结构刨花板、多层结构刨花板、定向刨花板等。

(4)密度板　密度板，也称纤维板。是以木质纤维或其他植物纤维为原料，经破碎、浸泡、研磨成木浆，添加脲醛树脂或其他适用的胶粘剂，经干燥处理制成的人造板材。根据纤维板的抗弯强度可分为高、中、低三种密度板。在室内装饰中常用的是中、高密度的纤维板和硬质纤维板。软质纤维板主要用作室内顶棚和墙面的吸声保温材料。纤维板厚度有 9mm、12mm、15mm 三种。

(5)防火板　防火板又称耐火板。是采用硅质材料或钙质材料为主要原料，添加一定比例的纤维材料、轻质骨料、粘合剂和化学添加剂混合后，经蒸压技术制成的装饰板材，是目前应用广泛的一种新型装饰板材，具有防火性能。防火板的施工对于粘贴胶水的要求比较高，质量较好的防火板价格比一般的装饰面板也要高。防火板的厚度一般分为 0.8mm、1mm 和 1.2mm 三种。

1)防火板的特点：图案、花色丰富多彩，具有耐湿、耐磨、耐烫，阻燃，耐撞击，防火、防菌、防霉，抗静电，耐一般酸、碱、油脂及酒精等溶剂的侵蚀。

2)防火板品种与用途：防火板的品牌目前在市场中有很多。比如“富丽华”、“耐特”、“雅佳”等。防火板主要用作室内门的装饰、装饰墙面的装饰，以及橱柜、家具等的表面。

(6)装饰面板　装饰面板的构造与三层胶合板的构造大致相同，是用三张薄片涂胶后按纹理交错重叠，然后进行热压。所不同的是有一层面板是用上好的木材加工制成，作为装饰的贴面层。常用的面板有柚木、胡桃木、水曲柳、橡木、枫木、榉木、铁刀木、斑马木、花梨木等。

(7)三聚氰胺板　三聚氰胺板，全称是三聚氰胺浸渍胶膜纸饰面人造板。是将带有不同颜色或纹理的纸放入三聚氰胺树脂胶粘剂中浸泡，然后干燥到一定固化程度，将其铺装在刨花板、中密度纤维板或硬质纤维板表面，经热压而成的装饰板。板材的常见规格为 1220mm×2440mm。

2. 木材的处理方法

木材干燥是木材工业应用中必不可少的一环，木材的浸渍性或渗透性又是关系到木材改性成功与否的重要前提。木材含水率在纤维饱和点30%以下时，木材在空气中会发生干缩与湿胀现象，特别是新鲜木材含有大量的水分，在特定的环境下水分会不断蒸发。水分的自然蒸发会导致木材出现干缩、开裂、弯曲变形、霉变等缺陷，严重影响木材制品的品质，因此木材在制成各类木制品之前必须进行强制(受控制)干燥处理。

正确的干燥处理不仅可以克服上述木材的缺陷，还可提高木材的力学强度，改善木材的加工性能。它是合理利用木材，使木材增值的重要技术措施，也是木制品生产不可缺少的重要工序。

(1)木材常用的人工干燥方法　木材干燥分为天然干燥和人工干燥两大类。目前已很少单纯用气干法，已实现工业化的常用人工木材干燥方法包括：常规干燥、高温干燥、除湿干燥、太阳能干燥、真空干燥、高频干燥，微波干燥及烟气干燥等。

1)大气干燥方法。大气干燥简称“气干”，是天然干燥的主要形式。它是利用自然界中大气的热力蒸发木材的水分，达到干燥的目的。“气干”可以分为“普通气干”和“强制气干”。“强制气干”的干燥质量较好，木材不致霉烂变色，可以减少开裂，干燥时间较“普通气干”约可缩短1/2～2/3，但干燥成本却增加约1/3。

大气干燥的优点是技术简单，容易实施，节约能源，比较经济，可以满足气干材的要求。大气干燥的缺点是干燥条件不易控制，干燥时间较长，占用场地较大，干燥期间木材易遭菌、虫危害，含水率只能干燥到与大气状态相平衡的气干程度。

2)人工干燥方法。除湿干燥又称热泵干燥。与常规干燥的干燥介质相同，都是湿空气，二者区别在于空气的降湿方式。常规干燥空气是采用开放式循环，换气热损失比较大。除湿干燥时，湿空气经过除湿机的制冷系统，冷却脱湿—加热—再回到干燥室，进行空气的封闭式循环。湿空气脱湿时放出的热量，依靠制冷工序回收，用于加热空气，故除湿干燥的节能效果比较明显，它与蒸汽干燥相比，一般可节能40%以上。

烟熏干燥法。在地坑内均匀布满纯锯末，点燃锯末，使其均匀缓慢燃烧，利用其热量，直接干燥木材。优点：设备简单，燃料来源方便，成本低。缺点：干燥时间稍长、干燥质量差。

热风干燥法。用鼓风机将空气通过被烧热的管道吹进炉内，经过木垛从上部通过鼓风机回收，从炉底下部风道散发出来，往复循环，进行木材干燥。

蒸汽干燥法。将蒸汽导入干燥窑，喷蒸汽增加湿度并提高炉内温度，用部分蒸汽通过暖气排管提高和保持窑温，进行木材干燥。

水煮处理法。将木材放在水槽内煮沸，然后取出置于干燥窑中干燥，从而加快干燥速度、减少干裂变形。

红外线干燥。利用红外线辐射热源对木材进行热辐射，木材吸收辐射热能完成干燥过程。

高频和微波干燥法。高频和微波干燥都是以湿木材作为电介质，在交变电磁场的作用下促使木材中的水分子高速频繁地运动，水分子之间发生摩擦而生热，使木材从内到外同时加热干燥。这两种干燥方法的特点是干燥速度快，木材内温度场均匀，残余应力小，干燥质量较好。高频与微波干燥的区别是前者的频率低、波长较长，对木材的穿透深度较深，适于大断面的厚木材。微波干燥的频率比高频更高(又称超高频)，但波长较短，其干燥效率比高频更高，但木材的穿透深度不及高频干燥法。

太阳能干燥法。太阳能干燥法一般是利用太阳能直接加热空气，依靠风机使空气在太阳能集热器和干燥室料堆之间循环。可分为温室(暖房)型和集热器型两种。前者将集热器与干燥室做成一体。后者则将集热器和干燥室采取分体式布置，其容量较温室型大，布置也灵活。太阳能干燥法由于受气候条件限制，常与炉气、蒸汽、热泵等联合使用。

(2)*常用木材干燥技术的发展概况* 常规干燥是指以常压湿空气作干燥介质，以蒸汽、热水、炉气或热油作热源，间接加热空气，干燥介质温度在 100 ℃以下。高温干燥则是指干燥介质温度在 100 ℃以上，其干燥介质可以是常压过热蒸汽，也可以是湿空气，但以常压过热蒸汽居多。

1)应用概况。所有的木材干燥方法中常以蒸汽为热媒的常规干燥，由于具有性能稳定、工艺成熟、干燥容量大、干燥质量较好、易操作等优点，目前在世界各国的木材干燥设备中仍占主导地位。以炉气为能源的常规干燥，由于它能处理木废料，又能降低干燥成本，故受到一些干燥量不太大的工厂的欢迎。在我国南方非采暖地区的中小型木材厂中占有相当大的比例。土法建造的烟气干燥室，在环境要求不高的地区仍较盛行。以热水为热源的常规干燥，由于热水锅炉的价格比蒸汽锅炉低得多，在一些不需要高温干燥，且干燥量不大的工厂的应用已有上升的趋势。

2)我国与国际先进水平的差距。我国在常规干燥设备的设计方面与国际先进水平主要的差距在于：检测与控制系统的精度较低，可靠性也较差。主要是平衡含水率(相对湿度)与木材含水率的测试误差大；蒸汽阀、疏水器等零配件质量较差，合格率较低。国产蒸汽阀合格率仅 30% 左右，导致蒸汽泄漏较严重，能耗大；设备加工较为粗糙，造型也比较差；干燥室热力计算较为粗放；干燥窑密封性和保温性能较差，有些干燥室散热损失高达 20% ；干燥设备市场无序竞争，以降价吸引用户导致产品质量下降。

3. 木材的连接方法

(1)*板材与板材的侧面连接* 主要是一种为展宽板材宽度的接合方法，通常为拼板。主要有以下几种方式：平行拼接、斜扣齿拼接、斜面拼接、燕尾拼接、企口拼接、木销拼接等。

(2)*板件与板件成角连接* 主要有以下几种方式：榫槽嵌入接法、夹角企口接法、槽条接法、支撑垫块接法、圆棒榫接法等。

(3)角的接合　主要有以下几种方式:对开重叠角接、对开合角接、明合角三枚纳接、暗合角三枚纳接等。

4. 木装饰工程的制作安装

(1)门窗套、门扇和窗帘盒的制作安装

1)木门套制作。门套内侧龙骨尺寸 30mm×60mm ,外侧龙骨尺寸 30mm×40mm ,基板为九厘板,饰面板贴面。门套裁口用实木线条封边。

2)木门扇制作。龙骨尺寸为 30mm×40mm,间距 300mm ,普通夹板门双面压后,两面再做饰面板贴面,用 45mm×6mm 白木线条收边,压门时间不得少于 4 天,且正反面都必须加压。遇天气潮湿必须加压一星期。

3)玻璃拉门木制作。四边龙骨尺寸 30mm×30mm ,普通夹板双面压实后,再用饰面板两面贴面,用 45mm ×6mm 的白木线条封边。玻璃压条为 18mm×6mm 白木线条。玻璃厚度为 5mm 。

4)木窗套制作。木窗套基板用细木工板,饰面板贴面,如窗套用饰面板 45°对角,基板用九厘板,四周用实木线条收边 。

5)门窗套线应为实木木线。门套线净断面不少于 8mm ,内侧不少于 5mm 。门套线采用双排钉固定,钉距以 100mm 为宜。钉眼间距应均匀有序,不可乱钉。门窗套必须与基层结合紧密,空隙处以木质品填实,不留缝隙,无松动。

6)木门的安装。门框安装在砖石墙上时,应以钉子固定在砌墙内的木砖或钻孔木榫上,每边固定点不得少于两处,其间距不应大于 1.2m;门及门框间立缝应控制在 1.5～2.5mm;门及门框间上缝应控制在 1～1.5mm;门与地面间缝。外门应控制在 4～5mm,居室应控制在 6～8mm,卫生间、厨房间门应控制在 10～12mm;

7)木窗帘盒制作。顶部基板用细木工板,侧面用 18mm×30mm 龙骨,内侧用普通夹板,外侧饰面板贴面,底部实木线条收边。

8)木窗帘盒安装。用冲击钻在墙上相应位置打孔,预埋膨胀螺栓或木楔,将窗帘盒中线与窗口中线对齐,然后用螺钉将铁件与窗帘盒固定。安装时窗帘盒下椽应稍高出窗口上椽,注意安装的水平位置并与墙体紧贴。

9)暗装式窗帘盒施工。暗装式窗帘盒分内藏式和外接式两种:内藏式窗帘盒是包含在吊顶内的窗帘盒,应与吊顶一起施工完成;外接式窗帘盒是在吊顶平面上,做出一条贯通墙面的挡板,吊顶角线在挡板前连通。

10)安装窗帘轨。窗帘轨有单、双或三轨道;轨道有工字形、槽形及圆杆形几种;轨道安装时应保持在一条直线上并需紧固。

(2)家具(板式家具)的制作安装　施工顺序为:定位→框、架安装→壁柜、隔板、支点安装→柜扇安装→五金安装。

施工要点如下。

1)定位。抹灰前利用室内统一标高线,按设计施工图要求的壁柜、吊柜标高及上下口高度,并考虑抹灰厚度的关系,确定相应的位置。

2)框、架安装。壁柜、吊柜的框和架应在室内抹灰前进行,安装在正确位置后,两侧框每个固定件用2个钉子与墙体木砖钉固,钉帽不得外露。若隔断墙为加气混凝土或轻质隔板墙时,应按设计要求的构造固定。如设计无要求时可预钻ϕ5mm孔,深70～100mm,并事先在孔内预埋木楔粘107胶水泥浆,打入孔内黏结牢固后再安装。采用钢柜时,需在安装洞口固定框的位置预埋铁件,进行框件的焊固。在框、架固定时,应先校正、吊直,核对标高、尺寸、位置准确无误后方可进行固定。

3)壁柜隔板支点安装。按施工图隔板标高位置及要求的支点构造安设隔板支点条(架)。木隔板的支点,一般是将支点木条钉在墙体木砖上,混凝土隔板一般是用匚形铁件或设置角钢支架。

4)壁(吊)柜扇安装。

按扇的安装位置确定五金型号、双开扇裁口方向,一般应以开启方向的右扇为盖口扇。

检查框口尺寸。框口高度应量上口两端,框口宽度应量两侧框间上、中、下三点,并在扇的相应部位定点画线。

根据画线进行框扇第一次修刨,使框、扇留缝合适,试装并画第二次修刨线,同时画出框、扇合页槽位置,注意画线时避开上下冒头。

根据标画的合页位置,用扁铲凿出合页边线,即可剔合页槽。

安装时应将合页先压入扇的合页槽内,找正拧好固定螺钉,试装时调整合页槽的深度,调好框扇缝隙,框上每支合页先拧一个螺钉,然后关闭,检查框与扇平整度、无缺陷,符合要求后将全部螺钉拧紧。木螺钉应钉入全长的1/3,拧入2/3,如框、扇为黄花楹或其他硬木时,合页安装螺钉应划位打眼,孔径为木螺钉的0.9倍直径,眼深为螺钉的2/3长度。

安装对开扇。先将框、扇尺寸量好,确定中间对口缝、裁口深度,画线后进行刨槽,试装合适后,先装左扇,后装盖扇。

五金安装。五金的品种、规格、数量按设计要求安装,安装时注意位置的选择,无具体尺寸要求时应按技术交底进行,一般应先安装样板,经确认后再大面积安装。

(3)木收口线施工

1)木收口线的工艺范围。不同施工面之间的收口;不同饰面材料之间的收口;各种灯具及设备的收口;家具及装修体的收口。

2)收口工艺所用材料。除木质线条外,还可用不锈钢线条、铝合金线条、塑料线条等。

3)操作前的准备。对线条进行挑选,剔除扭曲、疤裂、腐朽的部分,线条色泽须一致,厚薄均匀,金属线条无损伤、划花,尺寸形状合乎要求;检查收口处基面是否牢固。

4)技术要点。线条应尽量采用胶粘固定,必要时才用钉枪加钉,钉的位置应在凹槽或背视线的地方;不锈钢和钛金板等金属线条安装时在收口部位应衬木衬条,用万能胶固定，金属线条表面的塑料薄膜保护层应在施工完毕后再撕下；钛金线条截割时不能用砂轮片割机，以防受热后变色；木线做圆弧形收口，若圆弧半径较小时可在木线内侧锯出一排细槽，槽深约为木线的 2/5，试装合格后再加胶钉固，最后修饰，使其平、顺、滑。

5)不同位置收口工艺。

吊顶墙面及柱面收口。阴角收口可分为实心角线收口、斜角线收口、八字式收口和阶梯式收口；阳角收口分平面、立侧面和包角收口三种。

木家具收口工艺。凡直观的口边都要封住，抽屉要封上边沿及两侧，门板封四边；封边材料为木条、塑料条(带)、金属条、薄木片；

收口工艺有实木封口条多用钉胶固定、塑料封口条常用嵌槽加胶固定、金属封口条用螺钉加胶固定、薄木片用万能胶固定。

过渡收口(指平面为两种不同材料对接处的接驳收口)。可用木线条或金属线条收口，木线用钉胶固定，金属线须先做木衬条，然后将金属线粘卡在木衬条上。

(4)木门窗工程的质量要求和施工要点

1)一般规定。

门窗安装前应按照下列要求进行检查：一是门窗的品种、规格、开启方向、平整度等应符合国家现行规定，配件应齐全；二是门窗洞口应符合设计要求。

门窗的固定方法应符合设计要求，在安装过程中应防止变形与损坏。

门窗、玻璃、密封胶等应按设计要求选用，并应有产品合格证书等相关检测报告及证书。

推拉门窗、窗扇必须有防脱落措施，扇与框的搭接量应符合设计要求。

2)主要材料质量要求。门窗的外观、尺寸、装配质量、力学性能应符合国家现行的有关规定。门窗表面不应有划痕和缺损。门窗采用的木材，其含水率应符合国家现行标准的有关规定。在门窗的结合处和安装五金配件处，均不得有木节或已填补的木节。

3)施工要点。

门窗框与砖石砌体、混凝土或抹灰层接触部位以及固定用木砖等均应进行防腐处理。

门窗框安装前应校正方正，加钉必要拉条避免变形。安装门窗框时，每边固定点不得少于两处，其间距不得大于 600mm。

门窗框镶贴脸时，门窗框(筒子板)凸出墙面，厚度应等于抹灰层或装饰面层的厚度。

门窗五金件的安装应符合下列规定：合页距门窗扇上下端应为立挺高度的 1/10，并应避开上下冒头；五金配件安装必须用配套的螺钉固定；门锁不宜安装在冒头与立挺的结合处；窗拉手距离地面宜为 1500mm 左右，门拉手距地面应为 900～1050mm。

窗玻璃的安装应符合下列规定：玻璃安装前应检查框内尺寸，将裁口内的污垢清除干净；安装长边大于1500mm或短边大于1000mm的玻璃，应用橡胶垫并用压条和螺钉固定；安装木框、扇玻璃，可用钉子固定，钉距不得大于300mm，且每边不得少于两个。用木线条压边固定时，应先刷底漆后安装，并不得将玻璃压得过紧；使用密封胶时，接缝处的表面应清洁、干燥。

4)木门窗制作和安装质量标准。木门窗制作的允许偏差和检验方法应符合表8-2规定；木门窗安装的留缝限值、允许偏差和检验方法应符合表8-3规定。

表 8-2 木门窗制作的允许偏差和检验方法

项次	项目	构件名称	允许偏差/mm		检验方法
			普通	高级	
1	翘曲	框	3	2	将框、扇平放在检查平台上，用塞尺检查
		扇	2	2	
2	对角线长度差	框、扇	3	2	用钢尺检查，框量裁口里角、扇量外角
3	表面平整度	扇	2	2	用1m靠尺和塞尺检查
4	高度、宽度	框	0，−2	0，−1	用钢尺检查，框量裁口里角、扇量外角
		扇	＋2，0	＋1，0	
5	裁口、线条结合处高低差	框、扇	1	0.5	用钢直尺和塞尺检查
6	相邻棂子两端间距	扇	2	1	用钢直尺检查

表 8-3 木门窗安装的留缝限值、允许偏差和检验方法

项次	项目	留缝限值/mm		允许偏差/mm		检验方法
		普通	高级	普通	高级	
1	门窗槽口对角线长度差			3	2	用钢尺检查
2	门窗框的正、侧面垂直度			2	1	用1m垂直检测尺检查
3	框与扇、扇与扇接缝高低差			2	1	用钢直尺和塞尺检查
4	门窗扇对口缝	1～2.5	1.5～2			用塞尺检查
5	工业厂房双扇大门对口缝	2～5				
6	门窗扇与上框间留缝	1～2	1～1.5			
7	门窗扇与侧框间留缝	1～2.5	1～15			
8	窗扇与下框间留缝	2～3	2～2.5			
9	门扇与下框间留缝	3～5	3～4			
10	双层门窗内外框间距			4	3	用钢尺检查

续表 8-3

项次	项目		留缝限值/mm		允许偏差/mm		检验方法
			普通	高级	普通	高级	
11	无下框时门扇与地面间留缝	外门	4～7	5～6			用塞尺检查
		内门	5～8	6～7			
		卫生间门	8～12	8～10			
		厂房大门	10～20				

(5)木柱体的施工

1)弹线。量度方柱的尺寸,找到最长的边线;以最长边线为边长,画出基准正方形及其中线;按设计图纸在基准方形中线的基础上画出柱的施工线;地面柱线与顶面柱线要用吊垂直线来统一,以保证柱身的垂直度。

2)骨架施工。骨架分木质和钢质两种。木骨架用于木质夹板饰面、玻璃饰面、不锈钢饰面、钛金饰面、胶板饰面等;铁骨架用于铝合金板饰面、石材饰面。其施工顺序及要点如下。

竖向龙骨固定。先从顶基准线向底面相应点拉垂直线,按垂直线竖起龙骨,经校正后用膨胀螺栓或射钉将之固定。

横向龙骨制作。木质横向龙骨一般用 15mm 夹板或 19mm 中纤板制造。圆柱横向龙骨应先用薄夹板或厚纸板做一个圆弧形模板,其外弧为柱外围弧,内弧为以外弧半径减龙骨宽度为半径的圆弧,然后用模板在夹板上画出龙骨的位置,用电动线锯切割。

横竖龙骨的连接。先布好垂线和水平线以调整各龙骨的垂直度和水平度;木龙骨一般用槽接法,加胶钉固定,间距为 300mm;铁骨架用焊接法;在施工过程中,要不断对框架进行测检,以保证柱的垂直度和方圆度,发现偏差应及时纠正。

柱体与建筑柱体的连接。通常在建筑柱体上安装支撑件,与装饰柱体相连接固定,支撑件可用木枋或角钢。

(6)木护墙板施工

1)施工前的准备。因墙体结构不同,固定木护墙板的工艺结构也不同,可预埋木桩、可打木楔、可直接钉固等;在潮湿的地方,如洗手间墙身、水池区墙身、外墙身等需做防潮处理,如涂沥青,装铺防潮毡、油纸等;应先完成吊顶龙骨吊装工作及入墙电器线管敷设工作;材料机具进场。

2)施工顺序。

弹线。按设计要求弹出标高线及木护墙板造型线。

制作木骨架。在地面拼装骨架,拼装应先大片后小片,大片不可大于 $10m^2$。

固定木龙骨。将骨架立起靠在墙上,用垂直线法检查平整度,然后将木骨架与墙身的缝隙用木片或木块垫实,再用圆钉将木骨架与木块或木楔做几点初步固定,然后再拉线，并用水平尺校正木龙骨的水平度；经调整后将木龙骨钉牢固，注意两个墙面阴阳角处需加钉竖向木龙骨。

安装木饰面板。板面要严格挑选，分出不同色泽、木纹形状，将近似的用在同一空间内。在木龙骨面上刷一层乳胶，然后将其固定在木龙骨上钉牢，要求布钉均匀，钉头凹入板面0.5～1mm，钉距以100～150mm为宜。用夹板拼图案时应对好板面花纹、颜色要认真排选，并经过试装确认才正式装贴，要求各边顺直，缝角清晰均匀。

(7)*木墙裙施工*　木墙裙与木护墙板施工雷同。

(8)*踢脚板的施工*

1)踢脚板的特点。踢脚板不仅能起到固定地面装饰材料、掩盖地面装饰材料的伸缩缝和施工中的加工痕迹、提高地面装修的整体感、保护墙角易受损伤的部位、保证墙体材料正常使用的作用，而且在装饰效果上，踢脚板是从地面过渡到墙面的关键部位，能够起到色彩过渡和衔接的作用，在造型上使门、框套及整个墙面连为一体。因此，踢脚板是装修过程中重要的功能性装饰。

2)踢脚板的分类和选择。踢脚板的种类很多，随着地面及墙体装饰材料品种的增加，踢脚板的种类还会增加。目前室内装修常用的是以木质、石材、陶瓷、复合材料及塑料为原料加工制作的型材。踢脚板也可在施工现场按要求制作。

踢脚板的选材，应该考虑地面材料或墙面装饰材料的材质和构造，一般应与地面材料的材质近似，墙面做墙裙或暖气罩时，应与墙面材料一致。

踢脚板的颜色应该区别于地面和墙面，是地面与墙面的中间色，并根据房间的大小确定。房间面积小时踢脚板应靠近地面颜色，房间较大时应靠近墙壁的颜色。踢脚板的线型不宜复杂，并应同整体装修风格相一致。木质踢脚板由于适应面广、可加工性强、施工方便，是踢脚板的常用材料。

3)踢脚板的质量鉴定。木质踢脚板在市场购买时，应首先目测其外观质量，标准同胶合板及木制品，外观不得有死节、髓心、腐斑等缺陷。线型应清晰、流畅，加工深度应一致。表面光滑平整、无毛刺等。木材含水率应低于12%，无扭曲变形。

4)踢脚板的安装。木踢脚板包括实木、中密度板、九厘板制作的踢脚板，适用于在实木地板、复合木地板、地毯、塑料地板、陶瓷地砖、石材地面铺装后使用。

木踢脚板的施工顺序。弹出踢脚板上沿线，并拉线校正踢脚板的水平度。将踢脚板按弹好的墨线附于墙面，用汽钉枪射钉固定，若用PVC板，需先用电钻钻出ϕ3mm孔，然后再钉；若用胶粘，要将粘贴的两个侧面擦干净再涂胶粘贴。用直尺检查踢脚板平整度，并做相应调整，凹进部分在板后加薄木片垫平，再钉实。打腻子、油漆。

5)木踢脚板的维护和修补。踢脚板处在室内墙面最易受污染的位置，在清理地面时，就应同时清理踢脚板，清理方法同地面材料，清理时注意不要污染墙面。

踢脚板破损后，应及时进行更换，石材及陶瓷踢脚板为块形，可以进行局部更换。先把破损的踢脚板剔除，清理基层后按新砖粘贴方法安装。

木踢脚板既可整根更换，也可从破损处锯开进行局部更换。可将整条踢脚板取下，或将破损处开 45°斜口锯下，新板锯 45°斜口拼接，再将更换后的新板安装上。

二、吊顶工程的主要材料及施工工艺

1. 吊顶工程的主要材料

在住宅室内装饰中，为了取得装饰效果和烘托气氛，或为了掩饰原顶棚各种缺点而要求在住宅室内做吊顶，如：卫生间为了防止蒸汽侵袭顶棚，而且压低空间有利于保温，可以隐蔽给排水管线等。吊顶材料主要分为吊顶龙骨和装饰面板两部分。常用的吊顶龙骨有：木龙骨、轻钢龙骨、铝合金龙骨。用作吊顶的装饰面材料有：纸面石膏板、矿棉装饰吸声板、装饰石膏板、PVC 扣板、铝合金扣板、彩钢板等。

(1)龙骨

1)木龙骨。木龙骨是室内装饰吊顶中常用到的一种龙骨材料。一般选用松木、杉木等软质材料制成。其断面尺寸一般为 30mm×40mm、40mm×60mm 两种。

2)轻钢龙骨。轻钢龙骨是以冷轧钢板为原料，采用冷弯工艺制作而成的薄壁型钢。轻钢龙骨通常采用镀锌方法防腐，镀锌方法按照工艺不同分为电镀和热镀两种。

轻钢龙骨按用途可分为吊顶龙骨和隔断龙骨；按形状可分为 U 形龙骨、L 形龙骨和 T 形龙骨；按承载能力可分为上人龙骨和不上人龙骨；按使用部位的不同可分为承载龙骨(主龙骨)、复面龙骨(次龙骨)、收边线(收边龙骨)。

3)铝合金龙骨。铝合金龙骨是由铝板轧制而成、专用于拼装式吊顶的龙骨。它分为主龙骨、次龙骨、收边龙骨等，以及与之配套的中挂件、连接件等配件。

(2)装饰面板

1)纸面石膏板。纸面石膏板是采用建筑石膏为主要原料掺加添拌剂作为芯板，外贴经防火或防水处理的护面纸加工而成的饰面板材。常用做整体式吊顶的复面材料和木隔墙的复面材料。纸面石膏板的外观应完整，不允许有波纹、沟槽、污痕、划伤等缺陷。纸面石膏板的尺寸允许误差：长度和宽度方向均为－0.5mm，厚度为±0.5mm。纸面石膏板的技术性能指标见表 8-4。

表 8-4　纸面石膏板的技术性能指标

项目	板厚	优等品	一等品	合格品
板厚 9mm 纸面石膏板	9	9.5	10.0	10.5
板厚 12mm 纸面石膏板	12	12.5	13.0	13.5
板厚 15mm 纸面石膏板	15	15.1	16.0	16.5
板厚 18mm 纸面石膏板	18	18.5	19.0	19.5

续表 8-4

项目	板厚	优等品	一等品	合格品
含水率不大于/%		2	2.5	3.5
吸水率/%		≤6	≤9.0	≤11
断裂/%(纵向)	9	40	36.0	36
	12	55	49.0	49
	15	70	63.7	63.7
	18	85	78.4	78.4
荷载/kg(横向)	≥9	≥17	≥14.0	≥14
	≥12	≥21	≥18.0	≥18
	≥15	≥26	≥22.0	≥22
	≥18	≥30	≥26.0	≥26

2)装饰石膏板。装饰石膏板是以石膏为主要原料,加入水泥、玻璃纤维等增强材料,经用水拌和、装模成型、自然干燥后再在其表面喷涂乳胶漆制成的块状石膏板。装饰石膏板具有质轻、隔声、防火、表面图案丰富、装饰效果好、便于二次加工、施工方便等特点。

常见装饰石膏板的形状多为正方形,规格主要有 500mm×500mm×9mm、600mm×600mm×11mm。装饰石膏板的尺寸允许误差见表 8-5;装饰石膏板的技术性能指标见表 8-6。

表 8-5 装饰石膏板的尺寸允许误差

项 目	指 标		
	优等品	一等品	合格品
边长/mm	−2	1 −2	1 −2
厚度/mm	±0.5	±1.0	±1.0
平整度/mm	1	2	3
方正度/mm	1	2	3

表 8-6 装饰石膏板的技术性能指标

项 目	厚度	优等品	一等品	合格品
单位面积/(kg/m³)	9	9	11	13
	11	11	13	15
含水率不大于/%	—	2.5	3	3.5
受潮湿度/mm	—	7	12	17
断裂荷载/N	—	168	150	132

3)PVC塑料扣板。PVC塑料扣板是以聚氯乙烯为主要原料,采用挤压工艺制成的条状塑料板材。它的断面形式有单层和中空两种,表面可以做成各种图案和颜色。PVC塑料扣板的表面装饰性强、阻燃、耐老化、防水性能好、刚度可满足需要、施工及维修方便,在室内装饰中常用于厨房、卫生间等较为潮湿场所的吊顶装饰。

4)铝合金扣板。铝合金扣板是用铝合金平板经轧制和表面处理而制成的一种拼装式吊顶面材。它具有质轻、耐腐蚀、施工简单、装饰性强等特点。铝合金吊顶表面处理常见的有阳极氧化、电泳、喷涂、喷塑等多种方法。

5)彩钢板吊顶。铝合金扣板是用镀锌板轧制和表面装饰制成的块状拼装式吊顶复面材料。

6)矿棉装饰吸声板。矿棉装饰吸声板是以矿棉为主要原料,掺加胶粘剂、防水剂等添加剂经过挤压成型、烘干、复面喷涂制成的一种块状拼装式吊顶饰面材料。

2. 吊顶施工工艺要求

(1)吊顶工程施工流程

1)应弹出标高线、造型位置线、吊挂点布局线和灯具安装位置线。

2)对龙骨进行阻燃防火、防虫、防潮等处理,吊筋、安装骨架。

3)安装罩面板。

(2)木龙骨的施工

1)木龙骨的材料和质量要求。材料应保证没有劈裂、腐蚀、虫蛀、死节等质量缺陷。规格为截面长30～40mm,宽40～50mm,含水率低于10%。安装采用藻井式吊顶,如果高差大于300mm时,应采用梯层分级处理。龙骨结构必须坚固,大龙骨间距不得大于500mm。龙骨固定必须牢固,龙骨骨架与顶棚结构基层、墙面都必须有可靠的固定。施工要求吊顶的标高水平偏差不得大于5mm。木龙骨底面应刨光刮平,截面厚度一致,并应进行阻燃处理。

2)木龙骨的施工顺序和要点。

确定标高。先找出房间的水平位置,画在墙上,再根据设计要求找出吊顶的高度,最后根据吊顶的高度与水平再找出吊顶的标高线。

确定造型位置。室内空间造型位置的确定应根据各空间的设计要求确定。规整的空间可以直接根据墙面找平行于墙面的直线,对于不规整的墙面要从与造型平行的墙面开始确定距离,画出造型线。或者采用找点法,即先根据施工图上的造型边缘确定与墙面的距离,量出各墙面距造型边线的各点距离,各点的连线形成吊顶造型线。

吊顶上的灯具必须用吊点来吊挂。有上人要求的吊顶应加密加固吊点。

吊顶龙骨的安装。先找出木龙骨吊顶的吊点,用紧固件固定。紧固件安装方法:第一种是采用金属胀锚螺栓将钢角固定于顶棚基层上,再与吊杆连接;另外一种方法是用射钉将木龙骨钉在顶棚基层上,再用吊杆与木龙骨连接。

木龙骨的制作。木龙骨开榫，用铁钉固定，每个结合处用两根铁钉固定，做成300mm×300mm或400mm×400mm框架，进行安装（禁止使用钢排钉、射钉固定骨架）。

木龙骨的固定。吊顶高度大于3m时，可用铁丝在吊顶上临时固定，用棉线或尼龙绳先沿吊顶标高线拉出平行和交叉的几条标高线，并以该线作为吊顶的平面基准。然后将龙骨调高低、顺直，将木龙骨架靠墙部分与沿墙木龙骨钉接固定，再用吊杆与吊顶钉接。木龙骨与吊顶固定的方法很多，常用木方、扁钢或角钢固定（角钢一般用在可上人吊顶）。验收后封石膏板，使用自攻螺丝固定，自攻螺丝密度：20cm，边缘部分要打密一些。

叠级式天花吊顶的吊装应先从最高处开始。当两分片木龙骨架在同一平面时，骨架的各端头应对正，并用短木进行加固。加固的方法有两种：一种是顶面加固，另一种是侧面加固。叠级式天花吊顶高低面的交接可先用一条木方斜放将上下两平面木龙骨定位，再将上下平面的龙骨用垂直的木方条固定连接成整体。

在安装龙骨架时应根据图纸要求，预留出安装灯具、空调风口、检修口等的位置，并在预留处的龙骨上用木方加固或收边。

吊顶龙骨与暗装窗帘盒的固定。一种是吊顶与木方钉薄板窗帘盒衔接；另一种是吊顶与厚夹板窗帘盒衔接。

暗装灯盘与木吊顶的固定。一种是灯盘与木吊顶固定连接；另一种是直接吊在顶棚基层底面而不与木吊顶连接。

(3)轻钢龙骨的安装

1)测量放线定位。在结构基层上，按设计要求找好位置弹线，确定龙骨及吊点位置，其水平允许偏差±5mm。

2)吊件加工与固定如图8-1所示。

3)龙骨与结构连接固定的方法：在吊点位置钉入带孔射钉，然后用镀锌铁丝连接固定；在吊点位置预埋膨胀螺栓，然后用吊杆连接固定；在吊点位置预留吊钩或埋件，将吊杆直接与预留吊钩固定或与预埋件焊接再用吊杆连接固定龙骨。

4)龙骨的安装与调平。应先安装主龙骨后安次龙骨，但也可主、次龙骨一次安装。

上人的吊顶的悬挂，既要挂住龙骨，同时也要阻止龙骨摆动，所以还要用一吊环将龙骨箍住。

先将大龙骨与吊杆（或镀锌铁丝）连接固定，与吊杆固定时，应用双螺母在螺杆穿过部位上下固定。调整方法是用6cm×6cm方木按主龙骨间距钉圆钉，使其按规定间隔定位，临时将其固定。方木两端要顶到墙上或梁边，再按“十”字和对角拉线拧动吊杆螺栓，升降调平。

次龙骨的位置，应按装饰板材的尺寸在主龙骨底部弹线，用挂件固定，并使其不得松动。为防止主龙骨向一边倾斜，吊挂件安装方向应交错进行。

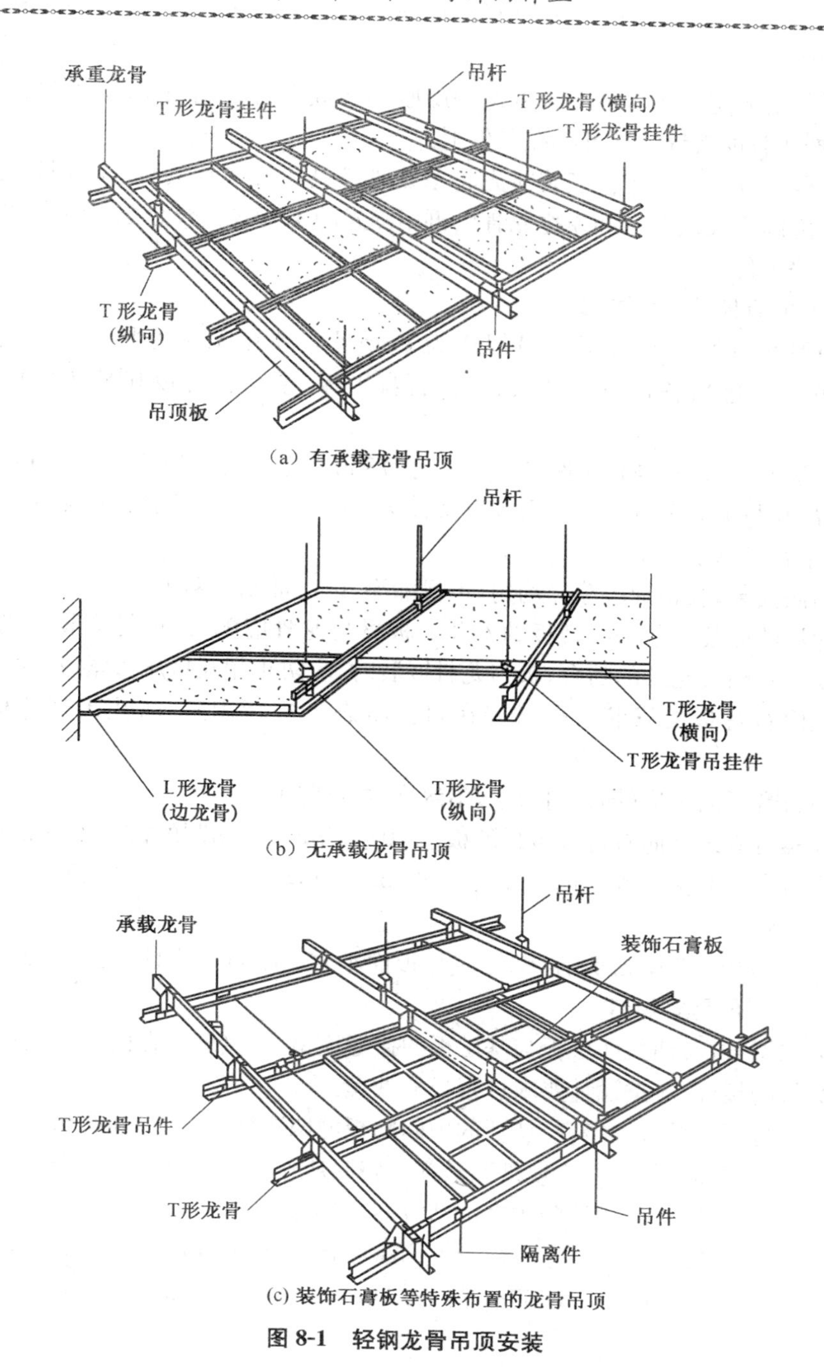

（a）有承载龙骨吊顶

（b）无承载龙骨吊顶

(c) 装饰石膏板等特殊布置的龙骨吊顶

图 8-1　轻钢龙骨吊顶安装

(4)铝合金龙骨的安装

1)测量放线定位。按位置弹出标高线，沿标高线固定角铝（边龙骨），角铝的底部与标高线平。角铝的固定方法是用水泥钉直接将其钉在墙、柱面上，固定位置间隔为

400～600mm。

2)吊件的固定。铝合金龙骨可使用膨胀螺栓或射钉固定角钢块,通过角钢上的孔,将吊挂龙骨的镀锌铁丝绑牢在吊件上。

3)龙骨的安装与调平。安装时先将主龙骨按高于标高线的位置临时固定,然后在主龙骨之间安装次龙骨和横撑龙骨。再用刨光的木方或铝合金条按龙骨间隔尺寸为龙骨分格定位。

(5)吊顶面板的安装工艺

1)石膏板安装。石膏板一般规格为 9mm 厚,须在无应力状态下进行固定。石膏板的安装包括各种石膏平板、穿孔石膏平板、穿孔石膏板和半穿孔吸声石膏板等。

钉固法安装,螺钉与板边距离应不小于 15mm,螺钉间距以 150～170mm 为宜,均匀布置,并与板面垂直。钉头嵌入石膏板深度以 0.5～1mm 为宜,钉帽应涂刷防锈涂料,并用石膏腻子抹平。

黏结法安装,胶粘剂应涂抹均匀,不得漏涂,以保证粘实粘牢。

2)深浮雕嵌装式装修石膏板的安装。板材与龙骨应配套;板材安装应确保企口的相互咬接及图案花纹的吻合;板与龙骨嵌装时,应防止相互挤压过紧或脱挂。

3)纸面石膏板的安装。板材应在自由状态下进行固定,防止出现弯棱、凸鼓现象。

纸面石膏板的长边(即包封边)应沿纵向次龙骨铺设。

自攻螺钉应距纸面石膏板包封的板边 10～15mm,距切割的板边 15～20mm。

固定石膏板的次龙骨间距不应大于 600mm,在南方潮湿地区,间距应适当减小,以 300mm 为宜。

钉距以 150～170mm 为宜,螺钉应与板面垂直。不可用弯曲、变形的螺钉,在相隔 50mm 的部位另安螺钉。

安装双层石膏板时,面层板与基层板的接缝应错开,接缝不在同一条龙骨上。

石膏板的接缝,应按设计要求进行板缝处理。

纸面石膏板与龙骨固定,应从板的中间向板的四边推进,不得同时作业。

螺钉头应略埋入板面并不使纸面破损。钉眼应作除锈处理并用石膏腻子抹平。

配制石膏腻子,必须用清洁水在清洁容器里拌和。

4)PVC 面材的安装。固定时,钉距不能大于 200mm,扣板应做到无色差、无变形、无污迹,安装时应做到拼接整齐、平直;墙角应用塑料钉角线扣实,对缝严密,与墙四周连接严密,缝隙均匀。

(6)质量标准

1)吊顶木龙骨的安装,应符合现行《木结构工程施工及验收规范》。

2)吊顶饰面板工程质量允许偏差见表 8-7。

表 8-7 吊顶饰面板工程质量允许偏差

项次	项目	允许偏差/mm											检查方法
		石膏板			无机纤维板		木质板		塑料板		纤维水泥加压板	金属装饰板	
		石膏装饰板	深浮雕式嵌式装饰石膏板	纸面石膏板	矿棉装饰吸声板	超细玻璃棉板	胶合板	纤维板	钙塑装饰板	聚氯乙烯塑料板			
1	表面平整	3	3	3	2		2	3	3	2		2	用2m靠尺和楔形塞尺检查，观感、平感
2	接缝平直	3	3	3	3		3		4	3		< 1.5	拉5m线检查，不足5m拉通线检查
3	压条平直	3	3	3	3		3		3		3	3	
4	接缝高低	1	1	1	1		0.5		1		1	1	用直尺和楔形塞尺检查
5	压条间距	2	2	2	2		2		2		2	2	用尺检查

三、隔断

1. 隔断工程的施工

隔断是用来分隔房间和建筑物内部空间的，应力求自身重量轻、厚度薄，以增加建筑的使用面积，并根据具体环境具有隔声、耐水、耐火等要求。考虑到房间的分隔随着使用要求的变化而变更，因此隔墙应尽量便于拆装。隔断工程种类很多，有家具隔断、立板隔断、软装饰隔断和内墙隔断。主要为75型轻钢龙骨石膏板隔断、木龙骨夹板隔断、铝合金和不锈钢玻璃隔断、金属板隔断及一些砌筑隔墙（黏土砖隔墙、玻璃砖隔墙）等。

(1)轻钢龙骨石膏板隔墙(图 8-2)

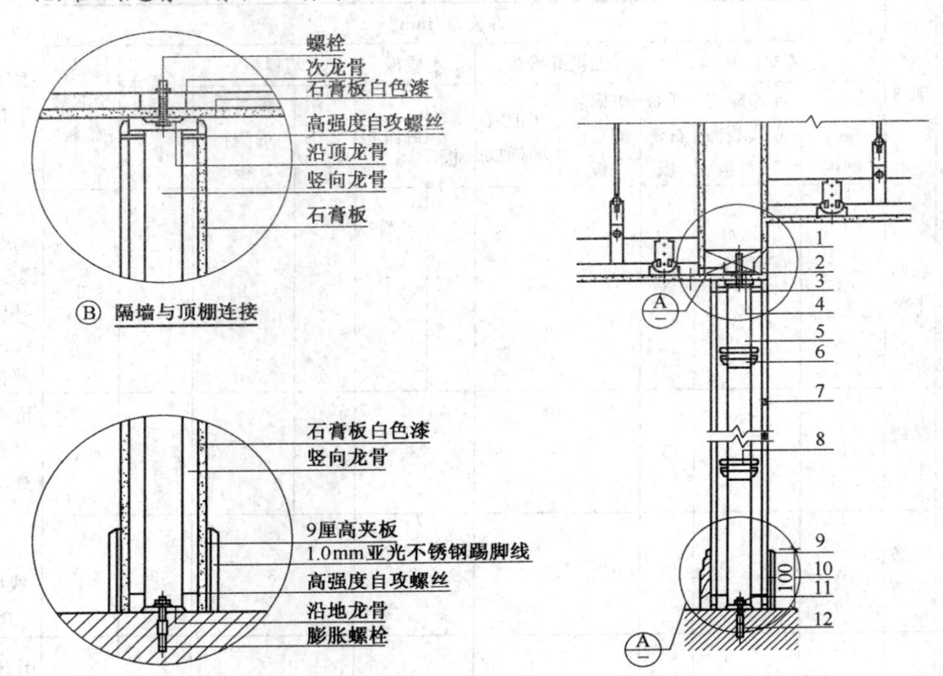

图 8-2　轻钢龙骨石膏隔墙

1—次龙骨;2—石膏板;3—高强度自攻螺钉;4—沿顶龙骨;
5—竖向龙骨;6—加强龙骨;7—20mm×10mm 铝条;8—支撑卡;
9—踢脚线;10—9 厘板;11—沿地龙骨;12—膨胀螺栓

1)施工流程。在地面上弹隔墙控制线→技术复核→安装沿地、沿顶的固定龙骨→安装竖向加强龙骨(横贯龙骨)→封石膏板→隐蔽验收→填塞岩棉→安墙的另一面石膏板→钉眼防锈处理→接缝处理→产品保护。

2)轻钢龙骨安装。材料的品种、规格和质量必须符合建设、设计单位的要求和施工质量要求。

施工前必须根据设计要求标出墙体、门洞位置,门档与地坪应有可靠连接。

检查与墙体有关的所有管线位置,确定后方可施工。

安装沿地、沿顶龙骨前,应在周边安放厚橡胶垫,宽度同龙骨。

沿地、沿顶龙骨用射钉固定,间距≤600mm。

主龙骨根据面板的宽度,以不大于 5mm 的间距将面板上下两端固定在龙骨上。靠墙或靠柱子的竖向主龙骨用射钉固定在结构基层上,钉距不大于 900mm。

竖向龙骨间距 400mm,从墙的一端开始排列,当最后一根大于设计间距时应增设一根，在门洞上及两侧相应增设一道加强龙骨。

轻钢龙骨隔墙的施工，必须以地面上所画的隔墙中心线用线锤引至顶棚，确定隔墙上部的中心线与地面中心线吻合，并保持在同一垂直中心线，以确保安装墙面垂直平整。必须检查地面线及门窗预留洞口与设计无误后，方可进行隔墙面层封闭。在封第二块侧板时应待安装管线就位后方可施工。

3)石膏板安装。横向接缝处如不在沿边龙骨上，应加横龙骨固定面板。

隔墙中设置配电箱、插座，穿墙管等装置时，应对其周围缝隙进行密封处理。

门口两侧的上部面板不得通缝而采取L形板使之错缝安装。

隔墙的暗缝应在接缝处留5mm缝隙并嵌缝，外粘贴玻璃纤维带或穿孔纸带等，并用配套接缝腻子找平。

用自攻螺钉固定面板时离边缘的距离不得小于15mm，沿面板周边螺钉间距不应大于200mm，中间部分螺钉间距不应大于300mm，钉子应略埋入板内，但不得损坏板面，在用防锈漆涂抹后应用腻子抹平。

龙骨一侧的内外两层面板应错缝排列，接缝不得排在同一根龙骨上。

有隔声要求的隔墙板间应留有5mm缝隙，并用腻子嵌填密实后，在按暗缝处理顺序操作，四周也应留有5mm缝隙，并用密封膏嵌实。

隔墙龙骨与基体结构的连接牢固，无松动现象。

粘贴和用钉子、螺钉固定面板，表面应平整，粘贴的面板不得脱层，钉子应略凹入板面。

成板表面不得有污染、折裂、缺棱、掉角、碰伤等缺陷。

(2)木质隔断

1)胶合板隔墙施工顺序。先按图纸尺寸在墙上标明垂线，并在地面及顶棚上标明隔墙的位置线；用凹枋(成品)作为墙筋，用膨胀螺栓或水泥钢钉等将其加以固定；用线锤检查垂直度，用水平尺检查平整度；在墙筋与胶合板接合处涂抹乳胶漆；用气钉枪将夹板固定在墙筋上；批刮腻子、打磨；做饰面处理。

2)施工要点。不得使用未经防水处理的胶合板；当木质隔断设置木踢脚板时，胶合板应铺至距地面150～200mm处。如用大理石、水磨石等作为踢脚板，胶合板应与踢脚板上口齐平，接缝严密；铺钉胶合板前应先把经墙体隔断内的管道安装完毕；在阳角处应加装硬木护角线。

3)胶合板和纤维板面材安装。安装胶合板的基层表面，用油毡、油纸防潮时，应铺设平整，搭接严密，不得有皱折、裂缝和透孔等。

胶合板如用钉子固定，钉距为80～150mm，钉帽应砸扁并进入板面0.5～1mm，钉眼用油性腻子抹平。

胶合板面如涂刷清漆时，相邻板面的木纹和颜色应近似。

如用纤维板替代胶合板,纤维板用钉子固定时,钉距为 80～120mm,钉长为 20～30mm,钉帽宜进入板面 0.5mm,钉眼用油性腻子抹平。硬质纤维板应用水浸透,自然阴干后安装。

木质隔断用胶合板、纤维板装修,在阳角处应做护角。

胶合板、纤维板用木压条固定时,钉距不应大于 200mm,钉帽应打扁,并进入木压条 0.5～1mm,钉眼用油性腻子抹平。

(3)泰柏板隔墙　泰柏板是由钢丝笼和阻燃泡沫塑料芯组成的,优点是自重轻、强度高、耐火和抗潮湿,抗冰冻、防震、隔声性能好、易于剪裁和拼接,适合装配化施工,而且可以预先设置导管、开关盒、门框、窗框等。泰柏板的构造如图 8-3 所示。泰柏板出厂规格有:2140mm×1220mm×76mm(短板)、2440mm×1220mm×76mm(标准板)、2740mm×1220mm×76mm(长板)。

泰柏板施工要点如下。

1)泰柏板与其他墙体、楼面、顶棚、门窗框的连接必须紧密牢固。

2)泰柏板之间所有拼接缝必须用平结网或之字网条覆盖补强。

3)泰柏板与外墙、楼板及顶棚的连接拼缝必须用小于 306mm 宽的方格网覆盖补强。

4)泰柏板隔墙的阳角必须用不少于 306mm 宽的角网补强。

5)为了便于安装踢脚线,应在泰柏板隔墙下部先砌 3～5 倍砖厚的墙基。

6)板面抹灰:应对泰柏板的安装进行全面的检查认可。

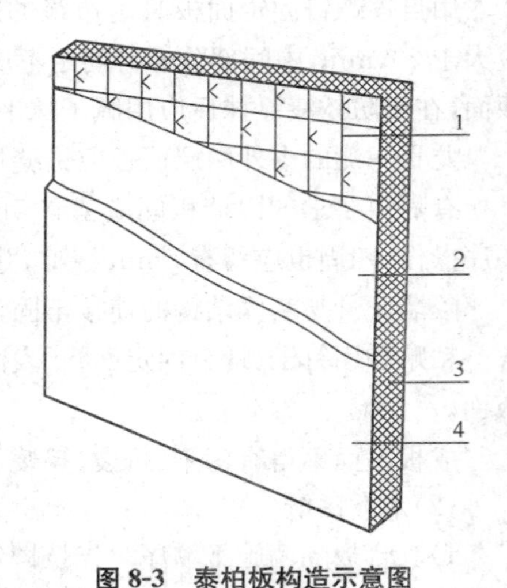

图 8-3　泰柏板构造示意图

1—14 号镀锌钢丝制成的网架;2—水泥砂浆层;3—厚 57mm 聚苯乙烯泡沫塑料;4—饰面层

水泥砂要求:水泥应采用 425 号以上普通硅酸盐水泥;砂应为淡水中砂,配比为 1∶3,如用于外墙及有防水要求的房间应加入适量的防水剂。

泰柏板墙的抹灰分两层进行,第一层厚度约 10mm,第二层厚度约 8～12mm。

泰柏板墙的抹灰操作程序:

第一面第一层抹灰→湿养护 48h 后抹另一面第一层→湿养护 48h 后方可各抹第二层。

抹灰完成后 3 天内,严禁任何撞击。

泰柏板隔墙与其他墙体或柱的接缝,抹灰时应设置补强钢板网,以免出现收缩裂缝。

四、木地板

1. 木地板的种类

木地板是近几年装修中最常见的一种地面装饰材料。其施工速度快，但缺点是对工艺要求比较高，如果施工水平较差，往往造成一系列问题，如起拱、变形等。

(1)实木地板　实木地板，脚感比较舒服，稳定性好，特别适合于卧室使用。实木地板的铺贴按接边处理方式主要分为平口、单企口、双企口三种。平口做法已被淘汰；双企口做法由于技术尚不成熟，较难推广；目前多数铺设的木地板都采用单企口做法，一般所说的企口地板也是指单企口地板。

实木地板依漆面的处理，可分为漆板和素板两种。漆板是指在出厂前已经上好面漆的，而素板则指尚未上漆的。漆板施工工期短，但表面平整度不如素板，会有稍微地不平。素板施工工期长，施工工期一般要比漆板长 1～2 倍，但表面平整。

(2)实木复合地板　实木复合地板是由多层实木薄板依木纹横纵压制而成，又称为多层实木地板，目前市场上有种三层板，也属于实木复合板。实木复合地板不仅各种性能较好，而且价格比实木地板低，在使用中得到广大消费者的欢迎。

(3)强化复合木地板　强化复合木地板，一般是由底层、基材层、装饰层和耐磨层四层材料复合组成。其中耐磨层的耐磨性能决定了复合地板的寿命。

1)强化复合木地板的构造。

底层。由聚酯材料制成，起防潮作用。

基层。一般由密度板制成，根据密度板密度的不同，也分低密度板、中密度板和高密度板。

装饰层。是将印有特定图案(仿真实纹理为主)的特殊纸放入三聚氢胺溶液中浸泡后，经过化学处理，利用三聚氢胺加热反应后化学性质稳定、不再发生化学反应的特性，使这种纸成为一种美观耐用的装饰层。

耐磨层。是在强化复合木地板的表层上均匀压制一层三氧化二铝组成的耐磨剂。三氧化二铝的含量和薄膜的厚度决定了耐磨性能。

强化复合木地板的缺点是铺设大面积时，易出现整体起拱变形的现象。由于其为复合而成，板与板之间的边角容易折断或磨损。

2)强化复合木地板的选择。防火、防磨面层是否均匀无瑕疵；饰面层木纹是否逼真、清晰，与基材的压合是否紧密；基材材质是否细密、坚实。建议购买品牌强化板。

2. 木地板的施工

(1)材料要求　纹理清晰、软硬适中、耐磨、有光泽、无节疤、不易开裂霉变、经过烘干和脱脂处理或自然干燥 1 年以上。

(2)施工准备

1)地板施工前应先完成吊顶、墙身的湿作业，并完成门窗、水电灯具等安装。

2)对基层面要清理干净,对垫木等进行防腐处理。

3)对木地板进行挑选,将纹理、颜色类同的集中使用。

(3)施工流程(以素板为例) 预埋及做防潮层→弹线→装木龙骨及垫块→填保温及隔声材料→钉毛板(硬地板)→钉面层板→刨平刨光→油漆→打蜡。

(4)施工要点

1)清扫基层,并用水泥砂浆找平,预埋镀锌铁丝或马蹄形铁码。

2)对木格栅进行防腐、防火处理。

3)梯形截面木龙骨规格为 30mm×40mm 或 40mm×50mm,木隔栅间距为 400mm,横撑间距为 1200～1500mm,横直交接用铁钉固定。

4)木格栅上面每隔 1m,开深不大于 10mm、宽 20mm 的通风槽。

5)木格栅之间空隙应填充干焦渣、蛭石、矿棉毡、石灰炉渣等轻质材料,以减少人在地板上行走时产生的空鼓音。

6)条形木地板用铁钉固定,可采用明钉或暗钉,暗钉是从板边凹角斜钉入,硬木地板要先钻孔,孔径为钉径的 0.7～0.8,接驳口应在木格栅中线位并间隔错开。

7)铺钉时木板的心材应朝上,缝隙不大于 0.5～1mm,与墙面之间应留 10～20mm缝隙。

8)清理磨光。地板铺定并清扫干净后,先顺垂直木纹方向粗刨一遍找平,再顺木纹方向精刨,最后磨光、油漆、打蜡保护。

五、楼梯栏杆扶手

1. 楼梯木装修施工

(1)施工准备

1)勘察现场,确定楼梯各部位尺寸、形状、数量及安装要点。

2)材料准备。25mm 厚原木板或厚夹板。

3)工具。

(2)施工步骤

1)安装预埋件,用冲击钻在每级两侧各钻两个 ϕ10mm、深 40～50mm 的孔,分别打入木楔并修平。

2)按实际要求将木板加工成木踏脚板及企口板,结合木栏杆,开出燕尾榫孔,栏杆上端开出与扶手接合的直角斜肩(斜度同楼梯坡度)榫头。

3)安装木踏板及立板。

4)安装木栏杆。

5)安装木扶手,安装时敲打栏杆及扶手要用木方垫,以免损伤表面。

6)封边收口。

2. 木扶手施工

(1)施工准备

1)检查扶手各支撑部位的锚固点牢固与否。

2)检查支撑柱上部扁铁平直情况及尺寸、厚度。

(2)木扶手及弯头制作

1)木扶手制作。扶手底槽深3～4mm,宽度配合扁铁,扁铁上隔300mm钻孔,用木螺钉固定,木扶手应按设计要求做出扶手的横断面样板,将木扶手刨平,划出中心线,在两端对样板划出断面,然后用木铣床加工成型,再用线刨细加工。

2)弯头制作。先用较少结节、硬度适中的木料作弯头材料,用弯锯按画好的样板线先锯出毛料粗坯,把底面刨平,然后在顶头画线,用钢弯刨粗加工,再用木弯刨精加工。当楼梯栏杆之间距离小于200mm时可整个弯头一次成型,大于2000mm应分段做,弯头伸出为半个踏步宽度。

3)扶手、弯头安装。安装扶手应由下往上依次安装,扶手与弯头的接头要在扶手下面做暗榫,或用铁件锚固,用胶水粘接。

4)全部安装完毕后要修接头,用扁铲作较大幅度的修整,再用小刨刨光,或用木锉锉平,使其坡度合适、弯曲自然。最后用砂纸磨光,刷一遍干性油以保护成品,防止受潮变形。

六、木作装修表面涂层的施工工艺

1. 清漆施工

(1)施工顺序　清理木器表面→砂纸打磨→上润泊粉→砂纸打磨→满刮第一遍腻子,砂纸磨光→满刮第二遍腻子,细砂纸磨光→涂刷油色→刷第一遍清漆→拼找颜色,复补腻子→细砂纸磨光→刷第二遍清漆,细砂纸磨光→刷第三遍清漆,细砂纸磨光→水砂纸打磨退光→打蜡→擦亮。

(2)施工要点

1)首先应将木材饰面的表面灰尘、油污等杂质清除干净。

2)用棉丝蘸油粉涂抹在木材饰面的表面上,用手来回揉擦,将油粉擦入到木材的槽眼内。

3)涂刷清油时,手握油刷要轻松自然,手指轻轻用力,以移动时不松动、不掉刷为准。

4)涂刷时要按照蘸次要多、每次少蘸油,操作时勤刷、顺刷的要求,依照先上后下、先难后易、先左后右、先里后外的顺序和横刷竖顺的操作方法施工。

2. 混色油漆施工

(1)施工顺序　清扫基层表面的灰尘,修补基层→用砂纸打磨→节疤处打漆片→

打底刮腻子→涂干性油→第一遍满刮腻子→细砂纸磨光→涂刷底层涂料→底层涂料干硬→涂刷面层→复补腻子进行修补→砂纸磨光擦净→第二遍面漆涂刷→细砂纸磨光→第三遍面漆→细砂纸磨光→抛光打蜡。

(2)施工要点

1)基层处理时,除清理基层的杂物外,还应进行局部的腻子嵌补,打砂纸时应顺着木纹打磨。

2)在涂刷面层前,应用漆片(虫胶漆)对有较大色差和木脂的节疤处进行封底。并在基层涂干性油,干性油层的涂刷应均匀,各部位刷遍,不能漏刷。

3)底子油干透后,满刮第一遍腻子,干后以手工砂纸打磨,然后补高强度腻子,腻子以挑丝不倒为准。涂刷面层油漆时,应先用细砂纸打磨。

(3)注意事项

1)基层处理要按要求施工,以避免表面油漆涂刷失败。

2)清理周围环境,防止尘土飞扬,影响油漆面层的质量。

3)由于油漆都有一定毒性,对呼吸道有较强的刺激作用,所以施工中一定要注意做好通风。

七、整体橱柜的加工与安装工艺

1. 橱柜的三种组装方式

(1)组装橱柜　这类橱柜相似于曾经流行的组合式家具,部件相对独立,且已预先批量生产好。它的好处是通常较为便宜,组装过程简单,只要根据说明书便可“一手包办”。可依据厨房的尺寸及内部情况,提供最适当的组装组合。此类橱柜目前市面上已难找到。

(2)半组装橱柜　假如不想亲自组装,或者厨房的形状较为独特,只要提供厨房面积及喜欢的质料、款式及颜色,厂商将组件制成并负责装嵌即可。它的搭配十分灵活,可以将有限的空间周全地利用。这类橱柜厂家有上百个标准单元可供选配,也可临时制作非标件。

(3)定制橱柜　定制橱柜是三类橱柜中选择最具弹性的一种,通常由设计师包办,质料、款式、设计各方面的自由度最大。设计师依据顾客的喜好及要求,量身定造最合乎需要的橱柜。由于搭配灵活,涉及工序多,所花财力及时间都较多。目前大多数橱柜商都沿用此方式。

2. 厨房设备施工工艺流程

(1)施工工艺流程　墙、地面基层处理→安装产品检验→安装吊柜→安装底柜→接通调试给、排水→安装配套电器→测试调整→清理。

(2)施工要领

1)厨房设备安装前的检验。

2)吊柜的安装应根据不同的墙体采用不同的固定方法。

3)底柜安装应先调整水平旋钮，保证各柜体台面、前脸均在一个水平面上，柜间连接使用木螺钉，后背板通管线、表、阀门等应在背板画线打孔。

4)安装洗物柜底板下水孔处要加塑料圆垫，下水管连接处应保证不漏水、不渗水，不得使用各类胶粘剂连接接口部分。

5)安装不锈钢水槽时，保证水槽与台面连接缝隙均匀，不渗水。

6)安装水龙头，要求安装牢固，上水连接不能出现渗水现象。

7)抽油烟机的安装，注意吊柜与抽油烟机罩的尺寸配合，应达到协调统一。

8)安装灶台，不得出现漏气现象，安装后用肥皂水检验是否安装完好。

(3)室内煤气管道的安装原则　室内煤气管道应以明敷为主。煤气管道应沿非燃材料墙面敷设，当与其他管道相遇时，应符合下列要求。

1)水平平行敷设时，净距不宜小于150mm。

2)竖向平行敷设时，净距不宜小于100mm，并应位于其他管道的外侧。

3)交叉敷设时，净距不宜小于50mm。

4)煤气管道与电线、电气设备的间距，应符合表8-8规定。

表8-8　煤气管道与电线、电气设备的间距

电线或电气设备名称	煤气管道与电线、电气设备的间距/mm
煤气管道电线明敷(无保护管)	100
电线(有保护管)	50
熔丝盒、电插座、电源开关	150
电表、配电器	300
电线交叉	20

5)因特殊情况，室内煤气管道必须穿越浴室、厕所、吊平顶(垂直穿)和客厅时，管道应无接口。

6)室内煤气管不宜穿越水斗下方，当必须穿越时应加设套管，套管管径应比煤气管管径大两挡，煤气管与套管均应无接口，管套两端应伸出水斗侧边10～20mm。

7)煤气管道安装完成后应做严密性试验，试验压力为300毫米水柱(1毫米水柱=9.80661Pa)，3min内压力不下降为合格。

8)燃具与水表、电气设备应错位设置，其水平净距不得小于500mm；当无法错位时，应有隔热防护措施。

9)燃具设置部位的墙面为木质或其他易燃材料时，必须采取防火措施。

10)各类燃具的侧边与墙、水斗、门框等相隔的距离及燃具与燃具间的距离均应不得小于200mm；当两台燃具或一台燃具及水斗成直角布置时，其两侧距离墙之和不得小于1.2m。

11)燃具靠窗口设置时，燃具面应低于窗口且不小于200mm。

(4)煤气热水器安装　煤气快速热水器应设置在通风良好的厨房、单独的房间或通风良好的过道里。房间的高度应大于2.5m并满足下列要求。

1)直接排气式热水器严禁安装在浴室或卫生间内;烟道式(强制式)和平衡式热水器可安装在浴室内,但安装烟道式热水器的浴室,其容积不应小于热水器每小时额定耗气量的3.5倍。

2)热水器应设置在操作、检修方便且不易被碰撞的部位。热水器前的空间宽度宜大于800mm,侧边离墙的距离应大于100mm。

3)热水器应安装在坚固耐火的墙面上,当设置在非耐火墙面时应在热水器的后背衬垫隔热耐火材料,其厚度不小于10mm,每边超出热水器的外壳在100mm以上。热水器的供气管道宜采用金属管道(包括金属软管)连接。热水器的上部不得有明敷电线、电气设备,热水器的其他侧边与电气设备的水平净距应大于300mm。当无法做到时应采取隔热措施。

4)热水器与木质门、窗等可燃物的间距应大于200mm。当无法做到时应采取隔热阻燃措施。

5)热水器的安装高度宜满足观火孔离地1500mm的要求。

(5)热水器的排烟方式　应根据热水器的排烟特性正确选用。

1)烟道式热水器。装有烟道式热水器的房间,上部及下部进风口的设置要求同直接排气式热水器。

2)平衡式热水器。平衡式热水器的进、排风口应完全露出墙外。穿越墙壁时,在进、排气口的外壁与墙的间隙用非燃材料填塞。

3. 如何挑选橱柜

橱柜因其所使用的材料不同、功能不同、五金配件档次不同,价格也有所不同,高、中档橱柜和低档橱柜差别较大的原因就在此。如果要挑选性价比高、称心如意的橱柜可以从以下几方面入手。

(1)认清柜体材质　橱柜的材质由基材和面材两部分组成,基材主要有实木板、不锈板、刨花板和中密度板。

1)实木板因其造价昂贵,一般高档橱柜用此材料。

2)不锈钢,因其“冷冰冰的面孔”已退出家用橱柜的用材。

3)刨花板和中密度板现在是橱柜的主流材料。

因此,在购买时要问清楚是哪种材质的。不管是哪种材质,其表面均应有防火涂层,这部分称为面材。主要有防火板、三聚氰胺和喷漆等工艺,前两者的造价差异不大,喷漆要求工艺精良,造价相对高一些。因材质不同价格也不同,在购买时要以同材质的价格对比,同材质也要分清是国产还是进口的,它们之间的价格有时相差3～5倍。

(2)台面用材有别

1)过去高档橱柜有用花岗岩、大理石等天然石材作台面,但由于天然石材的长度有限，作台面有接缝，又由于它的渗透性强，现在不主张用天然石材作台面。

2)目前作台面最好的材料就是高分子人造板，俗称人造大理石。它是由天然矿石粉经加工而成，质地均匀，无毛细孔，抗渗透性好，可塑性强，任何形状的台面都可以制作；目前它已占据了主导地位，中、高档橱柜的台面几乎都用它，每平方米价格在1000～2000元之间。其中美国杜邦公司的“可丽耐”、富美家的“色丽石”是较高档次的产品，而“雅丽耐”、“蒙特利”等中档品牌，因其品质不错，价格又比高档品牌便宜近1/2，因而受到一般消费群体的喜爱。

(3)五金配件是关键　辨别橱柜好坏的一个重要条件就是要看它的五金配件。高档橱柜之所以好，主要在于它的用材好，工艺性强，而它的收纳功能的齐全全凭五金件的配置。除主材因素外，五金件的配置是区别中、高档橱柜和低档橱柜的重要区别，例如“芬尼尔”、“海蒂诗”、“海富乐”等品牌是五金件中的高档品，用于高档橱柜的配置。

4. 厨房橱柜选择的四项准则

(1)外观　人们都希望选一个美观漂亮的橱柜，其中颜色也很重要，颜色要和家居装饰配套。

(2)材料　材料很重要，如果所用的材料不好，橱柜的使用寿命就短，既影响正常的生活又破坏了厨房的美观。

(3)做工　表面看过以后，一定不要忘记看看里面的做工，需要包边的要仔细看一下包得是否严紧，若有不齐或不紧的就需慎重选择。

(4)选服务　服务可能大家很少关心，选择了价位合理又自己喜欢的橱柜就忽略了其售后服务。也许今年买的橱柜，明年坏了却找不到厂家维修，那肯定会给生活带来许多不便。因此服务就是售后的保障，购买的时候一定要询问及了解售后服务的情况。

八、门窗的构造与安装

1. 门窗的类别

住宅室内门是连接和分隔住宅室内空间的主要构造部件，也是连接住宅各空间的交通要道。而窗户主要即起着采光、通风和采景等作用。门窗都是住宅室内空间的主要组成。因此门窗在住宅室内装饰设计中，对风格的塑造上起着非常大的作用。

1)按材料可分为：木门窗、塑钢门窗、铝合金门和塑料门。

2)按开启方式可分为：门可分为平开门、推拉门、弹簧门、卷帘门、折叠门、旋转门和自动门等(如图8-4所示)；窗可分为平开窗、推拉窗、上悬窗、下开启窗、水平中悬窗、垂直中悬窗等(如图8-5所示)。

2. 木门窗

(1)木门的构造

1)镶板门。门扇由骨架和门芯板组成。门芯用材可分为木板、胶合板、硬质纤维

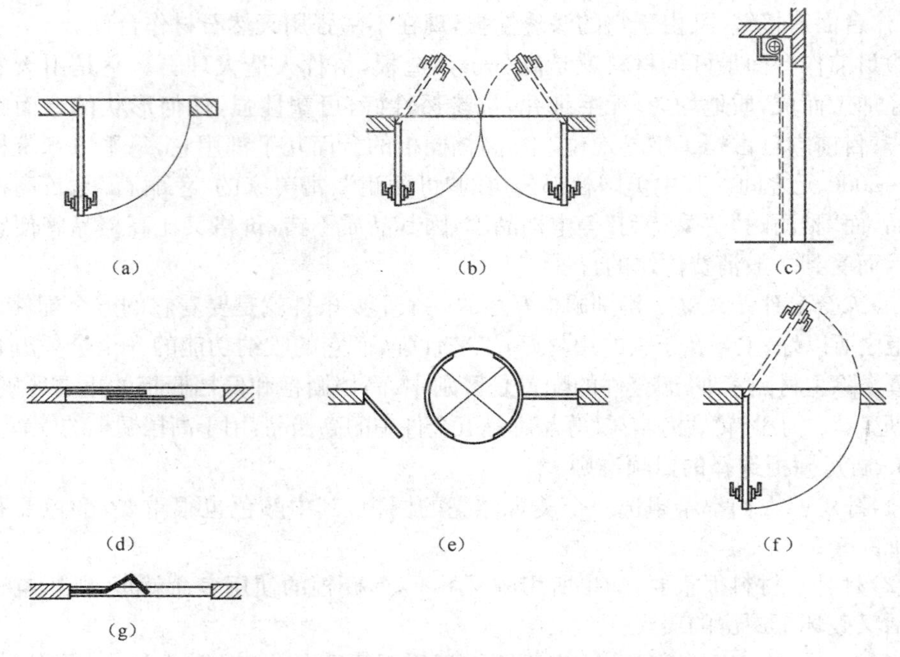

图 8-4 按门的开启方式分类

(a)平开门 (b)双扇弹簧门 (c)卷帘门 (d)推拉门 (e)旋转门 (f)单扇弹簧门 (g)折叠门

板、塑料板、玻璃等。门芯为玻璃时，则为玻璃门。门芯为纱时，则为纱门，而采用百叶时则为百叶门。也还可以根据需要，部分采用玻璃、纱或百叶等组合方式。

2)夹板门。中间为轻型骨架，两面贴胶合板、纤维板等薄板的门。

3)拼板门。用木板拼合而成的门。坚固耐用，多为大门。

(2)木门窗现场施工　在住宅室内施工中现场最为常见的木门窗，主要分为平开门窗和推拉门窗两大类。

1)平开木门窗的安装顺序。根据室内已弹好的水平线和坐标基准线确定门窗框的安装位置。

将门窗框放在安装位置线上就位、摆正，用木楔临时固定。用线坠、水平尺将门窗校正固定在预埋的木砖上。用 10cm 钉子将门窗框固定在预埋的木砖上。将门窗扇靠在门窗框上，按框的内口划出高低、宽窄尺寸线。刨修门窗扇，使四周与门窗框的缝隙达到规定的宽度标准。在距门窗扇上、下冒头 1/10 立梃高度的位置剔出合页槽，并将合页固定在门窗扇上。必须在上扇前安装好门窗五金。将门窗扇安装到门窗框上。安装其余五金件。

2)施工要点。为了保证相邻门框或窗框的顺平，应在墙上拉水平线作为基准；固定门窗框的钉子应砸扁钉帽后钉入框内。第一次刨修门窗扇应以刚能塞入口内为宜，塞好后用木楔临时固定，按留缝宽度要求画出第二次刨修线，并作二次刨修。双

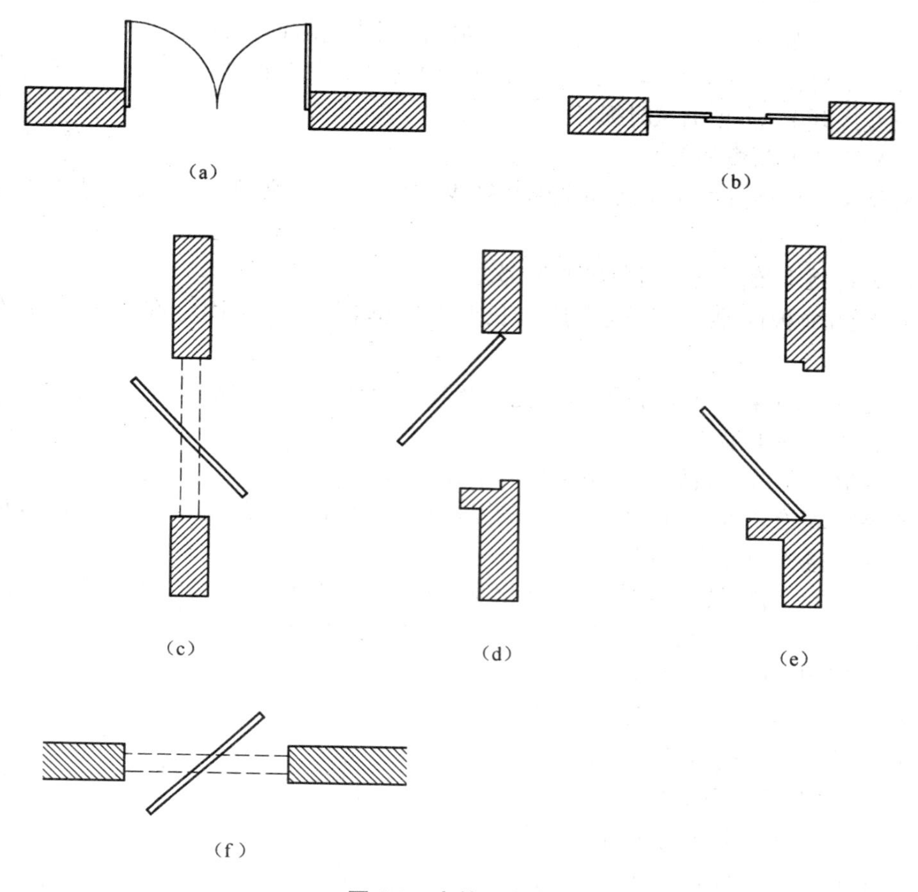

图 8-5 窗的开启方式

(a)平开窗 (b)推拉窗 (c)垂直中悬窗 (d)上悬窗 (e)下开启窗 (f)水平中悬窗

扇门窗应根据门窗宽度确定对口缝深度,然后修刨四周,塞入框内校验。刨修门窗时应用木卡将扇边垫起卡牢,以免损坏边角。

门窗扇与门窗框之间的缝隙调整合适后,确定合页宽度,并按距上、下冒头 1/10 的立梃高度划出合页安装边线,再从上、下边线往里划出合页长度,留线剔出合页槽。槽深以使门、窗扇安装后缝隙均匀为准。

安装合页时,每个合页先拧一枚螺钉,然后检查扇与框是否平整、缝隙是否合适,检查后方可拧上全部螺钉。硬木门、窗扇应先钻眼后拧螺钉,孔径为螺钉直径的 0.9 倍为宜,眼深为螺钉长度的 2/3。其他木门窗,可将木螺钉钉入全长的 1/3,然后拧入其余的 2/3,严禁螺钉一次钉入或倾斜拧入。

有些五金件必须在上扇以前安装,如嵌入式门底防风条、嵌入式天地插销等。所有五金件的安装应符合图纸要求,统一位置,严防丢漏。

木门框安装后，在手推车可能撞击的高度范围内应随即用铁皮或木方保护，门窗安装好后不得再通过手推车。已安装好的门窗扇应设专人管理，门窗下用木楔楔紧，窗扇设专人开关，防止刮风时损坏。

3)悬挂式木门窗的安装。

根据室内已弹好的水平线和坐标基准线，弹线确定上梁、侧框板及下导轨的安装位置。

用螺钉将上梁固定在门洞口的顶部。

对有侧框板的推拉门，截出适当长度的侧框板，用螺钉固定在洞口侧面的墙体上。

将挂件上的螺栓及螺母拆下，把挂件及其滚轮套在工字钢滑轨上，再将工字钢滑轨用螺钉固定在上梁底部。

用膨胀螺栓或塑料胀管把下导轨固定在地面上。

将悬挂螺栓装入门扇上冒头顶上的专用孔内，用木楔把门扇顺下导轨垫平，再用螺母将悬挂螺栓与挂件固定。

将木门左、右推拉，检查门边与侧框板是否严密吻合，如发现门边与侧框板之间的缝隙上下不一样宽，则卸下门，进行刨修后再安装到挂件上。

在门洞侧面固定胶皮门止。

检查推拉门，一切合适后安上门贴脸。

4)下承式推拉门窗的安装。

弹线确定上、下及侧板框安装位置。

用螺钉将下框板固定在洞口底部。

截出准确长度的上框板，用螺钉固定在洞口顶部。

在下框板准确划出钢皮滑槽的安装位置，用扁铲剔修与钢皮厚度相等的木槽，并用黏结剂把钢皮滑槽粘在木槽内。

用黏结剂将专用轮盒粘在下冒头下的预留孔里。

将门窗扇装上轨道，左右推拉，检查门窗边与侧框板之间的缝隙是否上下等宽则如不相等则把门窗扇卸下，刨修后再安装就位。

再次检查推拉门窗，一切合适后安上贴脸。

3. 塑钢门窗

塑钢门窗是以聚氯乙烯与氯化聚乙烯共混树脂为主体，加上一定比例的添加剂，经挤压加工而成。为了增加型材的刚性，在塑料异型材内腔中添入增加抗拉弯作用的钢衬(加强筋)，然后通过切割、钻孔、熔接等方法，制成门窗框，所以称为塑钢门窗。

(1)塑钢门窗的性能及特点　塑钢门窗不仅具有塑料制品的特性，而且物理性能、化学性能、防老化能力大为提高。其装饰性可与铝合金媲美，并且具有良好的保温、隔热性能，使居室内更加舒适。另外，还具有耐酸、耐碱、耐腐蚀、防尘、阻燃自熄、强度高、不变形、色调和谐等优点，无须涂防腐油漆，经久耐用，而且其气密性、水密性比一般门窗大 2～5 倍。

1)塑钢窗物理性能。塑钢门窗的物理性能主要是指 PVC 塑钢门窗的空气渗透性(气密性)、雨水渗透性(水密性)、抗风性能及保温和隔声性能。由于塑钢门窗型材具有独特的多腔室结构,并经熔接工艺而成,在塑钢门窗安装时所有的缝隙均装有塑橡密封胶条和毛条,因此具有良好的物理性能。

2)塑钢门窗耐腐蚀性能。塑钢门窗因其独特的材料特性而具有良好的耐腐蚀性能。塑钢门窗耐腐蚀性取决于五金件的使用,正常环境下五金件为金属制品,用于有腐蚀性的环境,如食品、医药、卫生、化工行业的特殊环境,以及沿海地区、阴雨潮湿地区,选用防腐蚀的五金件(工程塑料制品),其使用寿命可达塑钢门窗的 10 倍。

3)塑钢门窗耐候性。塑钢门窗采用特殊配方,原料中添加紫外线吸收剂、耐低温冲击剂,从而提高了塑钢门窗的耐候性。在－30℃～70℃之间,烈日、暴雨、干燥、潮湿的变化中,无变色、变质、老化、脆化等现象。

4)塑钢门窗的保温节能性能。塑钢门窗为多腔结构,其传热性能甚小,仅为钢材的 1/357、铝材的 1/250,具有良好的隔热性能,尤其是对有空调设备的现代建筑更加适合。调查比较,使用塑钢门窗比使用木门窗的房间冬季室内温度提高 4～5℃;北方地区使用双层玻璃效果更佳。

5)塑钢门窗的防火性能。塑钢门窗不自燃、不助燃、离火自熄、安全可靠,符合防火要求,从而扩大了塑钢门窗的使用范围。

6)塑钢窗的绝缘性能。塑钢门窗使用的异型材具有优良的电绝缘性,不导电,安全系数高。

7)塑钢门窗密度性。塑钢门窗质细密平滑,内外一致,无须进行表面特殊处理,易加工,经切割、熔接加工后,门窗成品的长、宽及对角线的加工精度均能在±2mm 以内,强度可达 3000N 以上。

(2)塑钢门窗的开启方式　塑钢门窗的开启方式主要有推拉、外开、内开、内开上悬等,新型的开启方式有推拉上悬式。不同的开启方式各有其特点,一般来讲,推拉窗有立面简洁、美观,使用灵活、安全可靠、使用寿命长、采光率大、占用空间少、方便带纱窗等优点;外开窗有开启面大、密封性好和保温抗渗性能优良等优点。目前用得较多的还是推拉式,其次为外开式。

(3)塑钢门窗的选购

1)要选择型材,先要了解塑钢门窗所选用的 PVC 型材的特点。选择信誉好的厂家和市场所提供的合格型材所加工的产品。

2)观察塑钢门窗表面。塑钢门窗的塑料型材表面色泽为青白色或象牙白色,洁净、平整、光滑,大面无划痕、碰伤,焊接口无开焊、断裂。质量好的塑钢门窗表面应有保护膜,安装好后再将保护膜撕掉。

3)塑钢门窗关闭时,扇与框之间无缝隙,推拉塑钢窗应滑动自如,声音柔和,无粉尘脱落。

4)塑钢门窗的框内应有钢衬,玻璃安装平整牢固且不直接接触型材,若是双层玻璃则夹层内应无粉尘和水汽,开关部件严密灵活。

(4)塑钢门窗安装

1)安装流程。原材料、半成品进场检验→门窗框定位→后塞门窗框(塞口)→塑钢门窗扇安装→五金安装→嵌密封条→验收。

2)操作工艺和安装要点。

立门窗框前要看清门窗框在施工图上的位置、标高、型号、门窗框规格、门扇开启方向,以及门窗框是内平、外平或是立在墙中等,根据图纸设计要求在洞口上弹出立口的安装线,照线立口。预先检查门窗洞口的尺寸、垂直度及预埋件数量。

塑钢门窗框安装时用木楔临时固定,待检查立面垂直、左右间隙大小、上下位置一致均符合要求后,再将镀锌锚固板固定在门窗洞口内;塑钢门窗与墙体洞口的连接要牢固可靠,门窗框的铁脚至框角的距离不应大于180mm,铁脚间距应小于600mm。

塑钢门、窗框与洞口的间隙,应采用矿棉条或玻璃棉毡条分层填塞,缝隙表面留5～8mm深的槽口嵌填密封材料。

塑钢门、窗扇安装前须进行检查。翘曲超过2mm的经处置后才能使用。安装门窗扇时,扇与扇、扇与框之间要留适当的缝隙,一般情况下,留缝限值≤2mm,无下框时门扇与地面间留缝4～8mm;塑钢门、窗各杆件的连接均是采用螺钉、铝拉铆钉来进行固定,因此在门、窗的连接部位均需进行钻孔。钻孔前,应先在工作台或铝型材上画好线,量准孔眼的位置,经核对无误后再进行钻孔。钻孔时要保持钻头垂直。

安装五金配件时,应先在框、扇杆件上钻出略小于螺钉直径的孔眼,然后用配套的自攻螺钉拧入,严禁将螺钉用锤直接打入,门锁安装,应在门扇合页安装完后进行。

塑钢门窗横竖杆件交接处和外露的螺钉头,均需注入密封胶,并随时将塑钢门窗表面的胶迹清理干净。

塑钢门窗交工之前,应将型材表面的塑料胶纸撕掉,如果塑料胶纸在型材表面留有胶痕,宜用香蕉水清洗干净。

(5)塑钢门窗的质量要求

1)塑钢门窗的品种、类型、规格、尺寸、性能,以及开启方向、安装位置、连接方式,塑钢门窗的型材壁厚均应符合设计要求:塑钢门窗的防腐处理及填嵌、密封处理应符合设计要求。

2)塑钢门窗框的安装必须牢固。预埋件的数量、位置、埋设方式、与框的连接方式必须符合设计要求。

3)塑钢门窗扇必须安装牢固,并应开关灵活、关闭严密,无倒翘;推拉门窗扇必须有防脱落措施。

4)塑钢门窗配件的型号、规格、数量应符合设计要求,安装应牢固,位置应正确,功能应满足使用要求。

5)五金配件应齐全,位置正确。

6)塑钢门窗安装后外观质量应表面洁净,大面无划痕、碰伤、锈蚀,涂膜大面平整光滑,厚度均匀,无气孔。

(6)塑钢门窗安装允许偏差(表 8-9)

表 8-9　塑钢门窗安装的允许偏差和检验方法

项次	项目		允许偏差/mm	检验方法
1	门窗槽口宽度、高度	≤1500mm	1.5	用钢尺检查
		>1500mm	2	
2	门窗槽口对角线长度差	≤2000mm	3	用钢尺检查
		>2000mm	4	
3	门窗框的正、侧面垂直度		2.5	用垂直检测尺检查
4	门窗横框的水平度		2	用 1m 水平尺和塞尺检查
5	门窗横框标高		5	用钢尺检查
6	门窗竖向偏离中心		5	用钢尺检查
7	双层门窗相邻扇高度差		4	用钢尺检查
8	推拉门窗相邻扇高度差		1.5	用钢直尺检查

4. 铝合金门窗

铝合金门窗是采用铝合金型材,经过生产加工制成的门窗框料构件,再与连接件、密封件、开闭五金件一起组合装配而成的轻质金属门窗。

(1)铝合金门窗的特点

1)质轻。由于铝合金门窗用料为薄壁铝结构型材,所以重量轻,只有木门窗重量的一半左右。

2)性能好。由于加工制作精度较高,断面设计考虑了气候影响和功能要求,故有良好的气密性、水密性、隔热性、隔声性等,是钢木门窗无法相比的。因此适用于配置空调设备的建筑及对隔声、保温、隔热、防尘有较高要求的建筑采用,在台风、暴雨、风沙较多地区的建筑中选用铝合金门窗更具优越性。

3)色泽美观、装饰性好。铝合金门窗表面光洁,具有银白、古铜、金黄、暗灰、黑等颜色,质感好,装饰性强。

4)强度及抗风压力性能较高。铝合金门窗可承受的风压为 1500～3500Pa,且变形较小。

5)使用方便。由于铝合金门窗结构精密,故开关轻便,使用也很舒适。

(2)铝合金门窗的种类　铝合金门窗按结构与开闭方式可分为推拉窗(门)、平开窗(门)、固定窗(门)、悬挂窗、回转窗;铝合金门还分有地弹簧门、自动门、旋转门、卷闸门等。

(3)铝合金门窗的技术要求

1)铝合金门窗的国家标准。随着铝合金门窗工业的迅速发展，我国已颁布了一系列有关铝合金门窗的国家标准，主要有《平开铝合金门》(GB/T8478—2003)《平开铝合金窗》(GB/T8479—2008)《推拉铝合金门》(GB/T8480—2003)《铝合金地弹簧门》(GB/T8482—2003)等。

2)铝合金门窗的等级划分。铝合金门窗按抗风压强度、抗空气渗透和雨水渗漏性能分为A、B、C三类，分别表示高性能、中性能、低性能。每一类按抗风压强度、空气渗透和雨水渗透又分为优等品、一等品、合格品。

3)铝合金门窗的规格要求。铝合金门窗的型号以洞口的宽度和高度来表示，如1218表示洞口的宽度和高度分别为1200mm和1800mm，又如0609表示洞口的宽度和高度分别为600mm和900mm。

4)铝合金门窗的安装要求。铝合金门窗的外观质量、阳极氧化膜厚度、尺寸偏差、装配间隙、附件安装等也应满足相应的要求。

5)铝合金门窗型材的质量要求。关于型材的壁厚，“GB/T5237—1993”在铝合金建筑型材的技术参数选择指南中指出，考虑到安全技术指标，一般情况下型材的壁厚不宜低于以下数值：门结构型材2.0mm，窗结构型材1.4mm，幕墙、玻璃屋顶3.0mm，其他型材1.0mm。

(4)铝合金门窗的安装　安装流程：画线定位→铝合金门窗披水安装→防腐处理→铝合金门窗的安装就位→铝合金窗固定→门窗框与墙体间隙的处理→门窗扇及门窗玻璃的安装→安装五金配件。操作工艺和安装要点如下。

1)画线定位。根据设计图纸中门窗的安装位置、尺寸和标高，依据门窗中线向两边量出门窗边线。若为多层或高层建筑时，以顶层门窗边线为准，用线坠或经纬仪将门窗边线下引，并在各层门窗口处画线标记，对个别不直的门窗洞口边应剔凿处理。

门窗的水平位置应以楼层室内+50cm的水平线为准向上反量出窗下皮标高，弹线找直。每一层必须保持窗下皮标高一致。

2)铝合金窗披水安装。按施工图纸要求将披水固定在铝合金窗上，且要保证位置正确、安装牢固。

3)防腐处理。门窗框四周外表面的防腐处理为：当设计有要求时，按设计要求处理；如果设计没有要求时，可涂刷防腐涂料或粘贴塑料薄膜进行保护，以免水泥砂浆直接与铝合金门窗表面接触，产生电化学反应，腐蚀铝合金门窗。

安装铝合金门窗时，如果采用连接铁件固定，则连接铁件、固定件等安装用金属零件最好用不锈钢件，否则必须进行防腐处理，以免产生电化学反应，腐蚀铝合金门窗。

4)铝合金门窗的安装就位。根据画好的门窗定位线,安装铝合金门窗框。并及时调整好门窗框的水平、垂直及对角线长度等确保符合质量标准,然后用木楔作临时固定。

5)铝合金门窗的固定。

当墙体上预埋有铁件时,可直接把铝合金门窗的铁脚直接与墙体上的预埋铁件焊牢,焊接处需做防锈处理。

当墙体上没有预埋铁件时,可用金属膨胀螺栓或塑料膨胀螺栓将铝合金门窗的铁脚固定到墙上。

当墙体上没有预埋铁件时,也可用电钻在墙上打 80mm 深、直径为 6mm 的孔,用 L 形 80mm×50mm 的 ϕ6mm 钢筋。在长的一端粘涂 108 胶水泥浆,然后打入孔中。待 108 胶水泥浆终凝后,再将铝合金门窗的铁脚与埋置的 ϕ6mm 钢筋焊牢。

6)铝合金门窗框与墙体的缝隙间处理。

铝合金门窗安装固定后,应先进行隐蔽工程验收,合格后及时按设计要求处理门窗框与墙体之间的缝隙。

如果设计未要求时,可采用弹性保温材料或玻璃棉毡条分层填塞缝隙,外表面留 5～8mm 深槽口填嵌嵌缝油膏或密封胶。

7)铝合金门窗扇及门窗玻璃的安装。

铝合金门窗扇和门窗玻璃应在洞口墙体表面装饰完工验收后安装。

铝合金推拉门窗在铝合金门窗框安装固定后,将配好玻璃的门窗扇整体安入框内滑槽,调整好与扇的缝隙即可;铝合金平开门窗在框与扇格架组装上墙、安装固定好后再安玻璃,即先调整好框与扇的缝隙,再将玻璃安入扇内并调整好位置,最后镶嵌密封条及密封胶。

铝合金地弹簧门应在铝合金门框及地弹簧主机入地安装固定后再安铝合金门扇。先将玻璃嵌入门扇格架并一起入框就位,调整好框扇缝隙,最后填嵌门扇玻璃的密封条及密封胶。

(5)铝合金的质量要求

1)铝合金门窗的品种、规格、开启方向及安装位置应符合设计要求。

2)铝合金门窗安装必须牢固,横平竖直,高低一致。框与墙体缝隙应填嵌饱满充实,表面光滑,无裂缝,填塞材料与方法等应符合设计要求。

3)预埋件的数量、位置埋设连接方法必须符合设计要求。

4)铝合金门窗扇应开启灵活,无倒翘、阻滞及反弹现象,关闭后压条应处于压缩状态。

5)五金配件应齐全,位置正确。

6)铝合金门窗安装后外观质量应表面洁净,大面无划痕、碰伤、锈蚀,涂膜大面平整光滑,厚度均匀,无气孔。

7)允许偏差。铝合金门窗安装质量的允许偏差见表 8-10。

5. 铝合金门窗与塑钢门窗性能特点比较

(1)抗风压强度和水密性　塑钢门窗由于材质强度和刚性低，虽然经过加工衬钢增强，但其抗风压和水密性能要比铝窗低约两个等级。而且，由于塑钢门窗的衬钢并未在其型材内腔角部连接成完整的框架体，窗框、窗扇四角及丁字节点的塑料焊接角强度比较低。

表 8-10　铝合金门窗安装质量的允许偏差

序号	项目		允许偏差/mm	检验方法
1	门窗槽口宽度高度	≤2000mm	±1.5	用 3m 的钢卷尺检查
		>2000mm	±2	
2	门窗槽口对边尺寸之差	≤2000mm	≤2	用 3m 的钢卷尺检查
		>2000mm	≤2.5	
3	门窗槽口对角线尺寸之差	≤2000mm	≤2	用 3m 的钢卷尺检查
		>2000mm	≤3	
4	门窗框（含拼樘料）的垂直度	≤2000mm	≤2	用线坠、水平尺检查
		>2000mm	≤2.5	
5	门窗框（含拼樘料）的水平度	≤2000mm	≤1.5	用水平尺检查
		>2000mm	≤2	
6	门窗框扇搭接宽度差	≤$2m^2$	±1	用深度尺或钢板尺检查
		>$2m^2$	±1.5	
7	门窗开启力		≤60N	用 100N 弹簧秤检查
8	门窗横框标高		≤5	用钢板尺检查
9	门窗竖向偏离中心		≤5	用线坠、钢板尺检查

(2)气密性　塑钢门窗由于框、扇构件是焊接的，故其气密性应比锚接的铝合金门窗略好一些，但铝合金门窗型材尺寸精度较高，框、扇配合较严密。

(3)保温性　铝合金门窗的保温性能不如塑钢窗好，但二者整窗的传热系数之比只是 1.36 倍(单层窗)和 1.44 倍(单框双玻窗)。

(4)采光性　塑钢门窗的采光性能比铝合金门窗差，其框单构件遮光面积比铝窗大 10%左右，视野和装饰效果较差，不利于建筑照明节能降耗。

(5)隔声性　铝合金门窗与塑钢门窗的缝隙密封水平基本一致，其隔声性能也是基本一致的。

(6)防火性能　难燃性的 PVC 塑钢门窗的防火性能相对于可燃的木窗是比较好的，但与非燃烧性的铝合金门窗相比是差的。

(7)防雷和防静电　铝合金门窗是良好的导电体，故其作建筑外围护结构时，应采取有效的接地措施，既可作为避雷设施，并可防止静电现象产生。

(8)装饰性　塑钢门窗作为建筑外窗，只能以白色为主，不能满足丰富多彩的各类建筑外墙装饰需要。

(9)老化问题　PVC 塑料型材易老化，高分子 PVC 树脂在紫外线作用下，大分子链断裂，使材料表面失去光泽，变色粉化，型材的机械性能下降。而铝合金有抗老化的功能。

(10)变形与膨胀问题　塑钢门窗易受热变形、遇冷变脆，尺寸及形状稳定性较差，往往需要利用玻璃的刚性来防止窗框变形。而铝合金具有抗高温、不易变形等优点。

九、涂料作业

油漆是一种具有流展性的液体物质，涂于物体表面形成具有保护、装饰或特殊性能、具有连续性的固态涂膜。早期的涂料大多以植物油为主要原料，故有油漆之称。从广义上讲，油漆是属于涂料的一种。

1. 油漆、涂料的主要成分

涂料由主要成膜物质、次要成膜物质和辅助成膜物质三大部分组成，如图 8-6 所示。

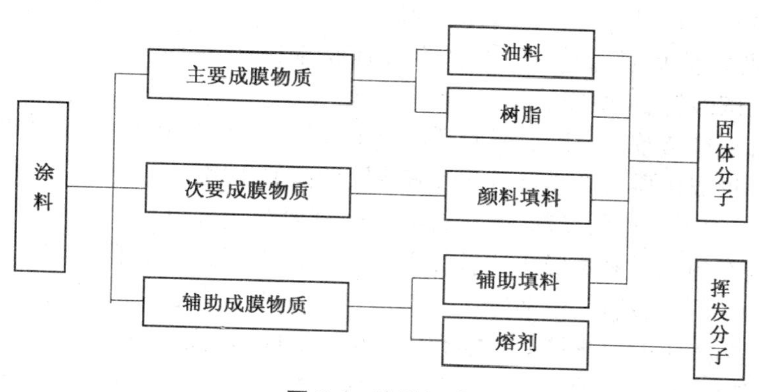

图 8-6　涂料组成

(1)主要成膜物质　成膜物质是组成涂料的基础，它对涂料的性能起着决定性的作用。其功用是把其他物质粘结成一个整体，固化成膜，并能附着于被涂材料的表面，起到保护和美化被涂材料的作用。可作为涂料成膜的品种很多，主要成膜物质有干性油和半干性油、双组分氨基树脂、聚氨酯树脂、脂酸树脂、醇酸树脂、热固性丙烯树脂、酚醛树脂、硝化棉、氯化橡胶、沥青、改性松香树脂、热塑型丙烯酸树脂、乙酸乙烯树脂等。按其主要性能分为油料成膜物质和树脂成膜物质两大类。

1)油料成膜物质。油料是制造油性涂料和油基涂料的主要原料。按涂料能否干结成膜及成膜速度的快慢，分为干性油、半干性油和不干性油三种。

干性油具有快干性能，受到空气中的氧化和自身的聚合作用，在一定时间内能形成坚韧的涂膜,不软化、不熔化,也不溶于有机溶剂,涂膜耐水、有弹性。如亚麻仁油、桐油、菜籽油等。

半干性油干燥速度较慢,需要较长的时间干燥,而且形成的涂膜较软、有发黏的现象。易溶于有机溶剂。如大豆油、葵花籽油等。

不干性油本身不自干,不适合于单独使用,常与干性油或树脂混合使用,如蓖麻籽油等。

2)树脂成膜物质。树脂成膜物质分天然与合成树脂两种。

天然树脂能溶于有机溶剂。待溶剂挥发后,能形成一层连续的保护膜附于被涂材料表面。从硬度、光泽度、抗水性、耐化学腐蚀性、绝缘性、耐高温性来说都比油性成膜物质好。

合成树脂是根据各种树脂自身的特点,通过几种或多种树脂与油的混合而成。采用合成树脂制成的涂料性能优异,光泽度、坚硬度、耐水性和耐高温性都很好,是目前应用最广的一种。

(2)次要成膜物质　次要成膜物质主要是颜料和填充料。

1)颜料。用以使涂料具有一定的遮盖力和色彩,并且具有增强涂膜机械性能和密度的作用,还可减少收缩避免开裂,改善质量,提高艺术效果。

2)填充料。填充料称填充颜料或体质颜料,是一些白色粉末颜料,能增强涂膜的厚度和强度提高涂膜耐磨性和耐久性,防止涂膜流淌,改善施工性能。常用填充料品种有滑石粉、碳酸钙、硫酸钡、二氧化硅等。

(3)辅助成膜物质　辅助成膜物质在涂料组成中对成膜物质产生物理和化学作用,起着辅助形成优质的涂膜材料和改善涂膜性能的作用。

1)溶剂。溶剂又称稀释剂,是涂料的一个重要组成部分。用于溶解和稀释成膜物质,使涂料在施工时易于形成比较完美的漆膜。常用的溶剂有松节油、松香油、香蕉水、酒精、苯、丙酮、乙醚、汽油等。一般溶剂在施工结束后,都挥发到大气中,很少残留在漆膜里,施工时对环境造成很大的污染。因此,现代涂料行业正在努力减少涂料中溶剂的使用量,开发高固体成分涂料、水性涂料、乳胶漆、无溶剂涂料等环保性涂料。

2)辅助材料 。为了改善涂料的性能,提高涂料的特性,有些涂料在制造或施工中掺入了适量的辅助材料。辅助材料有:催干剂。催干剂又称干料、燥料。把它掺入到某些涂料中,能促进涂料中油或树脂产生氧化、聚合作用,缩短涂膜的干燥时间。增塑剂。增塑剂又称增韧剂、软化剂。可增强涂膜的塑性和柔韧性,提高附着力,具有克服涂膜硬脆易裂的特点。防潮剂。主要用作防止涂膜在干固过程中泛白和出现针孔,它由高沸点酯类、酮类溶剂配制而成。固化剂。用以促进涂料中胶粘剂固结成膜。

2. 涂料的作用

(1)保护作用　油漆、涂料能阻止或延迟空气中的氧气、水气、紫外线及有害物质对被涂材料表面的破坏。为此,要求其涂膜应具有较好的附着力和光泽度,一定的耐热、耐冲击、耐温变、耐磨性能。

(2)装饰作用　涂料具有鲜明、色泽悦目等特点,可以调和色彩、改善环境、美化生活。国防上可用于涂刷保护色起到伪装隐蔽作用。

(3)赋予机能　部分材料经涂饰后有时还能具备某些特殊的机能,如识别、导电、绝缘、防火、阻燃、防霉、防虫、防蚁、隔声、抗菌等。

3. 涂料的分类

在市场经济快速发展的今天,建材行业也是日新月异,国内涂料品种繁多,在室内装饰中涂料其实就是墙面乳胶漆和家具油漆的总称。

1)按涂料的分散介质可分为溶剂性涂料和水性涂料两种。

溶剂性涂料。以有机溶剂为分散介质(稀释剂)的涂料,俗称油漆类。如聚氨酯漆、聚酯漆、硝基漆等。溶剂性的涂料形成的涂膜细腻,光洁而坚韧,有较好的硬度、光泽和耐久性。但主要缺点是易燃,溶剂挥发对人体有害,施工时要求基层干燥,涂膜透气性差,而且价格较贵,它是室内装饰中木质家具表面涂饰常用的涂料。

水性涂料。以水为分散介质的涂料。水性涂料按其分散状态又分为溶液型涂料和水乳型涂料(乳胶漆)。乳胶漆学名叫合成树脂乳胶涂料,跟油漆相比,它省去有机溶剂,以水为稀释剂,属环保产品。它安全无毒、不污染环境、阻燃、施工简便、价格便宜。

2)按使用部位主要分为内墙涂料、外墙涂料、地面涂料、木器及家具漆等。

3)按功能可分为防火涂料、防水涂料、防虫涂料、防霉涂料、吸声涂料、耐磨涂料、保温隔热涂料和防锈漆等。

4)按涂料质感可分为平面涂料(如多彩涂料、云彩涂料)和立体涂料(如真石漆)。

5)按主要成膜物质的不同,可分为聚氨酯漆、聚酯漆、硝基漆等。

6)按涂膜能否显示木纹纹理分为清漆和混水漆(调和漆、磁漆)。

7)按涂膜亮度高低分为高光、亚光和珠光(丝光)涂料。

总之,在室内进行涂饰时,首先要考虑涂料的装饰效果、耐久性及经济性,要根据不同涂料的性能特点和特性,达到最佳效果。

4. 涂料的品种

(1)内墙乳胶漆的种类　乳胶漆是以石油化工产品为原料合成的乳液,为黏合剂,以水作为分散介质的一类涂料。具有不污染环境、安全无毒、施工方便、附着力强、涂膜干燥快、保光保色好、透气性好等优点。目前,我国建筑涂料市场十分活跃,较为流行的是乳胶涂料。常用内墙涂料有聚醋酸乙烯一乙烯乳胶漆、聚醋酸乙烯酸乳胶漆、苯乙烯一丙烯酸乳胶漆、纯丙烯酸乳胶漆、有机硅丙烯酸乳胶漆等五类。

1)聚醋酸乙烯一乙烯乳胶漆(EVA 乳胶漆)。由聚醋酸乙烯和单体乙烯共聚的乳液制成。其主要特性为:抗水解性、耐水性、耐候性优于聚醋酸乙烯乳胶漆;其流动性耐擦洗性接近聚醋酸乙烯酸乳胶漆;但涂膜性能偏软、耐污染性差,性能不及苯一丙乳胶漆和纯丙烯酸乳胶漆。

2)聚醋酸乙烯酸乳胶漆(乙一丙乳胶漆)。是以醋酸乙烯一丙烯酸共聚物乳液为主要成膜物质,掺入一定量的粗集料组成的一种厚质外墙涂料。该涂料的装饰效果较好,属于中档建筑外墙涂料,使用年限为8～10年。聚醋酸乙烯酸乳胶漆具有涂膜厚实、质感好、耐候、耐水、冻融稳定性好、保色性好、附着力强以及施工速度快、操作简便等优点。

3)苯乙烯一丙烯酸乳胶漆。是以苯乙烯一丙烯酸酯共聚乳液(简称苯一丙乳胶漆)为主要成膜物质,加入颜料、填充料及助剂等,经分散、混合配制而成的乳液型外墙涂料。具有良好的抗水解性、耐水性、耐碱性、抗粉化、抗粘污性,固体成分高,耐一般酸腐蚀,是目前室内装饰中较为广泛使用的一种乳胶漆。

4)纯丙烯酸乳胶漆。是由甲基丙烯酸甲酯和丙烯酸酯共聚乳胶,不使用保护胶,而用甲基丙烯盐等作稳定剂而制成。性能优异,有较高的光泽度,具有优良的耐候性和保光、保色性,良好的耐污染性、耐酸碱性和耐擦洗性。

5)有机硅丙烯酸乳胶漆(硅丙乳胶漆)。是以有机硅改性丙烯酸乳液、高耐候颜色填充料、纳米助剂和各种专用助剂等材料组成的。专门用于水泥混凝土建筑物表面的高档涂饰,具有无有机溶剂、无毒物质释放、无环境污染、保光保色性良好,不容易沾染灰尘、色泽鲜艳、固体成分高、施工方便、干燥迅速、附着力强、抗氧化、不变黄等优点。

(2)内墙乳胶漆性能及环保指标

1)耐刷洗性。耐刷洗性表示墙漆在使用中能经受反复擦洗的能力。国家标准规定合格品不小于100次,优质的乳胶漆产品耐洗刷次数都能达到2000次以上。

2)遮盖力。遮盖力表示一定量的油漆能够遮盖底材上的颜色及色彩差异。遮盖力越强即固体含量越高,表示涂饰效果好、用量省。

3)附着力。附着力反映漆膜附在墙体上的牢固程度。具有强附着力的乳胶漆将很少出现墙面起皮、剥落的现象。

4)耐碱性。因为墙体材料多为碱性,对漆膜有破坏作用,耐碱性的优劣决定了涂料的耐久性。因此耐碱性是内墙漆稳定性的指标。

5)环保指标。并不是所有的乳胶漆都是百分之百的无毒无害,乳胶漆中可能含有的有害物质包括:甲醛。甲醛可刺激眼睛、喉部及造成皮肤过敏,甚至引发哮喘。其他有机溶剂。包括二氯甲烷、氯仿、苯、甲苯等,都会对人体产生危害。重金属。包括铅、镉、铬、汞等,对神经系统、心血管及遗传有害。

因此,在选购乳胶漆的时候,应尽可能地选择环保型的乳胶漆。其指标应达到表8-11的要求。

表 8-11　室内装饰装修材料内墙涂料中有害物质限量的各项指标要求

项　　目		限量值
挥发性有机化合物(VOC)/(g/L)		≤200
游离甲醛/(g/kg)		≤0.1
重金属/(g)	可溶性铅	≤90
	可溶性镉	≤75
	可溶性铬	≤60
	可溶性汞	≤60

(3)木器漆　在室内装饰中，木器漆主要用做木作造型及木质家具的涂饰，起着保护和装饰的作用。木器漆的种类繁多，在室内装饰中常用的品种有油脂漆、酚醛树脂漆、醇酸漆、硝基漆、丙烯酸漆、聚酯漆、聚氨酯漆、光敏漆、亚光漆、防锈漆。

油脂漆是以具有干燥能力的油类为主要成膜物质的漆种。它具有施涂方便、渗透性好、价格低，气味与毒性小，干涸后的涂层柔韧性好等优点。但其涂层干燥慢，涂层较软，强度差，不耐打磨抛光，耐温性和耐化学性差。常用的油脂漆有清油、厚漆、油性调和漆。

1)清油。又称熟油。常用的清油是熟桐油，它是以桐油为主要原料，加热聚合到适当稠度，再加入催干剂制成的。

2)厚漆。又称铅油。是由颜料和干性油调制成的膏状物，使用时必须加适量的熟桐油和松香水，调稀至可使用的稠度。通常只用做打底或调配腻子。

3)油性调和漆。是由干性油、颜料，加上溶剂、催干剂及其他辅助材料配制而成的。它具有较高的弹性、抗水性、耐久性，以及不易粉化、脱落、龟裂，附着力好等特点。

5. 涂料的施工工艺

(1)清油涂饰

1)清油涂饰是室内装修中对门窗、护墙裙、暖气罩、配套家具等进行装饰的基本方法之一。清油涂饰能够在改变木材颜色的基础上保持木材原有的花纹，装饰风格自然、纯朴、典雅，虽然工期较长，但应用却十分普遍。

2)施工顺序。木器表面清油涂饰是技术性极强的施工项目，其规范的施工顺序为：清理木器表面→磨砂纸打光→上润泊粉→打磨砂纸→满刮第一遍腻子，砂纸磨光→满刮第二遍腻子，细砂纸磨光→涂刷油色→刷第一遍清漆→拼找颜色，复补腻子，细砂纸磨光→刷第二遍清漆，细砂纸磨光→刷第三遍清漆、磨光→效果满意后，水砂纸打磨退光，打蜡，擦亮。

木器表面清油施工的质量差异很大，极能反映操作人员的专业技术水平，必须严格按照规范的程序操作，才能保证涂刷后的装饰效果和工程质量。

3)注意事项：基层处理要按要求施工，以保证表面油漆涂刷不会失败；清理周围环境,防止尘土飞扬;因为油漆都有一定毒性,对呼吸道有较强的刺激作用,施工中一定要注意做好通风。

4)清油涂刷的施工要点。涂刷清油时,手握油刷要轻松自然,以利于灵活方便地移动,一般用三个手指握住刷子柄,手指轻轻用力,以移动时不松动、不掉刷为准。涂刷时要按照蘸次要多、每次少蘸油、操作时勤顺刷的要求,依照先上后下、先难后易、先左后右、先里后外的顺序和横刷竖顺的操作方法施工。

刷第一遍清漆时,应加入一定量的稀料稀释漆液,以便漆膜快干。操作时顺水纹涂刷,垂直盘匀,再沿木纹方向顺直。要求涂刷漆膜均匀、不漏刷、不流不坠,待清油完全干透硬化后,用砂纸打磨。打磨时要求将漆膜上的光亮全部打磨掉,以增加与后遍漆的粘接程度。磨后用潮布或棉丝擦净。

第一遍清漆刷完后,应对饰面进行整理和修补,对漆面明显不平处,可用颜色与漆面相同的油性腻子修补,若木材表面上节疤、黑斑与大的漆面不一致时,应配制所需颜色的油色,对其进行覆盖修色,以保证饰面无大的色差。

刷第二遍清漆时,不要加任何稀释剂,涂刷时要刷得饱满,漆膜可略厚一些,操作时要横竖方向多刷几遍,使其光亮均匀,若有流坠现象,应趁未干时用刷子马上按原刷纹方向刷第二遍漆干透后,按第一遍漆的处理方法进行磨光擦净,涂刷第三遍清漆。

面层抛光打蜡,是对饰面的进一步修饰,也是高档次油漆工程与一般油漆工程的重要区别。抛光时先用水砂纸蘸肥皂水进行研磨,开始用 320 号水砂纸,最后用 600 号水砂纸。研磨时用力要均匀,并保证整个漆膜都要磨到。然后用砂蜡(抛光膏)蘸在软布上,在漆膜表面反复揉擦。软布上砂蜡液不宜过多,揉擦时动作要快速。当表面十分光滑、平整时上光蜡,用棉花蘸光蜡,在漆膜表面薄薄地擦一层即可。

5)清油涂饰施工的环境要求。木器表面进行清漆涂刷时,对环境的要求较高,当环境不能达到要求的标准时,将影响工程的质量。

涂刷现场要求清洁、无灰尘,在涂刷前应进行彻底清扫,涂刷时要加强空气流通,操作时地面经常泼洒清水,不得和产生灰尘的工种交叉作业。

涂刷应在略微干燥的气候条件下进行,温度必须在 5℃以上方能施工,以保证漆膜的干固正常,缩短施工周期,提高漆膜质量。

涂刷清漆的施工现场应有较好的采光照明条件,以保证调色准确、施工时不漏刷,并能及时发现漆膜的变化,便于采取解决措施。因此,在较暗的环境中,应加作业面的照明灯。

(2)混油涂饰的施工

1)木质表面混油的施工特点。混油涂刷木器表面是家庭装修中常使用的饰面装饰手段之一。混油是指用调和漆、磁漆等油漆涂料,对木器表面进行涂刷装饰,使木器表面失去原来的木色及木纹,特别适合用于木质较差、材料饰面有缺陷但不影响使用的木器，可以达到较完美的装饰效果。在现代风格的装修中，由于混油可改变木材的本色，色彩更为丰富，又可节省材料费用，受到青年人的更多偏爱，应用十分广泛，逐渐成为家庭装修中饰面涂刷的重要组成部分。

2)施工顺序。先清扫基层表面的灰尘，修补基层，用磨砂纸打平，节疤处打漆片。然后打底刮腻子，涂干性油。第一遍满刮腻子。磨光后涂刷底层涂料。底层涂料干硬后，涂刷面层。面层干后复补腻子进行修补，干后磨光擦净，涂刷第二遍涂料，磨光，至达到预期效果后抛光打蜡。

混油涂刷是工艺性、技术性很强的施工项目，质量差别很大，必须严格按规范程序进行操作才能保证质量。

3)混油涂饰木质表面应注意的几个问题：

基层处理时，除清理基层的杂物外，还应进行局部的腻子嵌补，修补基层的平整度，对木材表面的洞眼、节疤、掀岔等缺陷部分，应用腻子找平，然后再满刮腻子，满打砂纸，打砂纸时应顺着木纹打磨。

在涂刷面层前，应用漆片(虫胶漆)对有较大色差和木脂的节疤处进行封底。为提高基层与面层的粘接能力，应在基层涂干性油或清油。涂刷干性油层要所有部位均匀刷遍，不能漏刷，俗称刷底子油，它对保证涂刷质量有很关键的作用。

底子油干透后，满刮第一遍腻子，腻子调成糊状，配比为调和漆：松节油：滑石粉＝6：4：适量(重量比)。第一遍腻子干后以手工砂纸打磨，然后补高强度腻子，高强度腻子配比为光油：石膏粉：水＝3：6：1(重量比)，腻子以挑丝不倒为准。涂刷面层油漆时，应先用细砂纸打磨，如发现有缺陷可用腻子复补后再用细砂纸打磨。最后一遍油漆涂刷前，应对前一遍的漆膜用水砂纸进行研磨，使表面光滑平整后涂刷。如果木器(门窗)有暴露室外部分，应使用耐候性和耐水性较好的外用漆涂刷，但要注意与前一遍漆匹配。

(3)乳胶漆涂饰的施工

1)顶棚乳胶漆的施工。顶部乳胶漆涂刷多用于藻井式吊顶及顶面装饰时使用，其施工分为底层处理、涂刷封固底漆和涂刷面漆三个阶段。施工顺序为：清扫基层→填补腻子，局部刮腻子，磨平→第一遍满刮腻子，磨平→第二遍满刮腻子，磨平→涂刷封固底漆→涂刷第一遍涂料→复补腻子，磨平→涂刷第二遍涂料→磨光交活。

由于藻井吊顶的饰面板为石膏板或木材，在基层处理时，应着重处理安装饰面板时的钉帽及钉孔，石膏板饰面的接缝处，必须加玻璃纤维网带。顶部乳胶漆面层涂刷最少两遍，每遍干后，应复补腻子并用砂纸轻轻磨光，用干布清理面层浮粉后涂刷下一遍。顶面乳胶漆涂刷虽然技术性不很强，但必须遵守规范程序，才能获得满意的效果。

2)墙面乳胶漆的施工。墙面乳胶漆涂刷的规范程序同顶面乳胶漆涂刷一样。它与顶面涂刷的主要区别在于基层处理与施工方法存在差别，应参照顶面乳胶漆规范程序执行。墙面乳胶漆涂刷是家庭装修中油漆施工最常使用的方法，其施工中应注意以下问题：

基层处理是保证施工质量的关键环节，其中保证墙体完全干透是最基本的条件，因为水泥做黏结材料的砂浆，未硬化前呈强碱性，此时涂刷乳胶漆必然反碱。当水泥砂浆硬化后，碱性值大幅度下降，此时方可进行乳胶漆涂刷。干透时间因气候条件而异，一般应放置 10 天以上。墙面必须平整，最少应满刮两遍腻子，如仍达不到标准，应加刮至满足标准要求。

乳胶漆涂饰的施工方法可以采用手刷、滚涂和喷涂。其中手刷材料的损耗较少，质量也比较有保证，是家庭装修中使用较多的方法。但手刷的工期较长，所以可与滚涂相结合。具体方法是：大面积时使用滚涂，边角部分使用手刷，这样既提高涂刷效率，又保证了涂刷质量。施工时乳胶漆必须充分搅拌后方能使用，自己配色时，要选择耐碱、耐晒的色浆掺入漆液，禁止用干的颜色粉掺入漆液。配完色浆的乳胶漆，至少要搅拌 5min 以上，使颜色樧匀后方可施工。

手刷乳胶漆使用排笔，排笔应先用清水泡湿，清理脱落的笔毛后再使用。第一遍乳胶漆应加水稀释后涂刷，涂刷是先上后下，一排笔一排笔地顺刷，后一排笔必须紧接前一排笔，不得漏刷，涂刷时排笔蘸得涂料不能太多。第二遍涂刷时，应比第一遍少加水，以增加涂料的稠度，提高漆膜的遮盖力，具体加水量应根据不同品牌乳胶漆的稠度确定。漆膜未干时，不要用手清理墙面上的排笔掉毛，应等干燥后用细砂纸打磨掉。无论涂刷几遍，最后一遍应上下顺刷，从墙的一端开始向另一端涂刷，接头部分要接茬涂刷，相互衔接，排笔要理顺，刷纹不能太大。涂刷时应连续迅速操作，一次刷完，中间不得间歇。

滚涂是使用涂料辘进行涂饰。其技术要领为：将涂料搅拌均匀，黏稠度调至适合施工后，倒入平漆盘中一部分，将辘筒在盘中蘸取涂料，滚动辘筒使涂料均匀适量地附于辘筒上。墙面涂饰时，先使毛辗按 W 轨迹上下移动，将涂料大致涂抹在墙上，然后按住辘筒，使之靠紧墙面，上下左右平稳地来回滚动，使涂料均匀展开，最后用辘筒按一个方向满滚涂一次。滚涂至接茬部位时，应使用不沾涂料的空辗子滚压一遍，以免接茬部位不匀而露出明显痕迹。

喷涂是利用压力或压缩空气，通过喷枪将涂料喷在墙上，其操作技术要领为：首先应调整好空气压缩机的喷涂压力，一般在 0.4～0.8MPa 范围之内，具体施工时应按涂料产品使用说明书调整。喷涂作业时，手握喷枪要稳，涂料出口应与被涂饰面垂直，喷枪移动时应与涂饰面保持平行，喷枪运动速度适当并且应保持一致，一般每分钟应在 400～600mm 间匀速运动。

喷涂时，喷枪嘴距被涂饰面的距离应控制在 400～600mm 之间，喷枪应直线平行或垂直于地面运动，移动范围不能太大，一般直线喷涂 700～800mm 后，拐弯 180°反向喷涂下一行，两行重叠宽度应控制在喷涂宽度的 1/3 左右。

十、环氧自流平地面作业

1. 环氧自流平涂料的特性

环氧自流平洁净的坪涂料是以环氧树脂为涂料成膜物，再通过添加固化剂、无挥发性的活性稀释剂、助剂和颜料、填料配制成的一种无溶剂型的高性能涂料。环氧自流平涂料的成膜过程是一种化学成膜方法。首先将可溶性的低分子量环氧树脂涂覆在基材表面后，分子间发生反应而使分子量进一步增加或发生交联而形成坚韧的漆膜。其中选用的环氧树脂要求树脂能够在常温下成膜，并且涂膜要求具有高黏接力、较强的机械强度、良好的抗化学药品性和可靠的气密性。

2. 环氧自流平地面特点

1)涂料自流平性能好，一次成膜厚度在1mm以上，施工简便。

2)涂膜具有坚韧、耐磨、抗化学药品性能好、无毒、不助燃的特点。

3)表面平整光洁，具有很好的装饰性，可以满足高要求的洁净度。

4)随着现代工业技术和生产的发展，对于清洁生产的要求越来越高，要求车间地面耐腐蚀、洁净和耐磨，室内空气含尘量尽量低，如食品、烟草、电子、精密仪器仪表、医药、医疗手术室、汽车和机场等生产制作场所均为洁净车间。这就要求采用耐腐蚀、洁净和耐磨的地面面层，以确保现代化产品的质量。

3. 环氧自流平地面的施工

(1)基层表面的处理方法

1)酸洗法适用于油污较多的地面。可采用质量分数为10%～15%的盐酸清洗混凝土表面，待反应完全后(不再产生气泡)再用清水冲洗，并配合毛刷刷洗，以清除泥浆层，还可得到较小的粗糙度。

2)机械方法适用于大面积场地。此法采用喷砂或电磨机，可以清除表面突出物、松动颗粒、破坏毛细孔、增加附着面积，以吸尘器吸除砂粒、杂质、灰尘。对于有较多凹陷、坑洞的地面，应采用环氧树脂砂浆或环氧腻子填平修补。

(2)涂刷底漆　用刷涂或滚涂方式涂底漆1～2遍，每遍间隔时间为8h以上。如为陈旧基层上需再增1遍底漆。

(3)腻子修补　对水泥类面层上存在的凹坑，应进行填平修补，自然养护干后打磨平整。

(4)刮涂面层　采用刮板将已熟化的混合料轻刮，使其分布均匀。按不同要求进行多次刮涂，厚度可达1～3mm。

(5)打蜡养护　待自流平层施工完成24h后，对其表面采用蜡封养护，2周后方可使用。

(6)施工验收　表面平整光洁，色彩一致，无明显色差。

十一、裱糊作业

1. 基层处理

(1)材料

1)腻子。用作修补填平基层表面孔隙。

2)底层涂料。裱贴前应在基层面上刷一遍底层涂料作为封闭处理,对于吸水性特别强的基层(纸面、石膏板)需涂刷两遍。

(2) 基层表面处理

1)混凝土和抹灰面基层。墙面要基本干燥,不得潮湿发霉;墙面必须平整光滑,较大孔洞用砂浆修补,再用腻子涂刷1~2遍,修平后用砂纸磨平,最后满刮腻子,再用0~1号砂纸磨平。

2)木基层。表面钉头要稍凹,而且要涂防锈油;板材基层要干燥;板材接缝隙要贴牛皮纸条;满刮腻子后,用砂纸磨平。

3)石膏板基层。除了与上述基层相同外,应特别注意拼缝必须加贴纱布或牛皮纸,并用石膏腻子修补。

2. 墙纸墙布裱贴

(1)材料

1)墙纸、墙布规格。大卷:宽920~1200mm,长50m;中卷:宽760~900mm,长25~50m;小卷:宽530~600mm,长10~12m。

2)黏结剂。主要有聚乙烯醇胶粘剂、107胶、801胶、白乳胶、SG8104墙纸胶粘剂、BJ8504墙纸粉、BJ8505墙纸粉、777牌墙纸粉等。

(2)施工要点及注意事项

1)施工要点如下:

按照墙的高度、上下两端多留5cm纸位,以第一幅墙纸(墙布)长度再对上花位,剪出第二幅墙纸(墙布);

涂上黏结剂,然后将墙纸(墙布)对折、搁置约10min,待其均衡吸收胶液后即可裱贴;

依照铅锤线在墙上画一条垂直线;

将墙纸(布)边与垂直线平行,并在上下两端各留纸位;

将排笔或软胶滚筒由中间向四周扫平皱纹和气泡,令墙纸紧贴墙壁,再对准花位,照贴第二幅墙纸(布);

在两幅墙纸(布)之接缝处,用硬胶片或硬滚筒将多余的浆糊压出,并将边压平;

用裁纸刀将多余墙纸(布)割去;

将贴在纸(布)面的浆糊用干净的湿毛巾或海绵抹去。

2)注意事项如下:

裱糊作业时，相对湿度不能过高；

墙纸（布）上的气泡一定要扫平，较大气泡可用针刺穿，再用注射针挤进黏结剂后用刮板刮平实；

阳角处不允许拼接缝，应包角压实，阴角拼接缝不要正好在阴角处；

存放墙（布）时，切忌垂直放置，以免损伤两侧边沿部分；

当两幅墙纸（布）对接不整齐时，可将后贴的一幅轻轻揭下，再重新贴上即可；

筒灯位置要先挖好，再贴上墙纸（布）；

施工者要保持手部洁净，以免弄污墙纸（布）表面。

3. 质量要求

（1）一般规定

1）墙面铺装应在墙面隐蔽及抹灰工程、吊顶工程已完成并经验收后进行。当墙体有防水要求时，应对防水工程进行验收。

2）墙面面层应有足够的强度，其表面质量应符合国家现行标准的有关规定。

（2）主要材料质量要求

1）基层表面应平整，不得有粉化、起皮、裂缝和突出物，色泽应一致。有防潮要求的应进行防潮处理。墙面涂刷 108 胶一遍，刮 303 腻子两遍并打磨平滑，刷清油一遍，然后铺贴。

2）裱糊前应按壁纸、墙布的品种、花色、规格，进行选配、拼花、裁切、编号，裱糊时应按编号顺序粘贴。

3）墙面应采用整幅裱糊，先垂直面后水平面，先细部后大面，先保证垂直后对花接缝，垂直面是先上后下，先长墙面后短墙面，水平面是先高后低。阴角处接缝应搭接，阳角处应包角不得有缝。

4）聚氯乙烯塑料壁纸裱糊前应先将壁纸用水润湿数分钟，墙面裱糊时应在基层表面涂刷胶粘剂，顶棚裱糊时，基层和壁纸背面均应涂刷胶粘剂。

5）复合壁纸不得浸水，裱糊前应先在壁纸背面涂刷胶粘剂，放置数分钟，裱糊时，基层表面应涂刷胶粘剂。

6）纺织纤维壁纸不宜在水中浸泡，裱糊前宜用湿布清洁背面。

7）带背胶的壁纸裱糊前应在水中浸泡数分钟，裱糊顶棚时应涂刷一层稀释的胶粘剂。

8）金属壁纸裱糊前应浸水 1～2min，阴干 5～8min 后在其背面刷胶。刷胶应使用专用的壁纸粉胶，并将刷过胶的部分，向上卷至发泡壁纸卷上，必须使用专业软性刮板，以防损坏壁纸。

9）玻璃纤维基材壁纸、无纺墙布无须进行浸润。应选用粘接强度较高的胶粘剂，裱糊前应在基层表面涂胶，墙布背面不涂胶。玻璃纤维墙布裱糊对花时不得横拉斜扯，避免变形脱落。

10）开关、插座等突出墙面的电气盒，裱糊前先卸去盒盖。

十二、涂料作业常见问题及处理措施

1. 油漆、涂料施工常见问题及处理措施

(1)乳液型涂料(俗称乳胶漆)施工常见问题及处理措施　常用于大面积的墙面和顶面的饰面装修,是使用最广泛的装修方式,由于施工不当涂层很容易出现质量问题。

1)颜色不均匀。基层颜色不一且未进行处理,会导致颜色不匀,必须通过满刮腻子或刷一遍底漆予以覆盖。选用遮盖力强的涂料,按规定比例稀释、涂刷,也可以避免出现颜色不匀的现象;选购涂料要选择同一厂家、同一品种、同一批号的产品,否则将会出现色差。

2)表面粗糙、有疙瘩。产生此类问题的原因有多种,例如基层未处理平整、洁净,使用的刷具粘有砂粒、杂物或操作环境不清洁,尘土以及污物飘落在刚涂刷的涂料上等。所以,基层要处理干净、平整,必须按要求满刮腻子,并用砂纸打磨平整,使用的刷具须及时清洗,仔细检查,施工时涂料和环境应做好防尘保护。

3)面涂层开裂。一般原因是墙体开裂。常用的处理措施是用网格带和108胶粘裂缝,它能够迅速方便地弥合石膏板的接缝和墙壁及天棚出现的裂缝。网格带的网眼不藏空气,所以粉刷时不会引起气泡或不平,省时省工,能有效地保证质量。其具体施工步骤为先将网格带由上而下贴在裂缝上,然后透过网格带的网眼刮第一遍腻子,等干燥后再刮第二遍腻子并打磨平,即可作进一步的装修。

4)涂层渍纹。其主要原因是基层干燥不够,里外干燥不一致。

5)涂层脱落。一方面是基层自身强度不够,基层表面不太干净;另一方面因涂料自身的老化、过期引起。

6)涂层起皮。引起涂层起皮的原因也是基层自身强度不够,表面不洁和涂料自身的老化、过期。

(2)溶剂型涂料(俗称油漆)施工常见问题及处理措施　油漆施工主要是对木质表面的饰面处理,如木吊顶、木墙裙、木家具、木门窗、木地板等表面涂饰。油漆分透明涂饰和不透明涂饰,因操作不当使漆膜产生缺陷的现象是常有的事。油漆的种类很多,在家装中常用的有硝基漆和醇酸漆两类,使用时应选用同一名称种类的油漆用稀释剂,不能混用。目前溶剂型的涂料都含有苯等有毒成分,还没有很好的绿色产品来替代它。所以选购时尽量选用正规大厂的产品,正规大厂对有害成分的控制要比无名小厂要好一些,一般会控制在国家允许的范围之内。

1)漆膜泛白(俗称发白)。在阴雨潮湿季节涂饰硝基清漆时,时常会发生泛白现象。涂层泛白后就形成一种不透明或半透明的乳白色雾层;如果是色漆涂层泛白会使色漆失去鲜艳的色彩。处理措施:室内必须保持适当的干燥,雨天应关上门窗施工,若温度无法控制,可在油漆中加适量防潮剂,一般在香蕉水中加入10%～20%丁醇防潮剂。另外可用烤灯烘烤发白处，待泛白漆膜水分完全蒸发后，再涂一层加防潮剂的涂料。

2)色花。由两种或两种以上不同色漆调合成的色漆，在刷漆前一定要用木棒将漆搅匀，否则涂饰漆膜可能会产生颜色不均匀的现象，即色花。处理措施：刷时如发现漆膜还有不均匀的颜色，可先将漆刷蘸取一些均匀油漆再对漆膜不均匀进行涂刷，随刷随改，要适当地多刷涂几次。

3)斑点(俗称“发笑”)。涂刷头道漆的，如果漆膜太光滑，或上面有水气、灰尘、油渍等，使后道刷漆膜在局部地方无法黏附，形成斑斑点点的现象。处理措施：等头道漆干燥后，先用肥皂擦去表面的油污，再用细木砂纸轻轻打磨并擦净表面，待干后再刷涂油漆。

4)咬底(咬起)。处理措施：油漆最好配套使用，如面漆、底漆的配套。若用不配套油漆时，可在两种油漆之间用两种油漆都能相溶的漆作隔离封闭层，同时刷后一道漆时必须等前一道漆膜干透后进行，注意不要在某一处反复涂刷。否则就会发生咬底现象。咬底影响涂层间附着力，使漆膜移位，厚度不均，甚至在漆饰表面出现凹痕的现象，主要是因为前道漆膜承受不了后道涂料中所用溶剂的侵蚀。

5)起皱(皱皮)。由于涂层太厚、漆膜黏度太大，以及在阳光下曝晒都可能造成漆膜表干内不干，而使漆膜产生许多折皱、高低不平的现象。处理措施：涂料黏度适当，每层漆膜不宜过厚，刷子硬度要适当，刷毛不要太长，同时避免阳光直射和强风吹拂。

6)流挂。由于漆稀释过度和一次刷漆量过多，在垂直面或垂直面与水平面相接(棱角)处，形成流挂。处理措施：涂刷迅速均匀，若发现局部流挂，立即用刷子理匀，去掉多余油漆。

7)表面颗粒。油漆工序特别要保持室内洁净、无灰尘；盛漆的漆桶、刷子也要干净。如果施工环境不干净，表面及基层清理不好，灰尘落于未固化的油漆表面会形成颗粒。如果油漆未经过滤，自身有沉淀和杂质，也会出现漆膜表面颗粒。若出现表面颗粒可用砂纸打磨后再刷一遍油漆。

第九章　绿色装修

现代建筑应以构建有利于身体健康和节约空间的室内环境为指导思想，用自然、简洁、温馨、高雅的绿色装修为用户提供安全、健康、舒适的室内环境。在装修中除了应“以人为本”外，还应本着经济实用，朴素大方、美观协调，就地取材的原则，充分利用有限资金、面积和空间进行装修。

一、慎重选择装修材料

建筑住宅室内装修造成的环境污染，已成为人们最为担心和不安的问题。甲醛超标、住宅室内空气质量不达标、各类虚假环保认证层出不穷，都是由于装修材料中的化学污染物质引起的。为此在进行住宅室内装饰时，应认真地选择绿色环保装饰材料。

1. 充分认识装修材料有害物质的危害性

(1)住宅室内装修中的第一杀手——甲醛

1)甲醛是一种无色易溶的刺激性气体，可经人的呼吸道吸收，其水溶液福尔马林可经消化道吸收。研究证明，当室内甲醛含量为 0.1mg/m³ 时就会产生异味，让人不适；0.5mg/m³ 可刺激眼睛引起流泪；0.6mg/m³ 时引起咽喉不适或疼痛；浓度再高可引起恶心、呕吐、咳嗽、胸闷、气喘甚至肺气肿。长期接触低剂量甲醛可以引起慢性呼吸道疾病、女性月经紊乱、妊娠综合征，引起新生儿体质降低、染色体异常，甚至引起鼻咽癌。高浓度的甲醛对神经系统、免疫系统、肝脏等都有毒害，它还会刺激眼结膜、呼吸道黏膜而产生流泪、流涕，引起结膜炎、咽喉炎、支气管炎和变态反应性疾病。由于甲醛具有较强的黏合性，还具有加强板材的硬度及防虫、防腐的功能，所以被广泛应用于各种建筑装修材料之中。因此必须引起特别的警惕。绿色装修材料严禁使用甲醛作为黏合剂，但因为种种原因，仍有不少含有甲醛的装修材料流入市场。

2)住宅室内甲醛的来源。

一是用作室内装修的胶合板、细木工板、中密度纤维板和刨花板等人造板材，其胶粘剂以脲醛树脂为主，板材中残留的甲醛会逐渐向周围的环境释放。

二是使用了劣质黏合剂的家具会释放甲醛气体。

三是一些含有甲醛并有可能向外释放的装修材料，如墙布、墙纸、化纤地毯、泡沫塑料、油漆和涂料等。

四是某些材料燃烧后会散发甲醛，如香烟及某些有机材料。

另外，室内空气中甲醛浓度的大小与室内温度、相对湿度、室内材料的装载度(即单位空间内甲醛散发材料的表面积)及室内换气数(即空气流通量)有关，在高温、高湿、负压和高负荷条件下会加剧散发的力度。研究表明，室内甲醛的释放期为3～15年。

3)国家对甲醛在室内空气含量的限值。为了保护居住者的健康，国家规定室内空气中甲醛浓度最高值不得超过0.08mg/m^3。

因为人造板是居室内空气中甲醛超标的主要来源，世界上不少国家都对人造板的甲醛散发值作了严格规定。我国采用的是日本的FASNO. 516－1992标准，该标准对甲醛释放量指标明确分为3级，最高为≤10mg(甲醛)/100mg(板)。

(2)住宅室内环境的又一杀手——气味芳香的苯

1)苯是强烈的致癌物质。苯在常温下是无色、具有香味、沸点低、易挥发的液体。甲苯、二甲苯同系物都是煤焦油分馏或石油的裂变产物。

目前，住宅室内装修中多用甲苯、二甲苯代替纯苯做各种胶、油漆、涂料和防水材料或稀释剂。苯具有易挥发、易燃、易爆的特点，且对人体有毒害。

如果空气中的苯浓度达到一定程度，不仅能使人中毒，严重的甚至导致死亡，在遇到明火时还会引起爆炸。人在短时间内吸入高浓度甲苯、二甲苯时，可出现中枢神经系统麻醉，轻者头晕、头痛、恶心、胸闷、乏力、意识模糊，严重者可能昏迷甚至造成呼吸及循环系统衰竭而死亡。如果长期接触一定浓度的甲苯、二甲苯会引起慢性中毒，可能出现神经衰弱、过敏性皮炎、湿疹、脱发、支气管炎等病症，还有的影响生育功能或致使胎儿畸形，甚至导致再生障碍性贫血，即白血病。苯化合物已经被世界卫生组织确定为强烈的致癌物质。

2)防护措施。由于苯主要是由油漆、油漆涂料的添加剂、各种胶粘剂和防水材料中释放出来的，因此在采用以上材料时一定要选无苯低苯的，切不要使用一些低档与假冒材料。另外，装修后一定要请有关部门检测空气质量是否符合国家标准，并让房间通风放置一段时间再入住。

(3)住宅室内装修的臭味杀手——氨

1)氨对人体的危害。氨是一种无色且具有强烈刺激性臭味的气体，比空气轻(密度为0.5mg/m^3)，可感觉最低含量为5.3ppm。氨可以吸收人体皮肤组织中的水分，使组织蛋白变性，并使组织脂肪皂化，破坏细胞膜结构。氨为碱性，其溶解度极高，容易对人体上呼吸道产生刺激和腐蚀作用，减弱人体对疾病的抵抗力。含量过高时除腐蚀作用外，还会通过三叉神经末梢的反射作用，引起心脏停搏和呼吸停止。氨通常以气体方式被吸入人体，进入肺泡内的氨，少部分为二氧化碳所中和，随汗液、尿或呼吸排出体外，余下的被吸收至血液，与血红蛋白结合，破坏运氧功能。短期内吸入大量氨气后可出现流泪、咽痛、声音嘶哑、咳嗽、痰带血丝、胸闷、呼吸困难，伴有头晕、头痛、恶心、呕吐、乏力等，严重者可发生肺水肿及呼吸窘迫综合症等。

2)氨的来源。住宅室内空气中的氨主要来自建筑施工中使用的混凝土外加剂，特别是在冬季施工过程中，在混凝土墙体中混入尿素和氨水为主要原料的混凝土防冻剂，这些含有大量氨类物质的外加剂在墙体中随着温度、湿度等环境因素的变化还原成氨气，并从墙体中缓慢释放出来，造成室内空气中氨的含量大量增加。

另外，住宅室内空气中的氨也可来自室内装修材料，比如家具涂饰时所用的添加剂和增白剂大部分都是氨水，氨水已成为建材市场中必备的商品。这种污染盘旋期比较短，不会在空气中长期大量积存，对人体的危害相对小一些，但是也应引起大家的注意。

3)防止、降低氨气的污染及危害。国家标准规定了居住区空气中氨气的浓度最高不应超过0.2mg/m³，这可作为检测的参考标准。

由于氨气是从墙体释放出来的，室内主体墙的面积会影响室内氨的含量，所以，不同结构的房间，室内空气中氨污染的程度也不同，应该根据房间污染情况合理安排使用功能。如污染严重的房间尽量不要用作卧室，或者尽量不要让儿童、病人和老人居住。条件允许时，可多开窗通风，尽量减少室内空气的污染程度，还可以选用确有效果的室内空气净化器。

(4)住宅室内装修的隐形杀手——氡气

1)氡气的危害性。氡是无色、无味的放射性气体，凡是有物质存在的地方，都存在着放射性，存在着氡，只是含量不同而已。氡溶于包括水在内的液体，其中油脂、煤油可大量溶解氡，活性炭可大量吸附氡，它们既是检测材料，又是防氡材料。

氡对人的伤害一是通过体内辐射，二是通过体外辐射。体内辐射：氡是自然界唯一的天然放射性气体，氡在作用于人体的同时会很快衰变成人体能吸收的核素，进入人的呼吸系统造成辐射损伤，达到一定程度便可能诱发肺癌。假使人们长时间地居住在有高氡浓度的房间里，就容易患肺癌或上呼吸道癌。研究表明，患肺癌死亡的总人数中有8%～25%是由于吸入空气中的氡造成的，因此常称氡是人类的“隐形杀手”。氡是仅次于吸烟的第二大致肺癌的原因，超标氡对人的侵害导致明显恶果，一般需要15～40年，因此，往往未引起人们的注意。体外辐射：体外辐射主要是指天然石材等装修材料中的辐射体直接照射人体后产生一种生物效果，会对人体内的造血器官、神经系统、生殖系统和消化系统造成损伤。但由于被辐射的条件差异很大，内辐射比外辐射一般要厉害数倍到十几倍。

2)氡的来源。住宅室内氡的来源是多途径的，但主要是从房屋底下的岩石(土壤)等地质背景和墙地砖等建筑材料中来，其次是来自于水源、煤气(天然气)和五花八门的生活用具。

岩石(土壤)是室内氡积累的普遍而直接的来源，而且是主要的来源。不同岩石的氡含量也有所不同。

建筑构造的构造带虽然不是氡的直接来源，但它是地下氡汇集和迁移的通道，有时比岩石因素更重要。如房屋建在裂隙不很发育的花岗岩上，其室内的氡在相同的建材条件下，往往要比房屋建在其他地方的放射性要高；而房屋建在裂隙发育强的砂岩上室内氡含量更高。

水源有时也是室内氡的主要来源，直接来自地下的、铀矿区或油气田区的水往往有着高的氡浓度，所以不能直接饮用这种直接抽上来的水，必须经过处理后再饮用。

不合格墙地砖的放射性也是住宅室内氡的主要来源。

煤气、天然气往往有着相对高的氡浓度。

3)如何防止住宅室内氡的危害。

对地面缝隙的处理。楼房的一层与平房直接与大地接触的房屋地面的缝隙要做好封闭处理。经系统检测发现，氡浓度在楼宇内是随层次增高而降低的，这充分说明部分氡是来自房屋基底以下的。在室外由于广阔的空间与空气流通稀释，所以室外的氡单位空间的含量往往要比室内低得多。

在选购石材等装修材料时要向商家索取经权威单位检测的放射性安全证明，或请专业部门对欲选购的装修材料进行检查。

住宅居室装修后必须对氡的含量进行检测和总体评估。

住宅室内经常通风。住宅居室防氡最简便和经济的方法就是经常打开门窗进行自然通风。门窗关闭的房屋往往比敞开门窗时氡的浓度高数倍到数十倍。有人在冬天对一些烧煤且门窗关得严严实实的平房进行检测，发现氡浓度比夏天门窗开放时要高出数十倍，甚至上百倍。

已建住宅居室氡浓度如果高出规定限值的一倍多，经常通风就可以达到要求，如果高出2倍，则一定要认真对待，并请专业人员采取消除措施。

在住宅居室和建材中出现氡是正常现象，不值得大惊小怪，更不必一提到放射性就恐惧万分。这是因为，目前大部分住宅居室和建材的氡含量都是通过检测符合国家和行业标准的。

(5)非环保非绿色装修材料对人体健康的危害

1)“新居综合征”，是指居住者迁入新居后，有眼、鼻、咽喉刺激、疲劳、头痛、皮肤刺激、呼吸困难等一系列症状的统称。

2)产生典型的神经行为功能损害，包括记忆力的损伤。

3)引起呼吸道的炎症反应。

4)降低人体的抗病能力(免疫功能)。

5)具有较明显的致病突变性，证明有可能诱发人体肿瘤。

(6)几种主要室内空气污染物对人体的影响(表9-1)

表9-1　几种主要室内空气污染物对人体的影响

化学污染物	对人体的影响	主要来源
甲醛	呕吐，刺激眼睛，头痛，头晕，癌症，呼吸系统刺激，导致贫血	家具，地毯，合成板，夹板，以及保温材料
一氧化碳	头痛，呕吐，疲劳	香烟，厨房油烟

续表 9-1

化学污染物	对人体的影响	主要来源
苯及其聚合物	头晕，鼻腔刺激，头痛	油漆，合成材料，印刷品，墨水
甲苯	头晕，鼻腔刺激，头痛，中毒	油漆，溶剂，磨光剂，汽车尾气，干洗溶剂
碳氢化合物	头晕，头痛	汽油，燃料，油脂，壁炉
气雾剂	刺激眼睛，头痛，头晕	定型发胶，除臭剂
微粒，灰尘	刺激眼睛，刺激呼吸道及肺，咳嗽	香烟烟雾，壁炉，烧烤，烹饪
臭氧	对肺细胞产生刺激及损害	打印机、复印机、电子空气净化器
氡	使人机体免疫力下降，甚至诱使细胞发生癌变	土壤、岩石、水、天然气、建筑砖石材料
二氧化碳	对脑脊髓神经产生强烈的刺激作用，高浓度时呼吸困难	人新陈代谢，燃烧碳化合物
氨	呼吸困难，头晕，头痛，刺激眼睛及呼吸道	混凝土防冻剂，人体代谢产物，添加剂，增白剂
生物性气溶胶	病毒载体，降低人体免疫力	体液，有机挥发物，燃烧产生的烟

2. 选购绿色环保的装修材料

绿色、健康是人们越来越关注的话题，在建筑室内装修中，装修材料中的有害物质越发受到普遍重视。“无害、环保、绿色”的消费意识，已经渗透到家庭装修、购买家具和装饰品配置等许多环节。对装修材料的要求已趋向于无害化、复合型的制成品或半成品。为避免对人体造成危害，选择装修材料应符合室内环境保护的要求，所有材料的放射性、挥发性都应引起格外注意。

1)认真选购无害的装修材料。

2)严格测量花岗岩和大理石的放射性是否超标。

3)选用保健抗菌建材。采用灭菌玻璃，墙面使用防菌瓷砖。

4)应用优质绿色环保涂料。门、窗表面使用天然树脂漆(大漆)、水性木器清漆、磁漆涂饰。

5)辨别木材是否符合环保标准，大芯板是否有刺激性气味。使用专用器材用以判别其异氰化物、氯、防腐杀虫剂、游离甲醛是否超标。

6)选用地板要谨防质量伪劣的复合地板。伪劣的复合地板，一是有胶粘剂的地板所含游离甲醛释放量过高；二是在刷油漆过程中采用了甲苯、硝基等会散发出对人体有害气体的各种有机溶剂。

7)测定家具的甲醛含量。许多用人造板制造的家具都使用了有毒的甲醛作黏结剂。如果家具有强烈的刺激性味道，证明甲醛含量过高，会对室内环境造成污染。

由于国内对绿色建材尚没有统一的标准，很多经销商宣称的“环保”和“绿色”，只是一种营销策略。真正符合健康标准的建材需要具有权威机构认定的检测报告，目前国内很多销售商还做不到这一点。例如，对人体危害很大的甲醛来自很多装修材料复合时使用的黏合剂，绿色建材就需要出具产品复合过程中未使用甲醛的证明，并且应该说明采用何种天然制品替代了甲醛。

二、必须掌握绿色标准

中国室内装饰协会环境监测中心根据我国目前实施的室内环境标准，提出“绿色居室”环境必须达到以下要求：

1)居室内的氡浓度应符合国家标准：氡 100Bq/m^3(新建建筑)，200Bq/m^3(已建建筑)。

2)居室内使用的建筑材料中放射性活度应符合国家规定的 A 类产品要求。

3)居室内空气中甲醛的最高浓度不得超过 0.08mg/m^3。

4)居室内苯释放量应低于 2.4mg/m^3。

5)居室内氨释放量应低于 0.2mg/m^3。

6)居室内室气中的二氧化碳卫生标准值≤2000mg/m^3。

7)居室内可吸入颗粒物日平均最高浓度为 0.15mg/m^3。

8)居室内噪声值白天小于 50dB，夜间小于 40dB。

9)室内易挥发有机物的总释放量应低于 0.2mg/(m^2 · h)。

10)居室内无石棉建筑制品。

11)居室内无电磁辐射污染源。

12)居室内不应有令人不快的气味。

由于室内环境质量主要受室内小气候条件、化学因素、生物因素、物理因素的影响，室内小气候条件决定了室内环境居住的舒适度。

良好的室内装修可以创造出优良的室内小气候，提高室内舒适度。室内环境污染主要是受甲醛、氨气、挥发性有机气体等化学物质的影响，它们均是由建筑装修材料中释放出来的，是危害人体健康的主要物质，在装修过程中必须严格控制，在工程验收时，甲醛、氨气、挥发性有机气体是绿色装修工程验收的必测项目，任何一项不合格，即判定该工程不合格。

三、强化室内装修措施

1. 减少有害物质对健康的威胁

(1)空气要流通　保持室内的通风对室内环境及人体健康至关重要。卧室与厅堂(起居厅)等主要房间应采用自然循环的通风，保证整个室内有新鲜空气流动。流动的空气不仅能带来充足的氧气，而且会迅速带走有害物质。卫生间的潮湿容易繁殖细菌，通风差的卫生间也会促进浴帘上真菌的繁殖，厨房的油烟及煤气燃烧时会产生有毒气体。因此，卫生间和厨房不仅要有自然循环的通风，还应利用排风扇强制换气通风，确保室内有害气体和潮气能及时排出室外，保持室内清洁干燥。

(2)色彩与光的处理　合理运用光线不仅是装修居室的主要手段，也是保证健康的重要内容。如果大面积使用镜面，在强烈的阳光下，会产生“光污染”，不仅对人的视力有损害，而且会让人感到烦躁不安。色彩要和谐，过于深的颜色容易让人产生压抑的感觉。

(3)选择配饰品时要特别当心　虽然绿色植物会吸收二氧化碳，产生氧气，但有些植物会产生有害的气体，对人体不利。纯毛地毯虽然舒适、美观，但如果经常不打扫，就会产生螨虫等寄生虫，会引起哮喘等疾病。

2. 清除室内异味的有效方法

室内装修带来的刺鼻化工材料气味一时难以去除，无论采用多少空气清新剂，异味仍然会长时间地滞留在居室内。下面是几种快速清除室内装修异味的方法。

1)适当打开不直接风吹向墙面的窗户进行通风。

2)用面盆或者水桶等容器盛满凉水，然后加入适量食醋放在通风的房间内，并打开所有的家具门。这样既可适量蒸发水分保护墙面的涂面层，又可吸收消除残留异味。

3)水果除异味。利用热带水果去除异味，效果好、成本低、方法简便。果实中所含水分多，浓重的香味可长时间地散发。如经济条件允许，可在每个房间放上几个菠萝，大的房间可多放一些。因为菠萝是粗纤维类水果，既可起到吸收油漆味又可散发菠萝的清香、加快清除异味的速度，两全其美。

4)柠檬酸擦拭。用柠檬酸浸湿棉球，挂在室内以及木器家具内，但此法实施较为麻烦。

5)果皮除臭。在房间里摆放橘皮、柠檬皮、柚皮等物品，也是一种很有效的去味方法，但见效较慢。

6)巧洗油漆刷。刷完油漆的刷子很快就会黏在一起，很难弄干净。可以把油漆刷先用布擦一下，取一杯清水，滴入几滴洗涤灵，刷子放入一测，漆立即分解成粉末状失去黏性，再用水一冲便干净了。

7)油饰一新的墙壁或地板往往会散发出一股刺鼻的油漆味，并长时间残留在室内，使人头昏脑涨、很不舒服。可以在室内放两盆盐水，油漆味会很快消除。如果是木器家具散发出的油漆味，可以用茶水擦洗几遍，油漆味也会消除得快一些。

四、掌握四季装修特点

1. 春季装修原则

一般来讲，潮湿闷热的春季并不是理想的装修季节。调查显示，因装修季节选择不当而引发的装修质量问题较多。因此，在建筑室内装修时，除慎重选择装修队伍以外，合理选择装修季节，也是住户应该认真考虑的一个重要问题。但不少住户因为种种原因，只能选择在3、4月份开工。如果不得不在这个时候大兴土木，就应该注意以下问题。

春季施工，影响较大的问题是潮湿。如果防潮工作处理不好，到了秋天秋风一吹，木料变形、地板起翘、墙面出现裂缝等问题就容易发生。

木料的防潮做法是在选购木料时，一定要到大批发商处购买，而不能在街边小店。因为大批发商的木料一般是在产地做了干燥处理后，再用集装箱运来，批发商直接从集装箱提货，然后再运到装修住户的住宅。中间环节的减少，相应减少了木料受潮的机会。如果还不放心，购买时不妨要求使用湿度计对木材进行湿度检验，这样便可万无一失。应该提醒的是，木材买回后应该在屋内放两三天，和实地环境适应后，再进入施工程序。这样，木料基本上就不会再出现变形的问题了。

春天潮湿，刷上油漆后干得慢，而且油漆吸收空气中的水分后，会产生一层雾面。遇到这种情况，装修施工一般要用吹干剂，使油漆干得快。

春季建筑装修，墙面上使用的乳胶漆因为干得慢，在潮热天气中会发霉变味。解决方法是：施工以后打开空调抽湿，彻底去掉空气中的水分，效果较好。

春季装修还会遇到装修完了，各种异味散不出去的问题，影响人们的健康。建议装修后多摆放绿色植物，发挥光合作用去除异味。还可在房间内放2～3个柠檬或者橘子、香蕉，均可达到快速去除异味的效果。

除了以上几个方面，春季施工还有许多应该注意的细节，例如，选料时买乳胶漆、黏合剂一定要选有弹性的；施工中在接缝处加贴绷带，以免秋风起来后导致角线风干断裂；铺木地板时要先做防水防潮处理。正常程序是，用珍珠棉或沥青打底，在安装地板时要留伸缩缝。这样，地板才不会起翘，也不会因潮湿而发霉变黑。

2. 夏季装修原则

夏季由于天气炎热、空气干燥，通常人们感觉装修工程较顺手，易于施工。但稍有不慎，还是会出现一些不良因素，所以夏季施工中要注意以下情况。

1)注意材料的堆放、保管。半成品的木材、木地板或者是刚油漆好的家具，切勿急于求成放在太阳底下曝晒，应注意放在通风干燥的地方自然风干，否则材料不仅容易变形开裂，还会影响施工质量。

2)注意做好饰面基层的处理。尤其是粘贴瓷砖、地砖，处理墙面之前，不能让饰面底层过于干燥，一般施工前先泼上水，让其吸收半小时左右，再用水泥砂浆或者石膏粉打底，以保证粘贴牢固。

3)注意善后保养。已做好的水泥地面、107胶地面，或者是水泥屋面做好后，三五天内每天应浇水保养，以防开裂。

4)注意化工制品的合理使用。施工前，应详细阅读所用产品(如胶水、粘贴剂、油漆等)的说明书，一定要在说明书所说的温度及环境下施工，以保证化工制品的质量稳定性。

5)注意工地安全。夏季衣着少,身上易流汗,进入工地要做好劳保防护。赤脚最易让钉子刺脚,安装电路时切记要绝缘,断电施工。

3. 秋季装修原则

秋季是建筑装修的旺季。建筑的室内装修应以简约的经济型为主,实用舒适是最为合适的。秋季的温度和气候条件都较适合各种装修材料的施工。应抓紧在秋季进行建筑的室内装修。

4. 冬季装修原则

随着冬季的到来,不少用户都把装修计划推到了明年春季。许多人认为冬季气温低,会影响装修施工的质量。其实,随着建筑条件的日渐提高,“冬季不宜装修”的禁忌已经被打破了。

在冬季,如果施工场地的温度低于－5℃,就无法进行涂料的喷刷工作了。但目前大多数的室温一般不会低于－5℃,所以根本不会影响到涂料的喷刷,更不会影响室内装修工程的质量。

另外,冬季是木材一年中含水率最低的季节,干燥程度最好。使用这种木材在冬季装修,成品不易开裂、变形。另外,室内热烘烘的暖气,也会使木材和木工活经受严峻的考验。在30～60天的工期里,潜在的干裂、变形等问题都会在油漆前或交工前暴露出来,施工人员可以及时修理或拆改。这样,油漆后的木装修可以长期保持不开裂、不变形。但冬季气候干燥、风沙大,往往会给油漆涂饰带来一些麻烦,例如:油漆的浓度增大,不易涂刷;油漆的干燥时间短,不易掌握时间等,如果没有注意关紧门窗,未干的油漆表面往往会落上尘土和细沙,影响装修工程质量。

随着科技的日益发展,许多新型装修材料已经不受季节的限制,随时都可以施工。比如,瓷砖和复合木地板、PVC材料以及铁艺、石材等,对温、湿度的要求都不高,一般都可以在冬季施工。

五、努力实现放心入住

1. 防止墙面泛黄

防止墙面泛黄有两种方法:一种是将墙面先刷一遍,然后刷地板,等地板干透后,再在原先的墙面上刷面层,确保墙壁雪白;另一种方法是先将地板漆完,完全干透后再刷墙面。要注意的是,刷完墙面和地板后,一定要通风透气,让各类化学挥发物尽可能地散发,以免发生化学反应。

2. 木地板去污

木地板去污可用漆加少量乙醇的弱碱性洗涤液拭涂。由于添加了乙醇,可以增强去污力。鉴于乙醇会导致木地板变色,拭涂前应先用抹布醮少量混合液涂于污垢处,用湿抹布拭净。如果木地板没有变色,便可放心使用。

3. 装修后入住应注意事项

装修好的居室应多通风放味后再入住。因为在建筑室内装修中大量地使用装修材料，其中有相当部分是化学合成材料，存在着易挥发的成分，对身体绝对没有好处，应该待挥发的气味基本消除后再入住。

一般来说，应该晾置一周以上，而且在晾置期间，要保证空气流通，避免雨淋、暴晒。在冬季，主要防止风沙对暴露在空气中的一些油漆工程的损害。如果室内使用酚醛油漆涂刷，时间还要适当延长。如果使用含有苯、酚等多彩涂料粉刷墙壁时，晾置应在一个月以上。涂刷乳胶漆的房间，完工后面层干透即可入住。

附录：《绿色施工导则》

绿色施工导则

中华人民共和国建设部[建质(2007)223号]

1 总则

1.1 我国尚处于经济快速发展阶段，作为大量消耗资源、影响环境的建筑业，应全面实施绿色施工，承担起可持续发展的社会责任。

1.2 本导则用于指导建筑工程的绿色施工，并可供其他建设工程的绿色施工参考。

1.3 绿色施工是指工程建设中，在保证质量、安全等基本要求的前提下，通过科学管理和技术进步，最大限度地节约资源与减少对环境有负面影响的施工活动，实现“四节一环保”(节能、节地、节水、节材和环境保护)。

1.4 绿色施工应符合国家的法律、法规及相关的标准规范，实现经济效益、社会效益和环境效益的统一。

1.5 实施绿色施工，应依据因地制宜的原则，贯彻执行国家、行业和地方相关的技术经济政策。

1.6 运用ISO14000和ISO18000管理体系，将绿色施工有关内容分解到管理体系目标中去，使绿色施工规范化、标准化。

1.7 鼓励各地区开展绿色施工的政策与技术研究，发展绿色施工的新技术、新设备、新材料与新工艺，推行应用示范工程。

2 绿色施工原则

2.1 绿色施工是建筑全寿命周期中的一个重要阶段。实施绿色施工，应进行总体方案优化。在规划、设计阶段，应充分考虑绿色施工的总体要求，为绿色施工提供基础条件。

2.2 实施绿色施工，应对施工策划、材料采购、现场施工、工程验收等各阶段进行控制，加强对整个施工过程的管理和监督。

3 绿色施工总体框架

绿色施工总体框架由施工管理、环境保护、节材与材料资源利用、节水与水资源利用、节能与能源利用、节地与施工用地保护六个方面组成(图1)。这六个方面涵盖了绿色施工的基本指标，同时包含了施工策划、材料采购、现场施工、工程验收等各阶段的指标的子集。

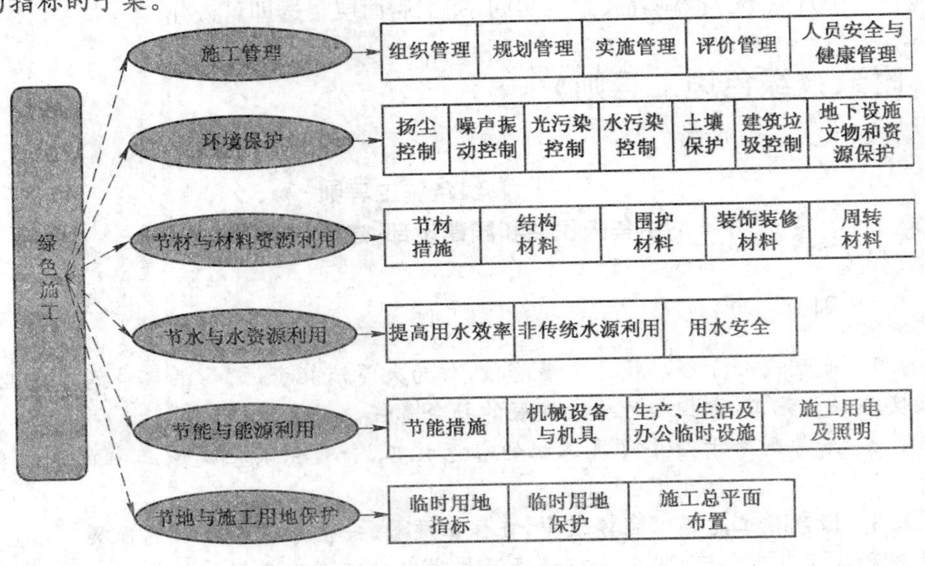

图1 绿色施工总体框架

4 绿色施工要点

4.1 绿色施工管理主要包括组织管理、规划管理、实施管理、评价管理和人员安全与健康管理五个方面。

4.1.1 组织管理

1. 建立绿色施工管理体系，并制定相应的管理制度与目标。

2. 项目经理为绿色施工第一责任人，负责绿色施工的组织实施及目标实现，并指定绿色施工管理人员和监督人员。

4.1.2 规划管理

1. 编制绿色施工方案。该方案应在施工组织设计中独立成章，并按有关规定进行审批。

2. 绿色施工方案应包括以下内容：

(1)环境保护措施，制定环境管理计划及应急救援预案，采取有效措施，降低环境负荷，保护地下设施和文物等资源。

(2)节材措施，在保证工程安全与质量的前提下，制定节材措施。如进行施工方案的节材优化，建筑垃圾减量化，尽量利用可循环材料等。

(3)节水措施，根据工程所在地的水资源状况，制定节水措施。

(4)节能措施，进行施工节能策划，确定目标，制定节能措施。

(5)节地与施工用地保护措施，制定临时用地指标、施工总平面布置规划及临时用地节地措施等。

4.1.3 实施管理

1. 绿色施工应对整个施工过程实施动态管理，加强对施工策划、施工准备、材料采购、现场施工、工程验收等各阶段的管理和监督。

2. 应结合工程项目的特点，有针对性地对绿色施工做相应的宣传，通过宣传营造绿色施工的氛围。

3. 定期对职工进行绿色施工知识培训，增强职工绿色施工意识。

4.1.4 评价管理

1. 对照本导则的指标体系，结合工程特点，对绿色施工的效果及采用的新技术、新设备、新材料与新工艺，进行自评估。

2. 成立专家评估小组，对绿色施工方案、实施过程至项目竣工，进行综合评估。

4.1.5 人员安全与健康管理

1. 制订施工防尘、防毒、防辐射等职业危害的措施，保障施工人员的长期职业健康。

2. 合理布置施工场地，保护生活及办公区不受施工活动的有害影响。施工现场建立卫生急救、保健防疫制度，在安全事故和疾病疫情出现时提供及时救助。

3. 提供卫生、健康的工作与生活环境，加强对施工人员的住宿、膳食、饮用水等生活与环境卫生等管理，明显改善施工人员的生活条件。

4.2 环境保护技术要点

4.2.1 扬尘控制

1. 运送土方、垃圾、设备及建筑材料等，不污损场外道路。运输容易散落、飞扬、流漏的物料的车辆，必须采取措施封闭严密，保证车辆清洁。施工现场出口应设置洗车槽。

2. 土方作业阶段，采取洒水、覆盖等措施，达到作业区目测扬尘高度小于1.5m，不扩散到场区外。

3. 结构施工、安装装饰装修阶段，作业区目测扬尘高度小于0.5m。对易产生扬尘的堆放材料应采取覆盖措施；对粉末状材料应封闭存放；场区内可能引起扬尘的材料及建筑垃圾搬运应有降尘措施，如覆盖、洒水等；浇筑混凝土前清理灰尘和垃圾时尽量使用吸尘器，避免使用吹风器等易产生扬尘的设备；机械剔凿作业时可用局部遮挡、掩盖、水淋等防护措施；高层或多层建筑清理垃圾应搭设封闭性临时专用道或采用容器吊运。

4. 施工现场非作业区达到目测无扬尘的要求。对现场易飞扬物质采取有效措施，如洒水、地面硬化、围挡、密网覆盖、封闭等，防止扬尘产生。

5. 构筑物机械拆除前，做好扬尘控制计划。可采取清理积尘、拆除体洒水、设置隔挡等措施。

6. 构筑物爆破拆除前，做好扬尘控制计划。可采用清理积尘、淋湿地面、预湿墙体、屋面敷水袋、楼面蓄水、建筑外设高压喷雾状水系统、搭设防尘排栅和直升机投水弹等综合降尘。选择风力小的天气进行爆破作业。

7. 在场界四周隔挡高度位置测得的大气总悬浮颗粒物(TSP)月平均浓度与城市背景值的差值不大于0.08mg/m^3。

4.2.2 噪音与振动控制

1. 现场噪音排放不得超过国家标准《建筑施工场界噪声限值》(GB12523—2011)的规定。

2. 在施工场界对噪音进行实时监测与控制。监测方法执行国家标准《建筑施工场界噪声限值》(GB12523－2011)。

3. 使用低噪音、低振动的机具，采取隔音与隔振措施，避免或减少施工噪音和振动。

4.2.3 光污染控制

1. 尽量避免或减少施工过程中的光污染。夜间室外照明灯加设灯罩，透光方向集中在施工范围。

2. 电焊作业采取遮挡措施，避免电焊弧光外泄。

4.2.4 水污染控制

1. 施工现场污水排放应达到国家标准《污水综合排放标准》(GB8978—1996)的要求。

2. 在施工现场应针对不同的污水，设置相应的处理设施，如沉淀池、隔油池、化粪池等。

3. 污水排放应委托有资质的单位进行废水水质检测，提供相应的污水检测报告。

4. 保护地下水环境。采用隔水性能好的边坡支护技术。在缺水地区或地下水位持续下降的地区，基坑降水尽可能少地抽取地下水；当基坑开挖抽水量大于50万m^{3}时，应进行地下水回灌，并避免地下水被污染。

5. 对于化学品等有毒材料、油料的储存地，应有严格的隔水层设计，做好渗漏液收集和处理。

4.2.5 土壤保护

1. 保护地表环境，防止土壤侵蚀、流失。因施工造成的裸土，及时覆盖砂石或种植速生草种，以减少土壤侵蚀；因施工造成容易发生地表径流土壤流失的情况，应采取设置地表排水系统、稳定斜坡、植被覆盖等措施，减少土壤流失。

2. 沉淀池、隔油池、化粪池等不发生堵塞、渗漏、溢出等现象。及时清掏各类池内沉淀物，并委托有资质的单位清运。

3. 对于有毒有害废弃物如电池、墨盒、油漆、涂料等应回收后交有资质的单位处理，不能作为建筑垃圾外运，避免污染土壤和地下水。

4. 施工后应恢复施工活动破坏的植被(一般指临时占地内)。与当地园林、环保部门或当地植物研究机构进行合作，在先前开发地区种植当地或其他合适的植物，以恢复剩余空地地貌或科学绿化，补救施工活动中人为破坏植被和地貌造成的土壤侵蚀。

4.2.6　建筑垃圾控制

1. 制定建筑垃圾减量化计划，如住宅建筑，每万平方米的建筑垃圾不宜超过400t。

2. 加强建筑垃圾的回收再利用，力争建筑垃圾的再利用和回收率达到30%，建筑物拆除产生的废弃物的再利用和回收率大于40%。对于碎石类、土石方类建筑垃圾，可采用地基填埋、铺路等方式提高再利用率，力争再利用率大于50%。

3. 施工现场生活区设置封闭式垃圾容器，施工场地生活垃圾实行袋装化，及时清运。对建筑垃圾进行分类，并收集到现场封闭式垃圾站集中运出。

4.2.7　地下设施、文物和资源保护

1. 施工前应调查清楚地下各种设施，做好保护计划，保证施工场地周边的各类管道、管线、建筑物、构筑物的安全运行。

2. 施工过程中一旦发现文物，立即停止施工，保护现场并通报文物部门，协助做好工作。

3. 避让、保护施工场区及周边的古树名木。

4. 逐步开展统计分析施工项目的CO_2排放量，以及各种不同植被和树种的CO_2固定量的工作。

4.3　节材与材料资源利用技术要点

4.3.1　节材措施

1. 图纸会审时，应审核节材与材料资源利用的相关内容，达到材料损耗率比定额损耗率降低30%。

2. 根据施工进度、库存情况等合理安排材料的采购、进场时间和批次，减少库存。

3. 现场材料堆放有序。储存环境适宜，措施得当。保管制度健全，责任落实。

4. 材料运输工具适宜，装卸方法得当，防止损坏和遗洒。根据现场平面布置情况就近卸载，避免和减少二次搬运。

5. 采取技术和管理措施提高模板、脚手架等的周转次数。

6. 优化安装工程的预留、预埋、管线路径等方案。

7. 应就地取材，施工现场500km以内生产的建筑材料用量占建筑材料总重量的70%以上。

4.3.2　结构材料

1. 推广使用预拌混凝土和商品砂浆。准确计算采购数量、供应频率、施工速度等，在施工过程中动态控制。结构工程使用散装水泥。

2. 推广使用高强钢筋和高性能混凝土，减少资源消耗。

3. 推广钢筋专业化加工和配送。

4. 优化钢筋配料和钢构件下料方案。钢筋及钢结构制作前应对下料单及样品进行复核，无误后方可批量下料。

5. 优化钢结构制作和安装方法。大型钢结构宜采用工厂制作，现场拼装；宜采用分段吊装、整体提升、滑移、顶升等安装方法，减少方案的措施用材量。

6. 采取数字化技术，对大体积混凝土、大跨度结构等专项施工方案进行优化。

4.3.3 围护材料

1. 门窗、屋面、外墙等围护结构选用耐候性及耐久性良好的材料，施工确保密封性、防水性和保温隔热性。

2. 门窗采用密封性、保温隔热性能、隔音性能良好的型材和玻璃等材料。

3. 屋面材料、外墙材料具有良好的防水性能和保温隔热性能。

4. 当屋面或墙体等部位采用基层加设保温隔热系统的方式施工时，应选择高效节能、耐久性好的保温隔热材料，以减小保温隔热层的厚度及材料用量。

5. 屋面或墙体等部位的保温隔热系统采用专用的配套材料，以加强各层次之间的黏结或连接强度，确保系统的安全性和耐久性。

6. 根据建筑物的实际特点，优选屋面或外墙的保温隔热材料系统和施工方式，例如保温板粘贴、保温板干挂、聚氨酯硬泡喷涂、保温浆料涂抹等，以保证保温隔热效果，并减少材料浪费。

7. 加强保温隔热系统与围护结构的节点处理，尽量降低热桥效应。针对建筑物不同部位的保温隔热特点，选用不同的保温隔热材料及系统，以做到经济适用。

4.3.4 装饰装修材料

1. 贴面类材料在施工前，应进行总体排板策划，减少非整块材的数量。

2. 采用非木质的新材料或人造板材代替木质板材。

3. 防水卷材、壁纸、油漆及各类涂料基层必须符合要求，避免起皮、脱落。各类油漆及黏结剂应随用随开启，不用时及时封闭。

4. 幕墙及各类预留预埋应与结构施工同步。

5. 木制品及木装饰用料、玻璃等各类板材等宜在工厂采购或定制。

6. 采用自粘类片材，减少现场液态黏结剂的使用量。

4.3.5 周转材料

1. 应选用耐用、维护与拆卸方便的周转材料和机具。

2. 优先选用制作、安装、拆除一体化的专业队伍进行模板工程施工。

3. 模板应以节约自然资源为原则，推广使用定型钢模、钢框竹模、竹胶板。

4. 施工前应对模板工程的方案进行优化。多层、高层建筑使用可重复利用的模板体系，模板支撑宜采用工具式支撑。

5. 优化高层建筑的外脚手架方案，采用整体提升、分段悬挑等方案。

6. 推广采用外墙保温板替代混凝土施工模板的技术。

7. 现场办公和生活用房采用周转式活动房。现场围挡应最大限度地利用已有围墙，或采用装配式可重复使用围挡封闭。力争工地临房、临时围挡材料的可重复使用率达到70%。

4.4　节水与水资源利用的技术要点

4.4.1　提高用水效率

1. 施工中采用先进的节水施工工艺。

2. 施工现场喷洒路面、绿化浇灌不宜使用市政自来水。现场搅拌用水、养护用水应采取有效的节水措施，严禁无措施浇水养护混凝土。

3. 施工现场供水管网应根据用水量设计布置，管径合理、管路简捷，采取有效措施减少管网和用水器具的漏损。

4. 现场机具、设备、车辆冲洗用水必须设立循环用水装置。施工现场办公区、生活区的生活用水采用节水系统和节水器具，提高节水器具配置比率。项目临时用水应使用节水型产品，安装计量装置，采取有针对性的节水措施。

5. 施工现场建立可再利用水的收集处理系统，使水资源得到梯级循环利用。

6. 施工现场分别对生活用水与工程用水确定用水定额指标，并分别计量管理。

7. 大型工程的不同单项工程、不同标段、不同分包生活区，凡具备条件的应分别计量用水量。在签订不同标段分包或劳务合同时，将节水定额指标纳入合同条款，进行计量考核。

8. 对混凝土搅拌站点等用水集中的区域和工艺点进行专项计量考核。施工现场建立雨水、中水或可再利用水的搜集利用系统。

4.4.2　非传统水源利用

1. 优先采用中水搅拌、中水养护，有条件的地区和工程应收集雨水养护。

2. 处于基坑降水阶段的工地，宜优先采用地下水作为混凝土搅拌用水、养护用水、冲洗用水和部分生活用水。

3. 现场机具、设备、车辆冲洗、喷洒路面、绿化浇灌等用水，优先采用非传统水源，尽量不使用市政自来水。

4. 大型施工现场，尤其是雨量充沛地区的大型施工现场建立雨水收集利用系统，充分收集自然降水用于施工和生活中适宜的部位。

5. 力争施工中非传统水源和循环水的再利用量大于30%。

4.4.3　用水安全

在非传统水源和现场循环再利用水的使用过程中，应制定有效的水质检测与卫生保障措施，确保避免对人体健康、工程质量以及周围环境产生不良影响。

4.5　节能与能源利用的技术要点

4.5.1　节能措施

1. 制订合理施工能耗指标，提高施工能源利用率。

2. 优先使用国家、行业推荐的节能、高效、环保的施工设备和机具，如选用变频技术的节能施工设备等。

3. 施工现场分别设定生产、生活、办公和施工设备的用电控制指标，定期进行计量、核算、对比分析，并有预防与纠正措施。

4. 在施工组织设计中，合理安排施工顺序、工作面，以减少作业区域的机具数量，相邻作业区充分利用共有的机具资源。安排施工工艺时，应优先考虑耗用电能的或其他能耗较少的施工工艺。避免设备额定功率远大于使用功率或超负荷使用设备的现象。

5. 根据当地气候和自然资源条件，充分利用太阳能、地热等可再生能源。

4.5.2 机械设备与机具

1. 建立施工机械设备管理制度，开展用电、用油计量，完善设备档案，及时做好维修保养工作，使机械设备保持低耗、高效的状态。

2. 选择功率与负载相匹配的施工机械设备，避免大功率施工机械设备低负载长时间运行。机电安装可采用节电型机械设备，如逆变式电焊机和能耗低、效率高的手持电动工具等，以利节电。机械设备宜使用节能型油料添加剂，在可能的情况下，考虑回收利用，节约油量。

3. 合理安排工序，提高各种机械的使用率和满载率，降低各种设备的单位耗能。

4.5.3 生产、生活及办公临时设施

1. 利用场地自然条件，合理设计生产、生活及办公临时设施的体形、朝向、间距和窗墙面积比，使其获得良好的日照、通风和采光。南方地区可根据需要在其外墙窗设遮阳设施。

2. 临时设施宜采用节能材料，墙体、屋面使用隔热性能好的材料，减少夏天空调、冬天取暖设备的使用时间及耗能量。

3. 合理配置采暖、空调、风扇数量，规定使用时间，实行分段分时使用，节约用电。

4.5.4 施工用电及照明

1. 临时用电优先选用节能电线和节能灯具，临电线路合理设计、布置，临电设备宜采用自动控制装置。采用声控、光控等节能照明灯具。

2. 照明设计以满足最低照度为原则，照度不应超过最低照度的20%。

4.6 节地与施工用地保护的技术要点

4.6.1 临时用地指标

1. 根据施工规模及现场条件等因素合理确定临时设施，如临时加工厂、现场作业棚及材料堆场、办公生活设施等的占地指标。临时设施的占地面积应按用地指标所需的最低面积设计。

2. 要求平面布置合理、紧凑，在满足环境、职业健康与安全及文明施工要求的前提下尽可能减少废弃地和死角，临时设施占地面积有效利用率大于90%。

4.6.2 临时用地保护

1. 应对深基坑施工方案进行优化，减少土方开挖和回填量，最大限度地减少对土地的扰动，保护周边自然生态环境。

2. 红线外临时占地应尽量使用荒地、废地，少占用农田和耕地。工程完工后，及时对红线外占地恢复原地形、地貌，使施工活动对周边环境的影响降至最低。

3. 利用和保护施工用地范围内原有绿色植被。对于施工周期较长的现场，可按建筑永久绿化的要求，安排场地新建绿化。

4.6.3 施工总平面布置

1. 施工总平面布置应做到科学、合理，充分利用原有建筑物、构筑物、道路、管线为施工服务。

2. 施工现场搅拌站、仓库、加工厂、作业棚、材料堆场等布置应尽量靠近已有交通线路或即将修建的正式或临时交通线路，缩短运输距离。

3. 临时办公和生活用房应采用经济、美观、占地面积小、对周边地貌环境影响较小，且适合于施工平面布置动态调整的多层轻钢活动板房、钢骨架水泥活动板房等标准化装配式结构。生活区与生产区应分开布置，并设置标准的分隔设施。

4. 施工现场围墙可采用连续封闭的轻钢结构预制装配式活动围挡，减少建筑垃圾，保护土地。

5. 施工现场道路按照永久道路和临时道路相结合的原则布置。施工现场内形成环形通路，减少道路占用土地。

6. 临时设施布置应注意远近结合(本期工程与下期工程)，努力减少和避免大量临时建筑拆迁和场地搬迁。

5 发展绿色施工的新技术、新设备、新材料与新工艺

5.1 施工方案应建立推广、限制、淘汰公布制度和管理办法。发展适合绿色施工的资源利用与环境保护技术，对落后的施工方案进行限制或淘汰，鼓励绿色施工技术的发展，推动绿色施工技术的创新。

5.2 大力发展现场监测技术、低噪音的施工技术、现场环境参数检测技术、自密实混凝土施工技术、清水混凝土施工技术、建筑固体废弃物再生产品在墙体材料中的应用技术、新型模板及脚手架技术的研究与应用。

5.3 加强信息技术应用，如绿色施工的虚拟现实技术、三维建筑模型的工程量自动统计、绿色施工组织设计数据库建立与应用系统、数字化工地、基于电子商务的建筑工程材料、设备与物流管理系统等。通过应用信息技术，进行精密规划、设计、精心建造和优化集成，实现与提高绿色施工的各项指标。

6 绿色施工的应用示范工程

我国绿色施工尚处于起步阶段，应通过试点和示范工程，总结经验，引导绿色施工的健康发展。各地应根据具体情况，制订有针对性的考核指标和统计制度，制订引导施工企业实施绿色施工的激励政策，促进绿色施工的发展。

参考文献

[1]骆中钊,张仪彬,陈桂波.家居装饰施工[M].北京:化学工业出版社,2006.
[2]李书田.室内装修实用技术100题[M].北京:北京工业大学出版社,2000.
[3]房志勇.家庭居室装修装饰常用材料[M].北京:金盾出版社,2000.
[4]吴燕,许顺生.家庭装饰自我监理手册[M].南京:江苏科学出版社,2002.
[5]吴燕.家庭装饰材料选购指南[M].南京:江苏科学出版社,2004.
[6]朱维益.装饰工种百问[M].北京:中国建筑工业出版社,2000.
[7]黄白.建筑装饰实用手册[M].北京:中国建筑工业出版社,1996.
[8]钱宜伦.建筑装饰实用手册[M].北京:中国建筑工业出版社,1999.
[9]骆中钊.风水学与现代家居[M].北京:中国城市出版社,2006.
[10]骆中钊,张仪彬.住宅室内装修设计与施工[M].北京:中国电力出版社,2009.
[11]骆中钊.中华建筑文化[M].北京:中国城市出版社,2014.